扩展可积方程族的代数方法

冯滨鲁　张玉峰　董焕河　著

科学出版社

北京

内 容 简 介

本书在简要介绍可积耦合系统国内外研究现状及相关概念的基础上，主要介绍几类李代数及其扩展李代数的构造方法，并利用扩展李代数生成几类方程族的可积耦合，随后利用二次型恒等式得到几类方程族的可积耦合的 Hamilton 结构. 内容共分五章. 第 1 章为绪论，简单介绍孤子理论与可积耦合系统国内外的研究现状；第 2 章介绍可积系统与耦合系统的相关概念；第 3 章介绍几类李代数与可积系统；第 4 章利用李代数的扩展生成几类方程族的可积耦合；第 5 章利用二次型恒等式与变分恒等式得到了几类方程族的可积耦合与 Hamilton 结构.

本书可供相关方向研究生和相同或相近领域研究人员阅读参考.

图书在版编目(CIP)数据

扩展可积方程族的代数方法/冯滨鲁，张玉峰，董焕河著. —北京：科学出版社，2014.8

ISBN 978-7-03-041522-6

Ⅰ. 扩⋯　Ⅱ. ①冯⋯　②张⋯　③董⋯　Ⅲ. ①李代数　Ⅳ. ①O152.5

中国版本图书馆 CIP 数据核字(2014) 第 173851 号

责任编辑：李　欣　　胡志强／责任校对：胡小洁
责任印制：徐晓晨　／封面设计：陈　敬

科学出版社 出版
北京东黄城根北街 16 号
邮政编码：100717
http://www.sciencep.com

北京厚诚则铭印刷科技有限公司 印刷
科学出版社发行　各地新华书店经销

*

2014 年 8 月第 一 版　　开本：720×1000 1/16
2019 年 1 月第三次印刷　　印张：15
字数：290 000

定价：78.00 元
（如有印装质量问题，我社负责调换）

序

孤子和可积系统理论是近年来发展极快的一个研究领域，它的研究涉及经典力学、流体力学、弹性力学、量子力学、规范场论、光学、生物学等众多应用领域，它所运用的方法涵盖一系列数学领域，诸如李群和李代数、函数论、代数几何、微分几何、线性和非线性偏微分及常微分方程、差分方程、计算数学、组合数学、正交多项式理论及至数论、代数编码、计算机科学等。一个课题涉及如此众多的数学和物理领域实在是非常罕见的。众所周知，许多物理现象可以用线性和非线性微分方程来描述，非线性方程自然比线性方程更难以驾驭。可积系统理论可以说是横跨线性和非线性现象间的一座桥梁，它既从古典线性方程研究中吸取了足够的营养 (如二阶线性薛定锷方程反散射变换、可交换线性常微分算子的代数几何理论)，又获得了非线性现象特有的丰富多彩的表现和技巧。大家都能背诵的千古名句，比如 "落霞与孤鹜齐飞，秋水共长天一色" "问君能有几多愁，恰似一江春水向东流！" 从小学过汉语的我们才能享受其中的无比美妙的意境。同样地，只有在深入研究可积系统理论的过程中我们才能享受到这一领域的种种美妙之处。

孤子和可积系统理论始于 20 世纪 60 年代末和 70 年代初。70 年代后期至 80 年代初在老一辈科学家冯康教授、谷超豪教授等倡导下，我国学者开始了这一方向的研究。当时南开大学在著名科学家陈省身、杨振宁指导下成立数学所，有力地支持了非线性动力系统包括孤子和可积系统理论的研究。在 80 年代，谷超豪、胡和生教授极大地发展了可积系统的几何理论，曹策问教授提出了独创的非线性化算法，李翊神教授的团队在反散射变换和规范变换方面的出色研究等乃是我国在可积系统领域里具有国际领先水平的成果。

近年来，在胡和生、曹策问两位教授卓越工作的引领和身体力行的带动下，我国学者在可积系统研究方面不断取得很多出色成果。在国内外数学物理界前沿学术期刊上，我国学者和由他们带出来的研究生，如今已成为分散在国内和欧美各大学、研究所的学者，发表的优质论文越来越多。近年来国内从事这一方向研究的队伍日益壮大，涌现出许多优秀人物，该书作者以及本书前言中提到的众多学者乃是当前国内可积系统研究队伍中的领军人物。

可积系统理论里的一个中心课题是寻求新的可积系统并探讨其哈密顿(Hamilton) 结构。该书作者冯滨鲁、张玉峰、董焕河教授多年来致力于这一方向的研究，取得了不少有价值的成果。该书作者简化了德国 Fuchssteiner 教授和美国马文秀教授提出的推求耦合可积系统的算法。马文秀教授、郭福奎教授和该书作者一起推广了笔者早年提出的迹恒等式, 并给出了迹恒等式里待定系数的计算公式, 在此基础上求得了不少新的可积系. 他们的想法和结果值得有志在这一领域里探索的年轻学子作进一步的探讨, 该书深入系统的介绍必定有利于年轻学子的后续研究.

笔者衷心祝愿该书作者今后在可积系研究方面取得更大进展, 并深信在国家各项基金大力支持之下, 在国内普遍推崇学术研究的大环境里, 国内可积系的研究在今后几年里必将取得令国际瞩目的傲人成绩, 让我们翘首以待!

屠规彰

2014 年 4 月于北京

前 言

非线性科学是一门研究非线性现象的基础学科,它主要是研究自然科学的非线性现象的共性及其定量的方法. 人们已经发现非线性现象的三大普适类: 混沌 (chaos)、孤立子 (soliton)、分形 (fractal), 并且在此基础上建立非线性科学的三大理论. 谷超豪院士领导的 "非线性科学" 在 20 世纪 90 年代初被列为我国攀登项目. 孤立子理论是非线性科学的重要研究方向之一, 它不仅刻画了一类非常稳定的自然现象, 而且为非线性偏微分方程提供求显式解的方法, 越来越受到物理学界和数学界的重视.

寻求可积系统及其相关性质一直是孤立子理论中的一项重要研究课题, 而可积耦合系统是一类扩展的可积系统, 是德国著名数学物理专家 Fuchssteiner 在研究 Virasoro 对称代数时首次发现的, 在此基础上美国南佛罗里达大学的马文秀利用扰动方法研究了 KdV 方程的可积耦合系统及其相关性质. 基于屠规彰利用李代数研究可积系统的有关理论, 马文秀和郭福奎都提出了生成可积耦合的李代数方法, 特别是 2005 年, 郭福奎与本书作者之一合作提出了二次型恒等式, 不仅解决了寻求可积耦合的 Hamilton 结构问题, 而且推广了屠规彰早年提出的迹恒等式. 2006 年, 马文秀与其合作者提出了变分恒等式及有关理论, 扩展了可积耦合理论的应用范围, 取得了一系列的重要研究成果, 发表在国内外学术期刊上, 这为国内外有关学者研究可积系统理论提供了重要参考资料. 可积耦合理论不仅丰富了孤立子理论, 而且具有相应的应用背景. 例如, 楼森岳及其合作者从大气和海洋动力系统中抽象出了一个物理模型, 即为一个标准的可积耦合模型, 实为扩展的 KdV 可积耦合方程, 并简便地求出了其对称等有关性质, 由此成功地解释了相关的大气和海洋现象.

本书共分五章. 第 1 章为绪论, 简单介绍孤子理论与可积耦合系统国内外的研究现状; 第 2 章介绍可积系统与耦合系统的相关概念; 第 3 章介绍几类李代数与可积系统; 第 4 章利用李代数的扩展生成几类方程族的可积耦合; 第 5 章利用二次型恒等式与变分恒等式得到了几类方程族的可积耦合与 Hamilton 结构.

本书的主要内容是作者近年来在可积系统方面的部分研究成果, 其中书中部分内容已经刊登在国内外学术期刊上; 书中的部分结果曾在南佛罗里达大学主办的 2012 年国际数学物理会议上报告过; 也有部分结果曾与国内相关专家讨论过, 得到了他们的大力支持和帮助, 特别地要感谢曹策问教授、屠规彰教授、楼森岳教授、屈长征教授、马文秀教授、胡星标教授、刘青平教授、范恩贵教授、耿献国教授、朱佐农教授、周汝光教授、陈勇教授、郭福奎教授、张鸿庆教授、刘家琦教授、韩波教授、夏铁成教授等专家的指导和帮助. 本书得到了国家自然科学基金 (编号: 11371361) 和山东省自然科学基金 (编号: ZR2013AL016) 的支持.

由于作者水平有限, 书中不当之处, 敬请读者批评指正.

作 者

2014 年 3 月

目 录

序
前言
第 1 章 绪论 · 1
  1.1 孤立子理论 · 1
  1.2 可积系统 · 2
  1.3 方程族的可积耦合 · 3
第 2 章 可积系统与耦合系统的相关概念 · 5
  2.1 相关定义 · 5
  2.2 谱问题的代数化 · 7
  2.3 屠格式及其推广 · 9
  2.4 二次型恒等式 · 12
  2.5 半直和李代数与变分恒等式 · 16
第 3 章 李代数与可积系统 · 18
  3.1 两个理想子代数及其 AKNS 与 KN 广义方程族 · · · · · · · · · · · · · · · · · · 18
  3.2 推广的一类李代数及其相关的可积系统 · 21
  3.3 利用外代数构造 loop 代数 · 26
  3.4 多分量矩阵 loop 代数及其多分量 AKNS 和 BPT 方程族 · · · · · · · · · 33
  3.5 loop 代数 $\tilde{A}_2$ 的子代数及其应用 · 40
  3.6 两个高维李代数及其相关的可积耦合 · 48
  3.7 一类新的 6 维李代数及两类 Liouville 可积 Hamilton 系统 · · · · · · · · · 62
第 4 章 李代数的扩展与方程族的可积耦合 · 71
  4.1 生成可积耦合的简便方法 · 71
  4.2 矩阵李代数的扩展与可积耦合 · 77
  4.3 李代数 sl(3, R) 及其诱导李代数 · 84
  4.4 一类 Lax 可积族及其扩展可积模型 · 94
  4.5 一类多分量的 6 维 loop 代数及 BPT 方程族的可积耦合 · · · · · · · · · · 101
  4.6 矩阵李代数的特征数及方程族的可积耦合 · 110
  4.7 可逆线性变换与李代数 · 122
第 5 章 方程族的可积耦合与 Hamilton 结构 · 148
  5.1 二次型恒等式及其应用 · 148

5.2　Li 族与 Tu 族的可积耦合及其 Hamilton 结构 · 154

5.3　Skew-Hermite 矩阵构成的李代数及其应用 · 163

5.4　一个双 loop 代数及其扩展 loop 代数 · 181

5.5　(1+1) 维 m-cKdV, g-cKdV 与 (2+1) 维 m-cKdV 方程族的扩展

　　及其 Hamilton 结构 · 204

参考文献 · 225

索引 · 229

第1章 绪 论

1.1 孤立子理论

孤立子又称孤立波. 1844 年英国科学家 Scott Russell 在英国科学促进会上做了题为《论波动》的报告[1], 他说: "我在观察一条船的运动, 这条船被马拉着沿狭窄的运河迅速前进着. 船突然停了下来, 然而被船推动的那一大片水并没有停止, 而是聚集在船头周围剧烈地扰动着, 随后水浪突然呈现出一个滚圆而平滑的轮廓分明的巨大孤立波峰, 它以巨大速度向前, 急速地离开了船头. 在行进中它的形状和速度没有明显的改变. 我骑在马上紧跟它, 发现它以 8~9 英里每小时的速度向前行进, 并保持长约 30 英尺、高 1~1.5 英尺的原始形状, 渐渐地其高度下降了. 当我跟到 1~2 英里后, 它消失在逶迤的河道中."

Russell 在实验室的水箱中做了大量实验, 也观察到了同样的现象, 他称这种波为孤立波. 他认为这种孤立波应为流体力学方程的一个稳定解, 并请求当时的数学家在理论上能给予解释, 但限于当时的科学发展水平, 人们并没有给出一个圆满的解释.

在其后几年, 人们对孤立波的存在产生怀疑. 例如, Airy[2] 认为 Russell 所说的孤立波根本就不存在. 但有的科学家, 如 Boussinesq[3] 认为孤立波是存在的, 并从数学角度给出描述和证明, 他给出的描述方程就是 Boussinesq 方程. 即使如此, 有些科学家仍否认孤立波的存在性.

1894 年, Vries 在阿姆斯特丹大学 (University of Amsterdam) 发表了他在 Korteweg 指导下的博士论文. 他提出了一种流体中单向波传波流动的数学模型, 即著名的 KdV 方程, 用来解释 Russell 观察到的现象. 但是他的工作并没有引起人们的重视, 因为许多人认为这种行波仅是偏微分方程的特解, 用特殊的初值即可得到它, 这在初值研究中是微不足道的; 另外人们还认为由于 KdV 方程是非线性的, 两个孤立波相互碰撞后, 波形一定会受到破坏, 所以是不稳定的, 这对于描述物理现象不会有帮助. 于是, KdV 方程与孤立波的研究就搁置起来.

1960 年, Gardner 和 Morikawa[4] 在无碰撞的磁流波研究中, 重新得到了 KdV 方程; 后来 KdV 方程在不同的研究背景中不断出现, 这激起了人们对 KdV 方程的研究兴趣. KdV 方程是可积系统与孤立子理论中的一个基本方程, 通过对它的研究得到了一系列新的数学方法, 得到了许多新的结果, 如守恒律、Hamilton 结构、反散射方法等.

1962 年, Perring 和 Skyrme[5] 在研究基本粒子模型时, 对 Sine-Gordon 方程做了研究, 结果表明, 这个方程具有孤立波, 即使碰撞后两个孤立波也仍保持着原有的形状与速度.

1965 年, Zabusky 和 Kruskal[6] 把 KdV 方程用于等离子体的研究, 利用计算机考察了等离子体中孤立波的互相碰撞过程, 由此进一步证实了孤立波相互作用后不改变波形的结果. 由于这种孤立波是有类似于粒子碰撞后不变的性质, 所以他们将孤立波命名为孤立子. 孤立子一词被广泛应用. 数学中将孤立子理解为非线性演化方程局部化的行波解, 经过相互碰撞后, 波形与速度不改变. 从物理角度上看, 孤立子主要包含以下两点: 一是能量比较集中在一个狭小的区域; 二是两个孤立子相互碰撞后不改变波形和速度. 20 世纪 70 年代后, 孤立子的研究取得了迅速发展, 在数学上发现了大量具有孤立子解的非线性发展方程, 也建立了系统的研究方法, 国内外在这方面已出版很多专著[7-15]. 孤立子理论既包括数学理论, 也包括了物理理论. 正如 1984 年, 美国数学科学基金来源特别委员会给美国国家研究委员会的题为 "美国数学的现在与未来" 的报告中提出的: "目前正发生一件振奋人心的大事, 这就是数学与理论物理的重新统一" "看到我们还在进入一个新的时代, 在这个时代中数学和物理之间的界限实际上已经消失了."

1.2 可积系统

可积系统一般分为有限维可积系统与无限维可积系统. 20 世纪 70 年代末, 苏联数学家 Arnold 从辛几何角度叙述了有限维 Hamilton 系统理论中的著名 Liouville-Arnold 定理: 一个自由度为 n 的 Hamilton 系统, 若具有 n 个相互对合的首次积分就是可积的, 即解可用积分表示出来. 其实人们对完全可积的 Hamilton 系统的认识是反反复复的[16]. 早期的经典力学曾找到一些很好的完全可积的力学系统例子, 如 Jacobi 关于椭球面上测地线方程的积分等. 后来人们认识到多数 Hamilton 系统并不完全可积, 且在小扰动下可积性受到破坏, 于是研究就停了下来. 可后来人们发现, 在小扰动下虽然完全可积性被破坏, 但原问题的不变环面的一个大子集保留下来, 组成一个复杂的具有正测度的不变 Cantor 集, 这就是著名的 KAM 理论. 有人进一步证明, 在 Whitney 可微意义下, 扰动系统在 Cantor 集上仍是 Liouville 完全可积的.

寻找和扩充 Liouville 完全可积的有限维 Hamilton 系统很重要, 这不仅是孤立子理论的一个重要研究方向, 而且还是 Newton 力学和 Lagrange 力学等价的描述形式, 这样就使得运动规律性在 Hamilton 形式下表现得最明显. 一切耗散可忽略不计的真实物理过程, 包括经典性的、量子性的、相对论性的、有限和无限自由度等都能表达成 Hamilton 体系. 寻求有限维 Hamilton 系统的关键在于找到对合的守恒积分. 1975 年 Moses[17] 提出了著名的 Calogero 模型和 Sutherland 模型的完全可积系统. 1989 年, 曹策问[18] 提出了在位势函数和特征函数的适当约束下, Lax 对非线性化产生有限维完全可积系统的重大思想, 其结果表现为 Lax 对的空间部分化为一个有限维完全可积的 Hamilton 系统, 而它的时间部分恰为 N 个对合守恒积分. 曾云波、李翊神发展了非线性化方法, 提出了在位势函数与特征函数高阶约束条件下, 将生成有限维可积 Hamilton 系统的一般方法, 在零曲率方程范围内统一处理了一族有限维 Hamilton 系统的分解[19,20].

无限维可积 Hamilton 系统理论在 20 世纪 60 年代后期取得长足发展[21,22], 由于无限维 Hamilton 系统的对合守恒积分不能完全地将其解表示出来, 因此我们还不完全了解无穷维 Hamilton 系统的完全可积性, 并且对于无限维可积系统的可积性问题也没有一个确切定义. 人们通常采用两种可积定义, 即 Lax 可积与 Liouville 可积. 1981 年, Drinfeld 和 Sokolov 用 Kac-Moody 代数为工具系统地构造了 KdV 方程的 Lax 表示. 1986 年, 谷超豪、胡和生基于曲面论中的基本方程提出了一类方程的可积性准则[23]. 1988 年, 屠规彰[24] 提出了用带约束变分计算孤立子方程族的 Hamilton 结构的方法, 即迹恒等式方法, 马文秀[25] 称其为屠格式. 利用屠格式, 人们得到了一些具有物理背景和丰富数学结构的无限维可积 Hamilton 系统, 如文献 [26],[27].

1.3 方程族的可积耦合

可积系统的 τ 对称代数可视为孤子理论中 Virasoro 代数的实现. 这样的 τ 对称代数及其相应的 Virasoro 代数都是 Lie 代数的半直和, 其中的强对称起着非理想半直和作用[28]. 在研究 Virasoro 代数与遗传算子的关系时, 人们提出了可积耦合问题. 可积耦合的定义可表述如下[29].

对于给定的一个可积系统, 我们构造一个非平凡的微分方程系统, 要求它也是可积的, 并且包含原来的可积系统作为一个子系统. 具体地说, 给定一个演化可积系统[29,30]

$$u_t = K(u). \tag{1-1}$$

我们构造一个新的大可积系统

$$\begin{cases} u_t = K(u), \\ v_t = S(u,v), \end{cases} \tag{1-2}$$

其中向量值函数 S 满足非平凡条件 $\dfrac{\partial S}{\partial [u]} \neq 0$, 而 $[u]$ 表示由 u 及其关于空间变量的导数组成的一个向量, 如 $[u] = (u, u_x, u_{xx}, \cdots)$, x 表示空间变量. 称系统 (1-2) 为

$u_t = K(u)$ 的一个可积耦合. 研究可积耦合不仅能推广对称问题, 而且为可积系统的分类提供了线索.

目前, 寻求可积系统的可积耦合的方法主要有两种: ① 原方程加上它的对称方程; ② 摄动方法. 事实上, 寻找求可积耦合的一个简单方法可在零曲率表示范围中进行. 马文秀和 Fuchssteiner[29] 利用扰动方法给出了寻求一个可积方程的可积耦合的方法, 但这种方法计算起来相当繁杂. 于是在 2002 年, 郭福奎和张玉峰利用方阵李代数提出了生成可积耦合的一类简便方法, 并得到了 AKNS 方程族的一类可积耦合[30], 但利用迹恒等式无法求出该可积耦合的 Hamilton 结构. 关于方程族的扩展可积模型的 Hamilton 结构, 郭福奎和张玉峰提出的二次型恒等式[31] 及广义的屠格式[32]、马文秀提出的变分恒等式[33] 都是迹恒等式的推广, 是寻求可积耦合的 Hamilton 结构的强有力工具, 并由此成功获得了一大批扩展可积模型的 Hamilton 结构. 最近楼森岳教授获得了一个具有广泛物理意义的可积耦合模型 (2013 年潍坊论坛 —— 留数对称及其局域化和群不变解), 为可积耦合这一方向的研究提供了应用背景.

第 2 章 可积系统与耦合系统的相关概念

2.1 相关定义

定义 2.1 设 $p_i, q_i (i = 1, \cdots, n)$ 是力学系统的广义坐标和广义动量. 例如, 存在 Hamilton 函数 $H = H(p_i, q_i)$, 使 p_i, q_i 的演化满足以下方程

$$\frac{dq_i}{dt} = \frac{\partial H}{\partial p_i}, \quad \frac{dp_i}{dt} = -\frac{\partial H}{\partial q_i} \quad (i = 1, 2, \cdots, n), \tag{2-1}$$

引进泊松 (Poisson) 括号

$$\{F, G\} = \sum_{j=1}^{n} \left(\frac{\partial F}{\partial q_j} \frac{\partial G}{\partial p_j} - \frac{\partial F}{\partial p_j} \frac{\partial G}{\partial q_j} \right), \tag{2-2}$$

则方程 (2-1) 可改写为

$$\dot{q}_i = \{q_i, H\}, \quad \dot{p}_i = \{p_i, H\}, \quad \dot{q}_i = \frac{dq_i}{dt}, \quad \dot{p}_i = \frac{dp_i}{dt}, \tag{2-3}$$

而且 p_i, q_i 满足以下基本关系式:

$$\{q_i, q_j\} = \{p_i, p_j\} = 0, \quad \{q_i, p_j\} = \delta_{ij}. \tag{2-4}$$

再引进泊松括号, 且 p_i, q_i 满足式 (2-4) 时, 方程 (2-1) 称为 Hamilton 系统. p_i, q_i 也称为动力学变量.

定义 2.2 如果存在 $I = I(p_i, q_i)$, 使得当 p_i, q_i 是方程 (2-1) 的解时, 有 $\dfrac{dI}{dt} = 0$, 则称 I 是系统 (2-1) 的一个守恒量.

如果两个互相独立的守恒量 I_1, I_2 满足 $\{I_1, I_2\} = 0$, 则称 I_1, I_2 是对合的.

定义 2.3 如果 Hamilton 系统 (2-1) 存在 n 个互相独立的守恒量 $I_i (i = 1, 2, \cdots, n)$, 它们两两对合, 则称系统 (2-1) 是在 Liouville 意义下的可积系统.

定义 2.4 设非线性演化方程

$$u_t = K(u), \tag{2-5}$$

这里 $K(u) = K(x, t, u, u_x, u_{xx}, \cdots)$. 如果 $u(x, t)$ 是方程 (2-5) 的解, 而函数 $\sigma = \sigma(u)$ 满足以下线性方程 (这里 $\sigma(u)$ 可能也包含变量 x, t):

$$\sigma_t = K' \sigma,$$

则称 $\sigma(u)$ 是方程 (2-5) 的对称. K' 是函数 K 在 u 点处沿 σ 方向的 Gâteaux 导数.

定义 2.5 如果一个算子 φ, 它将方程 $u_t = K(u)$ 的对称 σ 变为对称, 即若 $\sigma_t = K'\sigma$, 有 $(\phi\sigma)_t = K'(\phi\sigma)$, 则称算子 φ 是这个方程的强对称算子.

设 S 为定义在 $\mathbf{R}$ 上的 Schwartz 空间, $S^p = S \otimes \cdots \otimes S$, 且
$$u(x,t) = (u_1(x,t), \cdots, u_p(x,t))^{\mathrm{T}} \in S^p, \quad x, t \in \mathbf{R}.$$

定义 2.6 对 $\forall f, g \in S^p$, 定义它们的内积为
$$(f, g) = \int fg \mathrm{d}x = \int \sum_{i=1}^{p} f_i g_i \mathrm{d}x.$$

定义 2.7[34] 一个线性算子 J 称为 Hamilton 算子或辛算子, 如果 J 满足以下条件:

(1) $J* = -J$, 即 $(Jf, g) = -(f, Jg)$, 对 $\forall f, g \in S^p$;

(2) $(J'(u)[Jf]g, h) + (J'(u)[Jg]g, f) + (J'(u)[Jh]f, g) = 0$, 即 Jacobi 恒等式成立, 其中 $J'(u)[f] = \dfrac{\mathrm{d}}{\mathrm{d}\varepsilon} J(u + \varepsilon f)|_{\varepsilon=0}$ 为 Gâteaux 导数.

定义 2.8 如果线性算子 J 为 Hamilton 算子, 定义 Poisson 括号如下
$$\{f, g\} = \left(\frac{\delta f}{\delta u}, \frac{\delta g}{\delta u}\right), \tag{2-6}$$

若 $\{f, g\} = 0$, 则称 f, g 为对合的, 且
$$u_t = J \frac{\delta H}{\delta u} \tag{2-7}$$

为广义的 Hamilton 方程, H 为 Hamilton 函数, 变分导数 $\dfrac{\delta}{\delta u} = \left(\dfrac{\delta}{\delta u_1}, \cdots, \dfrac{\delta f}{\delta u_p}\right)^{\mathrm{T}}$, 其中
$$\frac{\delta}{\delta u_i} = \sum_{i=0,1,2,\cdots} (-\partial)^n \frac{\partial}{\partial u_i^{(n)}}, \quad \partial = \frac{\mathrm{d}}{\mathrm{d}x}, \quad u_i^{(n)} = \partial^n u_i.$$

对于线性问题
$$L\psi = \lambda\psi, \quad \psi_t = M\psi,$$

其中 L, M 为 $n \times n$ 矩阵, ψ 为 n 维向量. 由相容性条件可得 Lax 方程
$$L_t + [L, M] = 0. \tag{2-8}$$

而对于线性问题
$$\psi_x = U\psi, \quad \psi_t = V\psi,$$

其中 U, V 为 $n \times n$ 矩阵, ψ 为 n 维向量. 由其相容性条件可得零曲率方程

$$U_t - V_x + [U, V] = 0. \tag{2-9}$$

若方程 (2-5)

$$u_t = K(u)$$

可以表示为 Lax 方程 (2-8) 或零曲率方程 (2-9), 则称它为 Lax 可积的; 若方程 (2-5) 可以写成广义 Hamilton 方程 (2-7), 且存在可列个两两对合的守恒密度, 则称方程 (2-5) 为 Liouville 可积的.

定理 2.1[34]　设 J, L 为 S^p 上的两个算子, 并且满足

(1) $J^* = -J$, $JL = L^*J$;

(2) 对于 $f(u) \in S^p$, 存在一系列函数 $\{H_n\}$ 满足

$$\{H_m, H_n\} = \{H_n, H_m\}, \quad L^n f(u) = \frac{\delta H_n}{\delta u},$$

则 $\{H_n\}$ 为发展方程族 $u_t = L^n f(u) = \dfrac{\delta H_n}{\delta u}$ 的公共守恒密度且彼此对合.

定义 2.9　对于给定的可积族 $u_t = K(u)$, 如果

$$\begin{cases} u_t = K(u), \\ v_t = S(u, v), \end{cases} \tag{2-10}$$

仍然是一个可积系统, 则称系统 (2-10) 是 $u_t = K(u)$ 的一个可积耦合.

2.2　谱问题的代数化

定义 2.10　设 G 是一个非空集合, 满足

(1) G 是一个群;

(2) G 也是一个微分流形;

(3) 群的运算是可微的, 即由 $G \times G$ 到 G 的映射 $(g_1, g_2) \mapsto g_1 g_2^{-1}$ 是可微映射, 则称 G 是一个李群 (Lie group).

定义 2.11　李群 G 和 G' 称为是同构的, 若存在映射 $\varphi: G_1 \to G_2$ 使得

(1) φ 是群 G 到 G' 上的同构映射;

(2) φ 是流形 G 到 G' 上的微分同胚 (diffeomorphism), 映射 φ 称为 G 到 G' 上的 (李群的) 同构映射.

定义 2.12　设 $\hbar$ 是域 F 上的线性空间, 且 $\hbar$ 中有二元运算 $\hbar \otimes \hbar \to \hbar$, $(x, y) \to [x, y]$(通常称为换位运算或括积) 满足下列三个条件:

(1) $[ax + by, z] = a[x, z] + b[y, z]$;

(2) $[x,y] = -[y,x], \forall x, y \in \hbar$;

(3) $[x,[y,z]] + [y,[z,x]] + [z,[x,y]] = 0, \forall x, y, z \in \hbar$,

则称 $\hbar$ 为域 F 上的李代数 (Lie algebra). 定义中条件 (3) 称为 Jacobi 恒等式.

定义 2.13 设 $\hbar$ 是域 F 上的 n 维李代数, $\hbar$ 上的二元函数

$$(x,y) = \text{tr}(adx\, ady)$$

称为 $\hbar$ 的 Killing 型.

定义 2.14 设 G 为复数域 $\mathbf{C}$ 上的李代数, 若 $\forall x, y \in G$, 都有 $[x,y] = 0$, 则称 G 为可交换的李代数.

定义 2.15 若 $\forall G_1 \in G$, 有 $[G_1, G_1] \subset G_1$, 则称 G_1 为 G 的一个子代数, $[G_1, G] \subset G_1$, 则称 G_1 为 G 的理想.

定义 2.16 若 G 中不含非平凡不可交换的理想 G_1, 则称 G 为单李代数. 若 G 可分解成单李代数 G_i 的直和, 即 $G = G_1 \oplus \cdots \oplus G_n$, 且每个 G_i 为 G 的理想, 则称 G 为半单李代数.

定义 2.17 若 G 为半单李代数矩阵, 则 Killing-Cartan 形 $\langle x,y \rangle$ 与迹 $\text{tr}\langle x,y \rangle$ 之比为常数, 所以可记 $\langle x,y \rangle = \text{tr}\langle x,y \rangle, \forall x, y \in G$.

设 G 为 $\mathbf{C}$ 上有限维的李代数, $\widetilde{G}$ 为其相应的 loop 代数, $\widetilde{G} = G \otimes C[\lambda, \lambda^{-1}]$, 其中 $C[\lambda, \lambda^{-1}] = \left\{ \sum\limits_{k \in \mathbf{Z}} c_k \lambda^k \middle| c_k \in \mathbf{C} \right\}$ 为 $\mathbf{C}$ 上关于 λ 的 Laurent 多项式全体. 若 $\{e_1, \cdots, e_p\}$ 为 G 的一组基, 则 $\{e_1(n), \cdots, e_p(n) | n \in \mathbf{Z}\}$ 构成 $\widetilde{G}$ 的一组基, 其中 $e_i(n) = e_i \otimes \lambda^n = e_i \lambda^n$.

定义 2.18[34] 称 $R \in \widetilde{G}$ 为伪正则元, 如果对 $\text{Ker}\, ad\, R = \{x | x \in \widetilde{G}, [x, R] = 0\}$, $\text{Im}\, ad\, R = \{x | \exists y \in \widetilde{G}, \text{使得}\, x = [y, R]\}$, 满足

(1) $\widetilde{G} = \text{Ker}\, ad\, R \oplus \text{Im}\, ad\, R$,

(2) $\text{Ker}\, ad\, R$ 为可交换的,

对于 $e \otimes \lambda^n \in \widetilde{G}$, 定义其阶数为 $\deg(e \otimes \lambda^n) = n$.

考虑等谱问题

$$\psi_x = U(u, \lambda)\psi, \tag{2-11}$$

设

$$U = e_0(\lambda) + u_1 e_1(\lambda) + \cdots + u_p e_p(\lambda) \in \widetilde{G},$$

其中

$$u = (u_1, \cdots, u_p) \in S^p, \quad e_0(\lambda), \cdots, e_p(\lambda) \in \widetilde{G},$$

且满足

(1) $e_0, \cdots, e_p$ 是线性无关的;
(2) e_0 为 $\widetilde{G}$ 中的伪正则元;
(3) $\alpha > 0, \alpha > \varepsilon_i (i = 1, \cdots, p)$, 其中 $\alpha = \deg(\varepsilon_0), \varepsilon_i = \deg(e_i)$.
定义秩为: 对 $\forall a, b \in \widetilde{G}$, 有

$$\mathrm{rank}(ab) = \mathrm{rank}(a) + \mathrm{rank}(b),$$

所以可得

$$\mathrm{rank}(x) = \deg(x), \quad x \in \widetilde{G}, \quad \mathrm{rank}(\lambda) = \mathrm{rank}(x\lambda) - \mathrm{rank}(x),$$

$\mathrm{rank}(u_i) = \alpha - \varepsilon_i \quad (i = 1, \cdots, p), \quad \mathrm{rank}(\partial) = \alpha, \quad \mathrm{rank}(\beta) = 0 (\beta$ 为常数且 $\beta \neq 0)$, 于是 U 为同秩的, 即 $\mathrm{rank}(e_0(\lambda)) = \cdots = \mathrm{rank}(u_p e_p(\lambda))$.

定理 2.2[34] 对于等谱问题 (2-11) 中的 $U(u, \lambda) \in \widetilde{G}$, 设 V 为伴随方程

$$V_x = [U, V] \tag{2-12}$$

的同秩解, 则有如下的迹恒等式

$$\frac{\delta}{\delta u_i} \left\langle V, \frac{\partial U}{\partial \lambda} \right\rangle = \lambda^{-\gamma} \frac{\partial}{\partial \lambda} \left(\lambda^\gamma \left\langle V, \frac{\partial U}{\partial u_i} \right\rangle \right). \tag{2-13}$$

2.3 屠格式及其推广

屠规彰[34] 提出了生成 Liouville 可积的 Hamilton 结构的一种简便有效方法, 称为屠格式. 屠格式的主要步骤如下.

首先, 求解静态零曲率方程 $V_x = [U, V]$, 其中

$$V = \sum_{m \geqslant 0} V_m(-m) = \sum_{m \geqslant 0} \left(\sum_{i=1}^p a_{im} e(-m) \right),$$

得到递推方程组.

其次, 判断

$$(\lambda^n V)_{+x} - [U, (\lambda^n V)_+] \in C_1^{(n)} e_1 + \cdots + C_p^{(n)} e_p$$

是否成立. 若不成立, 选取适当的 $\Delta_n \in \widetilde{G}$, 使得 $V^{(n)} = (\lambda^n V)_+ + \Delta_n$ 满足

$$V_x^{(n)} - [U, V^{(n)}] \in C_1^{(n)} e_1 + \cdots + C_p^{(n)} e_p.$$

然后, 由零曲率方程

$$U_t - V_x^{(n)} + [U, V^{(n)}] = 0 \qquad (2\text{-}14)$$

得到一族 Lax 可积演化方程族

$$u_{it} = C_i^{(n)}(u) \quad (i = 1, \cdots, p), \qquad (2\text{-}15)$$

如果此演化方程可由 Hamilton 算子 J 与递推算子 L 表示为

$$u_t = JL^{(n)}f(u), \qquad (2\text{-}16)$$

再利用迹恒等式 (2-13) 可把式 (2-16) 写成 Hamilton 形式

$$u_t = JL^{(n)}f(u) = J\frac{\delta H_n}{\delta u}. \qquad (2\text{-}17)$$

如果上述 J, L 满足 $J^* = -J$, $JL = L^*J$, 则由定理 2.1 可知 Hamilton 方程族 (2-16) 是在 Liouville 意义下可积的, 且 $\{H_n\}$ 构成彼此对合的守恒密度. 若 J, L 满足 $J^* = -J$, $JL = L^*J$, 但 J 不是 Hamilton 算子或 J 为 Hamilton 算子, 但 $JL \neq L^*J$, 则其可积性不能由定理 2.1 判定.

为了推广屠格式的应用范围, 马文秀用摄动法得到单孤子方程的可积耦合[29], 郭福奎和张玉峰利用 G-Z 法得到大量孤子方程的可积耦合. 但是, 在利用迹恒等式构造用 G-Z 法得到的一些孤子方程的可积耦合的 Hamilton 结构时, 遇到了一些问题. 为了解决这些问题, 他们提出二次型迹恒等式[31], 从而使这些问题得到有效解决, 并得到一些孤子方程族的 Liouville 意义下的可积耦合. 近年来, 他们又提出 Generalized Tu Formula(简称 GTF)[32], 并且利用 GTF 得到了一些用迹恒等式及二次型恒等式无法得到的孤子方程的可积耦合的 Hamilton 结构. GTF 的主要思想如下.

(1) 考虑如下的一对等谱问题

$$\psi_x = \widetilde{U}M\psi, \quad \psi_t = \widetilde{V}M\psi, \quad \widetilde{U}, \quad \widetilde{V}, \quad M \in \widetilde{B}_n, \quad \lambda_t = 0, \qquad (2\text{-}18)$$

其中 ψ 是一个 n 维的向量函数, M 是一个常数矩阵.

设 $B_n = \left\{(b_{ij})_{n \times n}, b_{ij} \in \mathbf{C}\right\}$. 取 $M \in B_n$ 且 $M_x = M_t = M_\lambda = 0$. 假设 $A, B \in B_n$, 定义

$$[A, B] = AMB - BMA.$$

容易验证

$$[A, B] = -[B, A], \quad [aA + bB, D] = a[A, D] + b[B, D],$$
$$[[A, B], D] + [[B, D], A] + [[D, A], B] = 0, \quad \forall A, B, D \in B_n, \quad a, b \in \mathbf{C}.$$

2.3 屠格式及其推广

这里 **C** 表示一组复数. 所以, B_n 是一个李代数, 相应的 loop 代数定义为

$$\tilde{B}_n = \{B_n = B\lambda^n, n \in \mathbf{Z}\}.$$

由于 ψ 是任意的, 得广义的零曲率方程

$$\tilde{U}_t - \tilde{V}_x + [\tilde{U}, \tilde{V}] = 0, \tag{2-19}$$

这里 $\left[\tilde{U}, \tilde{V}\right] = \tilde{U}M\tilde{V} - \tilde{V}M\tilde{U}.$

当取 $M = E$ 时, E 为单位矩阵, 方程 (2-19) 约化为经典的零曲率方程.

(2) 假设广义的静态零曲率方程

$$\tilde{V}_x = \left[\tilde{U}, \tilde{V}\right] \tag{2-20}$$

的一个解由 $\tilde{V} = \sum\limits_{m \geqslant 0} \tilde{V}_m \lambda^{-m}, \left(\tilde{V}_m\right)_\lambda = 0, m \geqslant 0$ 给出.

若 $\mathrm{rank}\left(\tilde{V}_m\right)$ 为已知的, 则有

$$\mathrm{rank}\left(\tilde{V}_m\lambda^{-m}\right) = \xi = \mathrm{const}, \quad m \geqslant 0,$$

从而可知 $\tilde{V}$ 中每一项的秩都是相同的, 记为

$$\mathrm{rank}\left(\tilde{V}\right) = \mathrm{rank}\left(\frac{\partial}{\partial t}\right) = \xi. \tag{2-21}$$

方程 (2-20) 的两个线性相关的解分别记为 $\tilde{V}$ 和 V_a

$$V_a = \gamma \tilde{V}, \quad \gamma = \mathrm{const}. \tag{2-22}$$

假设

$$f(A, B) = \mathrm{tr}(AMBM), \quad A, B, M \in \tilde{B}_n, \tag{2-23}$$

则有如下的推论:

(1) 对称性: $f(A, B) = f(B, A)$;

(2) 双线性: $f(c_1A_1 + c_2A_2, B) = c_1f(A_1, B) + c_2f(A_2, B)$;

(3) 函数 $f(A, B)$ 的梯度 $\nabla_B f(A, B)$ 定义为

$$\left.\frac{\partial}{\partial \varepsilon}f(A, B + \varepsilon C)\right|_{\varepsilon=0} = f(\nabla_B f(A, B), C), \quad A, B, C \in \tilde{B}_n,$$

由 (2) 及 $\partial^* = (\partial/\partial x)^* = -\partial$, 得到

$$\nabla_B f(A, B) = A, \quad \nabla_B f(A, B_x) = \nabla_B f(-A_x, B) = -A_x,$$

其中 ∇_B 是关于 B 的变分导数.

(4) 传递性:

$$f([A,B],C) = f(A,[B,C]), \quad \forall A,B,C \in \tilde{B}_n.$$

由此, 得到如下表述的 GTF.

定理 2.3[32]　假设 $\widetilde{U}$ 和 $\widetilde{V}$ 满足方程 (2-20)~方程 (2-22) 和 $f(A,B) = \text{tr}(AMBM)$, 则有如下的等式

$$\frac{\delta f\left(\widetilde{V}, \widetilde{u}_\lambda\right)}{\delta \widetilde{u}_i} = \lambda^{-\gamma} \frac{\partial}{\partial \lambda} \left[\lambda^\gamma f\left(\overline{V}, \frac{\partial \widetilde{U}}{\partial \widetilde{u}_i}\right) \right], \quad 1 \leqslant i \leqslant l, \quad \gamma = \text{const}. \tag{2-24}$$

定理 2.4[32]　假设定理 2.3 中的条件成立, 并且令

$$G(\widetilde{V}) = f(\widetilde{V}, \widetilde{V}), \tag{2-25}$$

$G(\widetilde{V})$ 是与 x 无关的, 即 $(G(\widetilde{V}))_x = 0$, 且 $G(\widetilde{V})$ 是关于 λ 的幂函数

$$G(\widetilde{V}) = c\lambda^{-2\gamma}, \quad c = \text{const}. \tag{2-26}$$

方程 (2-24) 和方程 (2-26) 包含相同的常数 γ, 且

$$\gamma = -\frac{\lambda}{2} \frac{\mathrm{d}}{\mathrm{d}\lambda} \ln \left| G(\widetilde{V}) \right|, \quad G(\widetilde{V}) \neq 0. \tag{2-27}$$

2.4　二次型恒等式

线性等谱问题的构造所用的 loop 代数, 不一定都是矩阵形式的 loop 代数 $\tilde{A}_{n-1}$, 由其相容性条件得到零曲率方程, 运用零曲率方程也可得到许多可积系统. 但是, 不是矩阵形式 loop 代数, 迹恒等式对于构造 Hamilton 结构是无效的. 为了得到这些可积系统的 Hamilton 结构, 文献 [31] 给出了二次型恒等式.

考虑如下一般的等谱问题.

设 G 是一个 s 维的李代数, 其基底为

$$e_1, e_2, \cdots, e_s,$$

相应的 loop 代数 $\widetilde{G}$ 为

$$e_i(m) = e_i \lambda^m, \quad [e_i(m), e_j(m)] = [e_i, e_j]\lambda^{m+n}, \quad i = 1, 2, \cdots, s.$$

记

2.4 二次型恒等式

$$\partial = \sum_{i=1}^{n} \alpha_i \frac{\partial}{\partial x_i}, \quad a_\partial = \partial a = \sum_{i=1}^{n} \alpha_i \frac{\partial a}{\partial x_i},$$

其中 α_i 是任意的常量 $(i = 1, 2, \cdots, n)$.

在 $\widetilde{G}$ 中构造一个等谱问题:

$$\begin{cases} \psi_\partial = [U, \psi], & U, V, \psi \in \widetilde{G}, \\ \psi_t = [V, \psi], & \lambda_t = 0. \end{cases}$$

由相容性条件 $\psi_{\partial t} = \psi_{t\partial}$ 得到零曲率方程

$$U_t - V_\partial + [U, V] = 0.$$

对于 $U = U(\lambda, u) = \sum\limits_{i=1}^{s} u_i e_i$ 中的 λ 和 u_i 定义合适的秩, 使得 $\mathrm{rank}\,(u_i e_i) = \alpha = \mathrm{const}, 1 \leqslant i \leqslant s$, 由此我们称 U 是同秩的, 记作

$$\mathrm{rank}(U) = \mathrm{rank}(\partial) = \mathrm{rank}\left(\frac{\partial}{\partial x_i}\right) = \alpha, \quad i = 1, 2, \cdots, n,$$

令

$$V = \sum_{m \geqslant 0} V_m \lambda^{-m}, \quad V_m = \sum_{i=1}^{s} V_{mi} e_i \in G,$$

其中 V_{mi} 是标量函数.

解下面的静态零曲率方程

$$V_\partial = [U, V],$$

得到 V_m 之间的递推关系, 再由零曲率方程即可得到可积方程族.

给定 $\mathrm{rank}(V_m)$, 使得 $\mathrm{rank}(V_m \lambda^{-m})$ 是常数, 即

$$\mathrm{rank}(V_m \lambda^{-m}) = \eta = \mathrm{const}, \quad m \geqslant 0.$$

称 V 是同秩的, 记作 $\mathrm{rank}(V) = \eta$.

设 V 和 $\widetilde{V}$ 是静态零曲率方程的任意两个同秩解, 满足线性关系

$$\widetilde{V} = \gamma V, \quad \gamma = \mathrm{const}.$$

设 $\widetilde{G}$ 为前面给出的 loop 代数, 其元素表示为

$$a = \sum_{i=1}^{s} a_i e_i, \quad b = \sum_{i=1}^{s} b_i e_i, \in \widetilde{G}, \quad [a, b] = \sum_{i=1}^{s} c_i e_i,$$

其坐标形式表示为

$$a = (a_1, a_2, \cdots, a_s)^{\mathrm{T}}, \quad b = (b_1, b_2, \cdots, b_s)^{\mathrm{T}}, \quad [a,b] = (c_1, c_2, \cdots, c_s)^{\mathrm{T}},$$

则 $\widetilde{G}$ 可表示为

$$\widetilde{G} = \left\{ a = (a_1, a_2, \cdots, a_s)^{\mathrm{T}}, a_i = \sum_{i=1}^{s} a_{im}\lambda^m, 1 \leqslant i \leqslant s \right\}.$$

设换位运算为

$$[a,b] = (c_1, c_2, \cdots, c_s)^{\mathrm{T}}.$$

任取 $a, b \in \widetilde{G}$, 定义函数 $\{a,b\}$ 为

$$\{a,b\} = a^{\mathrm{T}} F b,$$

其中 F 是对称的常量矩阵, 即 $F^{\mathrm{T}} = F$. 容易证明 $\{a,b\}$ 满足

对称性: $\{a,b\} = \{b,a\}$;

双线性: $\{\alpha_1 a_1 + \alpha_2 a_2, b\} = \alpha_1 \{a_1, b\} + \alpha_2 \{a_2, b\}$,

函数 $\{a,b\}$ 的梯度 $\nabla_b \{a,b\}$ 定义为

$$\frac{\partial}{\partial \varepsilon} \{a, b + \varepsilon V\}|_{\varepsilon=0} = \{\nabla_b \{a,b\}, V\}.$$

由 $\partial^* = -\partial$ 得到

$$\nabla_b \{a, b_\partial\} = \nabla_b \{-a_\partial, b\} = -a_\partial.$$

如果令

$$\frac{\partial}{\partial \varepsilon} \{a, b + \varepsilon V\}|_{\varepsilon=0} = (\nabla_b \{a,b\}, V) = \left(\frac{\delta \{a,b\}}{\delta b}, V\right) = \sum_{i=1}^{s} \frac{\delta \{a,b\}}{\delta b_i} V_i,$$

则

$$\nabla_b \{a,b\} = Fa, \quad \nabla_b \{a, b_\partial\} = -Fa_\partial.$$

令

$$[a,b]^{\mathrm{T}} = a^{\mathrm{T}} R(b) = -[b,a]^{\mathrm{T}} = -b^{\mathrm{T}} R(a). \tag{2-28}$$

由于 $[a,b]^{\mathrm{T}}$ 是已知的, $R(b)$ 是一个确定的 $s \times s$ 矩阵, 方程 (2-28) 可化为

$$a^{\mathrm{T}} R(b) F c = a^{\mathrm{T}} F (b^{\mathrm{T}} R(c))^{\mathrm{T}} = a^{\mathrm{T}} F (-c^{\mathrm{T}} R(b))^{\mathrm{T}} = a^{\mathrm{T}} (-F R^{\mathrm{T}}(b)) c.$$

2.4 二次型恒等式

由 a,c 的任意性可得

$$R(b)F = -FR^{\mathrm{T}}(b) = -(R(b)F)^{\mathrm{T}}. \tag{2-29}$$

由此得到 $R(b)F$ 是一个反对称矩阵, 而 F 是一个对称常量矩阵.

令 $u = (u_1, u_2, \cdots, u_p)^{\mathrm{T}}, u_i = u_i(t, x_1, x_2, \cdots, x_n)$ 是光滑标量函数, $f(a_1, a_2, \cdots, a_m)$ 是一个函数, $a_k = a_k(u)$ 是 u 的函数.

为了书写的方便, 令 $m = 2, a = (a_1, a_2)^{\mathrm{T}}, f(a_1, a_2) = f(a_1(u), a_2(u)) = f(u)$.

命题 2.1[31] 如果

$$\nabla_a f = \frac{\delta f}{\delta a} = \left(\frac{\delta f}{\delta a_1}, \frac{\delta f}{\delta a_2}\right)^{\mathrm{T}} = 0,$$

则

$$\frac{\delta f}{\delta u} = \left(\frac{\delta f}{\delta u_1}, \frac{\delta f}{\delta u_2}, \cdots, \frac{\delta f}{\delta u_p}\right)^{\mathrm{T}} = 0. \tag{2-30}$$

引入函数

$$W = \{V, U_\lambda\} + \{\Lambda, V_\partial - [U, \Lambda] = 0\}, \tag{2-31}$$

其中 U, V 满足静态零曲率方程, 而 $\Lambda(\in \tilde{G})$ 是待确定的. 由 W 的变分得到下面的限制条件

$$\nabla_\Lambda W = U_\lambda - \Lambda_\partial + [U, \Lambda] = 0, \tag{2-32}$$

$$\nabla_V W = V_\partial + [U, V] = 0, \tag{2-33}$$

其中 U 是已知的, V 和 Λ 是和 U 有关的量, 而且有

$$\frac{\delta}{\delta u_i}\{V, U_\lambda\} = \frac{\delta W}{\delta u_i}, \quad i = 1, 2, \cdots, p. \tag{2-34}$$

因此

$$\frac{\delta W}{\delta u_i} = \frac{\delta}{\delta u_i}\{V, U_\lambda\} = \left\{V, \frac{\partial U_\lambda}{\partial u_i}\right\} + \left\{[\Lambda, V], \frac{\partial U}{\partial u_i}\right\}. \tag{2-35}$$

由 Jacobi 恒等式和式 (2-32) 和式 (2-33) 得

$$[\Lambda, V]_\partial = [\Lambda_\partial, V] + [\Lambda, V_\partial] = [U_\lambda + [U, \Lambda], V] + [\Lambda, [U, V]]$$

$$= [V, [\Lambda, U]] + [\Lambda, [U, V]] + [U_\lambda, V] = [U, [\Lambda, V]] + [U_\lambda, V], \tag{2-36}$$

由式 (2-33) 得

$$V_{\lambda\partial} = [U, V_\lambda] + [U_\lambda, V], \tag{2-37}$$

则 $[\Lambda,V] - V_\lambda = Z$ 满足 $Z_\partial = [U,Z]$.

由 $\dfrac{1}{\lambda}V$ 是方程 (2-33) 的一个解, 所以存在一个常数 γ 满足

$$[\Lambda,V] - V_\lambda = Z = \frac{\gamma}{\lambda}V. \tag{2-38}$$

因此, 式 (2-35) 可化为

$$\begin{aligned}\frac{\delta}{\delta u_i}\{V,U_\lambda\} &= \left\{V,\frac{\partial U_\lambda}{\partial u_i}\right\} + \left\{V_\lambda,\frac{\partial U_\lambda}{\partial u_i}\right\} + \frac{\gamma}{\lambda}\left\{V,\frac{\partial U_\lambda}{\partial u_i}\right\}\\ &= \frac{\partial}{\partial \lambda}\left\{V,\frac{\partial U_\lambda}{\partial u_i}\right\} + \left(\lambda^{-\gamma}\frac{\partial}{\partial \lambda}\lambda^{\gamma}\right)\left\{V,\frac{\partial U_\lambda}{\partial u_i}\right\}\\ &= \lambda^{-\gamma}\frac{\partial}{\partial \lambda}\left(\lambda^{\gamma}\left\{V,\frac{\partial U_\lambda}{\partial u_i}\right\}\right), \quad i=1,2,\cdots,p.\end{aligned} \tag{2-39}$$

上述结论可整理为如下.

定理 2.5(二次型恒等式)[31]   假设

$$\mathrm{rank}(U) = \mathrm{rank}(\partial) = \mathrm{rank}\left(\frac{\partial}{\partial x_i}\right) = \alpha, \quad i=1,2,\cdots,n,$$

且有 $[a,b]^{\mathrm{T}} = a^{\mathrm{T}}R(b)$, 对称矩阵 F 把 $a^{\mathrm{T}}R(b)$ 变换为反对称矩阵, 则二次型函数 $\{a,b\} = a^{\mathrm{T}}R(b)$ 有下面的结论

$$\frac{\delta}{\delta u_i}\{V,U_\lambda\} = \lambda^{-\gamma}\frac{\partial}{\partial \lambda}\left(\lambda^{\gamma}\left\{V,\frac{\partial U_\lambda}{\partial u_i}\right\}\right), \quad i=1,2,\cdots,p, \tag{2-40}$$

其中 γ 是一个待确定的常数, 则称式 (2-40) 为二次型恒等式.

2.5 半直和李代数与变分恒等式

马文秀利用半直和李代数与连续的孤子方程族的可积耦合之间的关系提出了求可积耦合的 Hamilton 结构的一种简便方法 —— 变分恒等式[33].

对任意一个矩阵李代数 $\bar{g}$, 其中 $\bar{g}$ 为一个半单李代数 g 和可解李代数 g_c 的直和

$$\bar{g} = g \oplus g_c. \tag{2-41}$$

由半直和李代数的概念可知 g 和 g_c 满足

$$[g,g_c] \subseteq g_c, \tag{2-42}$$

其中 $[g,g_c] = \{[A,B] \,|\, A \in g, B \in g_c\}$. 显然, g_c 是 $\bar{g}$ 的理想.

2.5 半直和李代数与变分恒等式

考虑如下一对扩展的矩阵谱问题

$$\begin{cases} \bar{\phi}_x = \overline{U}\bar{\phi} = \overline{U}\left(\bar{u},\lambda\right)\bar{\phi}, \\ \bar{\phi}_t = \overline{V}\bar{\phi} = \overline{V}\left(\bar{u},\bar{u}_x,\cdots,\dfrac{\partial^{m_0}\bar{u}}{\partial x^{m_0}},\lambda\right)\bar{\phi}, \end{cases} \tag{2-43}$$

其中

$$\overline{U} = U + U_c, \quad \overline{V} = V + V_c, \quad U, V \in g, \quad U_c, V_c \in g_c. \tag{2-44}$$

显然, 相应的扩展的零曲率方程

$$\overline{U}_t - \overline{V}_x + \left[\overline{U},\overline{V}\right] = 0 \tag{2-45}$$

等价于

$$\begin{cases} U_t - V_x + [U,V] = 0, \\ U_{c,t} - V_{c,x} + [U,V_c] + [U_c,V] + [U_c,V_c] = 0. \end{cases} \tag{2-46}$$

在系统 (2-46) 中, 第一个方程恰好表示孤子方程 (2-5), 由此, 系统 (2-46) 就是孤子方程 (2-5) 的可积耦合.

若双线性算子满足
(1) 对称性: $\langle A, B \rangle = \langle B, A \rangle$;
(2) 李积不变性: $\langle A, [B, C] \rangle = \langle [A, B], C \rangle$;
(3) 多分量不变性: $\langle A, BC \rangle = \langle AB, C \rangle$,
则得到如下表述的变分恒等式.

定理 2.6[33] 若 g 为一个李代数, 其中 $\overline{U} = \bar{U}\left(\bar{u},\lambda\right) \in g, \overline{V} = V\left(\bar{u},\lambda\right) \in g$, 则有如下的连续的变分恒等式

$$\dfrac{\delta}{\delta \bar{u}} \int \left\langle \overline{V}, \dfrac{\partial \overline{U}}{\partial \lambda} \right\rangle \mathrm{d}x = \lambda^{-\gamma} \dfrac{\partial}{\partial \lambda} \lambda^{\gamma} \left\langle \overline{V}, \dfrac{\partial \bar{U}}{\partial \bar{u}} \right\rangle, \tag{2-47}$$

其中 γ 是一个常数, $\langle \cdot, \cdot \rangle$ 在 g 上具有非齐次性、对称性和双线性不变性, 且 $\bar{U}, \overline{V} \in g$ 满足扩展的静态的零曲率方程

$$\overline{V}_x = \left[\overline{U}, \overline{V}\right]. \tag{2-48}$$

第3章 李代数与可积系统

3.1 两个理想子代数及其 AKNS 与 KN 广义方程族

目前,人们对可积系统的研究越来越深入,特别是寻找新的可积系统是一项重要而有趣的工作. 人们利用屠格式已获得了一些重要的孤立子方程族, 使用屠格式时先通过建立 loop 代数 $\widetilde{A}_1$ 或者其子代数, 设计出一个等谱问题 $\varphi_x = U\varphi$, 再利用屠格式获得新的可积系统.

下面考虑一个 6 维李代数[35]

$$G = \mathrm{span}\{e_1, e_2, e_3, e_4, e_5, e_6\},$$

具有如下换位关系:

$$[e_1, e_2] = 0, \quad [e_1, e_3] = 2e_3, \quad [e_1, e_4] = -2e_4, \quad [e_1, e_5] = 2e_5, \quad [e_2, e_3] = 2e_3,$$

$$[e_2, e_4] = 2e_4, \quad [e_2, e_5] = -2e_5, \quad [e_2, e_6] = -2e_6, \quad [e_3, e_6] = \frac{1}{2}(e_1 + e_2),$$

$$[e_4, e_5] = \frac{1}{2}(e_2 - e_1), \quad [e_1, e_6] = -2e_6, \quad [e_3, e_4] = [e_3, e_5] = [e_4, e_6] = [e_5, e_6] = 0.$$

令

$$G_1 = \mathrm{span}\{e_1, e_2, e_4, e_5\}, \quad G_2 = \mathrm{span}\{e_1, e_2, e_3, e_6\},$$

则有 $G = G_1 \cup G_2$, G_1 和 G_2 是李代数 G 的半单理想.

下面我们利用 G_1 和 G_2 的 loop 代数研究等谱问题, 然后利用屠格式生成可积族, 特别地生成了 AKNS 与 KN 方程族的广义形式.

理想李代数 G_1 的一个 loop 代数定义为

$$\widetilde{G}_1 = \mathrm{span}\{e_1(n), e_2(n), e_4(n), e_5(n)\},$$

其中 $e_i(n) = e_i\lambda^n, i = 1, 2, 4, 5.$

易见

$$[e_i(m), e_j(n)] = [e_i, e_j]\lambda^{m+n}, \quad i, j = 1, 2, 4, 5, \quad m, n \in \mathbf{Z}.$$

理想子代数 G_2 的一个 loop 代数定义为

$$\widetilde{G}_2 = \mathrm{span}\{e_1(n), e_2(n), e_3(n), e_6(n)\},$$

3.1 两个理想子代数及其 AKNS 与 KN 广义方程族

其中

$$e_1(n) = e_1\lambda^{2n}, \quad e_2(n) = e_2\lambda^{2n}, \quad e_3(n) = e_3\lambda^{2n+1}, \quad e_6(n) = e_6\lambda^{2n+1},$$

并且具有如下换位关系

$$[e_1(m), e_2(n)] = 0, \quad [e_1(m), e_3(n)] = 2e_3(m+n), \quad [e_1(m), e_6(n)] = -2e_6(m+n),$$

$$[e_2(m), e_3(n)] = 2e_3(m+n), \quad [e_3(m), e_6(n)] = \frac{1}{2}(e_1(m+n+1) + e_2(m+n+1)).$$

利用 loop 代数 $\widetilde{G}_1$,建立如下等谱问题

$$\psi_x = U\psi, \quad \psi_t = V\psi, \tag{3-1}$$

其中

$$U = e_2(1) + ke_1(0) + u_1e_4(0) + u_2e_5(0),$$
$$V = \sum_{m \geqslant 0}(V_{1m}e_1(-m) + V_{2m}e_2(-m) + V_{4m}e_4(-m) + V_{5m}e_5(-m)).$$

方程 $V_x = [U, V]$ 等价下列方程:

$$\begin{cases} V_{1mx} = -\dfrac{1}{2}u_1V_{5m} + \dfrac{1}{2}u_2V_{4m}, \\ V_{2mx} = \dfrac{1}{2}u_1V_{5m} - \dfrac{1}{2}u_2V_{4m}, \\ V_{4mx} = 2V_{4,m+1} - 2kV_{4m} + 2u_1V_{1m} - 2u_1V_{2m}, \\ V_{5mx} = -2V_{5,m+1} + 2kV_{5m} - 2u_2V_{1m} + 2u_2V_{2m}. \end{cases} \tag{3-2}$$

设

$$V_+^n = \sum_{m=0}^{n}(V_{1m}e_1 + V_{2m}e_2 + V_{4m}e_4 + V_{5m}e_5)\lambda^{n-m},$$

直接计算有

$$-V_{+x}^{(n)} + [U, V_+^n] = -2V_{4,n+1}e_4(0) + 2V_{5,n+1}e_5(0).$$

取 $V^{(n)} = V_+^{(n)}$,由零曲率方程

$$U_t - V_x^{(n)} + [U, V^{(n)}] = 0$$

导出

$$u_t = \begin{pmatrix} u_1 \\ u_2 \end{pmatrix}_t = \begin{pmatrix} 2V_{4,n+1} \\ -2V_{5,n+1} \end{pmatrix} = \begin{pmatrix} 0 & 2 \\ -2 & 0 \end{pmatrix}\begin{pmatrix} V_{5,n+1} \\ V_{4,n+1} \end{pmatrix} = J\begin{pmatrix} V_{5,n+1} \\ V_{4,n+1} \end{pmatrix}, \tag{3-3}$$

这里 J 是一个 Hamilton 算子.

由方程 (3-2) 得

$$\begin{pmatrix} V_{5,n+1} \\ V_{4,n+1} \end{pmatrix} = \begin{pmatrix} -\dfrac{\partial}{2} + k + u_2 \partial^{-1} u_1 & -u_2 \partial^{-1} u_2 \\ u_1 \partial^{-1} u_1 & \dfrac{\partial}{2} + k - u_1 \partial^{-1} u_2 \end{pmatrix} \begin{pmatrix} V_{5n} \\ V_{4n} \end{pmatrix} = L \begin{pmatrix} V_{5n} \\ V_{4n} \end{pmatrix}.$$

于是方程 (3-3) 可写为

$$u_t = JL \begin{pmatrix} V_{5n} \\ V_{4n} \end{pmatrix}. \tag{3-4}$$

当取 $k=0$ 时, 可积族 (3-4) 约化为著名的 AKNS 族.

利用理想子代数 $\widetilde{G}_2$ 建立等谱问题

$$\psi_x = U\psi, \quad \psi_t = V\psi,$$

其中

$$\begin{cases} U = e_1(1) + ke_2(0) + u_1 e_3(0) + u_2 e_6(0), \\ V = \displaystyle\sum_{m \geqslant 0} (V_{1m} e_1(-m) + V_{2m} e_2(-m) + V_{3m} e_3(-m) + V_{6m} e_6(-m)). \end{cases} \tag{3-5}$$

方程 $V_x = [U, V]$ 导出如下方程

$$\begin{cases} (V_{1m})_x = (V_{2m})_x = \dfrac{1}{2} u_1 V_{6,m+1} - \dfrac{1}{2} u_2 V_{3,m+1}, \\ (V_{3m})_x = 2V_{3,m+1} + 2kV_{3m} - 2u_1 V_{1m} - 2u_1 V_{2m}, \\ (V_{6m})_x = -2V_{6,m+1} - 2kV_{6m} + 2u_2 V_{1m} + 2u_2 V_{2m}. \end{cases} \tag{3-6}$$

直接计算有

$$-V^{(n)}_{+x} + [U, V^{(n)}]$$

$$= -\sum_{m=0}^{n} (V_{1m} e_1(-m) + V_{2m} e_2(-m) + V_{3m} e_3(-m) + V_{6m} e_6(-m)) \lambda^{2n-2m}$$

$$+ \left[U, \sum_{m=0}^{n} (V_{1m} e_1(-m) + V_{2m} e_2(-m) + V_{3m} e_3(-m) + V_{6m} e_6(-m)) \lambda^{2n-2m}\right]$$

$$= -2V_{3,n+1} e_3(0) + 2V_{6,n+1} e_6(0) + \dfrac{1}{2}(-u_1 V_{6,n+1} + u_2 V_{3,n+1}) e_1(0)$$

$$+ \dfrac{1}{2}(-u_1 V_{6,n+1} + u_2 V_{3,n+1}) e_2(0).$$

记

$$V^{(n)} = V^{(n)}_{+x} - V_{1n}(e_1(0) + e_2(0)),$$

则有
$$-V_x^{(n)} + \left[U, V^{(n)}\right] = (4u_1V_{1n} - 2V_{3,n+1})e_3(0) + (-4u_2V_{1n} + 2V_{6,n+1})e_6(0).$$

于是, 零曲率方程
$$U_t - V_x^{(n)} + [U, V^{(n)}] = 0$$

等价于
$$u_t = \begin{pmatrix} u_1 \\ u_2 \end{pmatrix}_t = \begin{pmatrix} 2V_{3,n+1} - 4u_1V_{1n} \\ 4u_2V_{1n} - 2V_{6,n+1} \end{pmatrix}. \tag{3-7}$$

由方程 (3-6) 知, 可积族 (3-7) 可写为
$$u_t = \begin{pmatrix} u_1 \\ u_2 \end{pmatrix}_t = \begin{pmatrix} (V_{3n})_x - 2kV_{3n} \\ (V_{6n})_x + 2kV_{6n} \end{pmatrix}$$
$$= \begin{pmatrix} 0 & \partial - 2k \\ \partial + 2k & 0 \end{pmatrix} \begin{pmatrix} V_{6n} \\ V_{3n} \end{pmatrix} = J \begin{pmatrix} V_{6n} \\ V_{3n} \end{pmatrix}. \tag{3-8}$$

由方程 (3-6) 得到递推算子 L
$$L = \begin{pmatrix} -\frac{\partial}{2} - k - u_2\partial^{-1}\left(\frac{1}{2}u_1\partial + u_1k\right) & -u_2\partial^{-1}\left(\frac{1}{2}u_2\partial - u_2k\right) \\ -u_1\partial^{-1}\left(\frac{1}{2}u_1\partial + u_1k\right) & \frac{\partial}{2} - k + u_1\partial^{-1}\left(-\frac{1}{2}u_2\partial + u_2k\right) \end{pmatrix},$$

且 L 满足
$$\begin{pmatrix} V_{6,n+1} \\ V_{3,n+1} \end{pmatrix} = L \begin{pmatrix} V_{6n} \\ V_{3n} \end{pmatrix}.$$

因此, 方程 (3-8) 可写为
$$u_t = \begin{pmatrix} u_1 \\ u_2 \end{pmatrix}_t = JL \begin{pmatrix} V_{6n} \\ V_{3n} \end{pmatrix}. \tag{3-9}$$

当取 $k = 0$ 时, 方程 (3-9) 约化成著名的 KN 族.

3.2 推广的一类李代数及其相关的可积系统

为了使辅助方程 $V_x = [U, V]$ 的解可用循环算子表出, 要求 U 中的谱参数 λ 的次数不能过高或过低. 为了解决这一问题, 文献 [36] 提出了一个解决途径, 即寻找 $\tilde{A}_1$ 的子代数, 使其相邻基元中 λ 的次数差大于 1. 据此列出了 λ 的次数差为 2 的

三种基, 选择其中的一种, 利用屠格式得到了两类新的可积系统. 为了进一步获得新的可积系统, 本章将已有的李代数 A_{n-1} 推广, 得到了一类新的李代数; 再通过阶数的恰当选取, 使所得相应的 loop 代数的基元中谱参数 λ 的次数为 2. 由此利用屠格式获得新的可积孤子方程族. 为方便起见, 仅考虑李代数 A_2 的推广形式, 得到李代数 $gl(3, C)$, 通过对阶数的适当定义, 得到了一个 loop 代数 $\tilde{A}_2^*$, 然后设计了一个等谱问题及其辅助等谱问题, 得到了一个新的 Lax 对, 利用其相容性及屠格式获得了一族新的可积系统, 具有双 Hamilton 结构. 作为其约化情形, 得到了一个新的耦合广义 Schrödinger 方程.

常用的李代数

$$A_{n-1} = \mathrm{sl}(n, C) = \{X = (x_{ij})_{n \times n} | x_{ij} \in \mathbf{C}, \mathrm{tr} X = 0\},$$

这里 $\mathbf{C}$ 表示复数集, 其中的换位运算是

$$[X, Y] = XY - YX, \quad \forall X, Y \in A_{n-1}.$$

下面考虑一类 $n \times n$ 矩阵集

$$A_{n-1}^* = \mathrm{gl}(n, C) = \{X = (x_{ij})_{n \times n} | x_{ij} \in \mathbf{C}\},$$

其换位运算为

$$[X, Y] = XQY - YQX, \quad \forall X, Y, Q \in \mathrm{gl}(n, C), \tag{3-10}$$

易验证式 (3-10) 满足

反对称性: $[x, y] = -[y, x]$;

双线性性: $[ax + by, z] = a[x, z] + b[y, z], \forall x, y, z \in G$;

Jacobi 恒等式: $[[x, y], z] + [[y, z], x] + [[z, x], y] = 0$,

因此 $gl(n, C)$ 是一个李代数. 显然当 Q 为单位矩阵时, 式 (3-10) 约化为李代数 A_{n-1}, 于是 $gl(n, C)$ 是李代数 A_{n-1} 的推广形式.

设有等谱问题[37]

$$\begin{cases} \phi_x = UQ\phi, & \lambda_t = 0, \\ \phi_t = VQ\phi, & Q_x = Q_t = 0, \end{cases} \tag{3-11}$$

则由相容性 $\varphi_{xt} = \varphi_{tx}$ 知

$$(U_t - V_x + UQV - VQU)Qf = 0,$$

因为 φ 为任意的, 所以有零曲率方程成立, 即

$$U_t - V_x + [U, V] = 0.$$

3.2 推广的一类李代数及其相关的可积系统

下面只考虑 A_2^* 的情形. 令

$$Q = \begin{pmatrix} \lambda & 0 & 0 \\ 0 & 0 & 0 \\ 0 & 0 & -\lambda \end{pmatrix}, \quad e_1 = \begin{pmatrix} 0 & 0 & \frac{1}{\lambda} \\ 0 & 0 & 0 \\ \frac{1}{\lambda} & 0 & 0 \end{pmatrix}, \quad e_2 = \begin{pmatrix} \frac{1}{\lambda} & 0 & 0 \\ 0 & -\frac{1}{\lambda} & 0 \\ 0 & 0 & 0 \end{pmatrix},$$

$$e_3 = \begin{pmatrix} 0 & 0 & -\frac{1}{\lambda} \\ 0 & 0 & 0 \\ \frac{1}{\lambda} & 0 & 0 \end{pmatrix}, \quad e_4 = \begin{pmatrix} \frac{1}{\lambda} & 0 & 0 \\ 0 & 0 & 0 \\ 0 & 0 & \frac{1}{\lambda} \end{pmatrix}, \tag{3-12}$$

则由式 (3-10), 知

$$[e_1, e_2] = e_3, \quad [e_1, e_3] = -2e_4, \quad [e_1, e_4] = 2e_3,$$
$$[e_2, e_3] = -e_1, \quad [e_2, e_4] = 0, \quad [e_3, e_4] = 2e_1.$$

设

$$\begin{cases} e_1(n) = e_1 \lambda^{2n+1}, e_2(n) = e_2 \lambda^{2n}, e_3(n) = e_3 \lambda^{2n+1}, e_4(n) = e_4 \lambda^{2n}, \\ [e_1(m), e_2(n)] = e_3(m+n), [e_1(m), e_3(n)] = -2e_4(m+n+1), \\ [e_1(m), e_4(n)] = 2e_3(m+n), [e_2(m), e_3(n)] = -e_1(m+n), \\ [e_3(m), e_4(n)] = 2e_1(m+n), [e_2(m), e_4(n)] = 0, \\ \deg e_1(n) = \deg e_3(n) = 2n+1, \deg e_2(n) = \deg e_4(n) = 2n, \end{cases} \tag{3-13}$$

则方程 (3-13) 构成一个 loop 代数, 且其中相邻基元间的谱参数差为 2. 由此设计等谱问题

$$\phi_x = UQ\phi, \quad \lambda_t = 0, \quad U = \begin{pmatrix} \lambda + \frac{s}{\lambda} & 0 & q-r \\ 0 & -\lambda & 0 \\ q+r & 0 & \frac{s}{\lambda} \end{pmatrix}. \tag{3-14}$$

令

$$V = \begin{pmatrix} \frac{c}{\lambda} & 0 & a-b \\ 0 & 0 & 0 \\ a+b & 0 & \frac{c}{\lambda} \end{pmatrix},$$

其中

$$a = \sum_{m \geqslant 0} a_m \lambda^{-2m}, \quad b = \sum_{m \geqslant 0} b_m \lambda^{-2m}, \quad c = \sum_{m \geqslant 0} c_m \lambda^{-2m}.$$

解辅助方程
$$V_x = [U, V], \tag{3-15}$$

得递推关系

$$\begin{aligned}
&b_{m+1} = -a_{mx} + 2rc_m - 2sb_m, \quad a_{m+1} = -b_{mx} + 2qc_m - 2sa_m,\\
&c_{mx} = -2qb_{m+1} + 2ra_{m+1} = 2qa_{mx} - 2rb_{mx} + 4qsb_m - 4rsa_m,\\
&a_0 = b_0 = 0, \quad c_0 = \alpha, \quad a_1 = 2\alpha q, \quad b_1 = 2\alpha r, \quad c_1 = 2\alpha(q^2 - r^2),\\
&a_2 = \alpha(-2r_x + 4q(q^2 - r^2) - 4qs), \quad b_2 = \alpha(-2q_x + 4r(q^2 - r^2) - 4rs),\\
&c_2 = \alpha(4rq_x - r_x q + 6(q^2 - r^2)^2 - 8(q^2 - r^2)s),\\
&a_3 = \alpha(2q_{xx} - 4r_x(q^2 - r^2) - 4r(q^2 - r^2)_x + 4s_x r + 4sr_x + 8q(rq_x - r_x q)\\
&\qquad + 12q(q^2 - r^2)^2 + 4sr_x - 24qs(q^2 - r^2) + 8s^2 r),\\
&b_3 = \alpha(2r_{xx} - 4q_x(q^2 - r^2) - 4q(q^2 - r^2)_x + 4q_x s + 4qs_x + 8r(rq_x - r_x q)\\
&\qquad + 12r(q^2 - r^2)^2 + 4sq_x - 24sr(q^2 - r^2) + 8s^2 r).
\end{aligned} \tag{3-16}$$

记

$$\begin{aligned}
V_+^{(n)} &= \sum_{m=0}^{n} (a_m e_1(n-m) + b_m e_3(n-m) + c_m e_4(n-m)),\\
V_-^{(n)} &= \lambda^{2n} V - V_+^{(n)},
\end{aligned}$$

则式 (3-15) 可写为

$$-V_{+x}^{(n)} + [U, V_+^{(n)}] = V_{-x}^{(n)} - [U, V_-^{(n)}], \tag{3-17}$$

易知, 式 (3-17) 的左端基元的阶数 (deg)$\geqslant 0$, 而右端基元的阶数 (deg)$\leqslant 1$. 因此左右两端基元的阶数为 0,1. 于是

$$-V_{+x}^{(n)} + [U, V_+^{(n)}] = b_{n+1} e_1(0) + a_{n+1} e_3(0) + (2qb_{n+1} - 2ra_{n+1})e_4(0).$$

取 $V^{(n)} = V_+^{(n)}$, 由零曲率方程

$$U_t - V_x^{(n)} + [U, V^{(n)}] = 0$$

确定 Lax 可积系

$$u_{t_n} = \begin{pmatrix} q \\ r \\ s \end{pmatrix}_{t_n} = \begin{pmatrix} -b_{n+1} \\ -a_{n+1} \\ 2ra_{n+1} - 2qb_{n+1} \end{pmatrix} = \begin{pmatrix} 0 & \dfrac{1}{2} & 0 \\ -\dfrac{1}{2} & 0 & 0 \\ 0 & 0 & \dfrac{\partial}{2} \end{pmatrix} \begin{pmatrix} 2a_{n+1} \\ -2b_{n+1} \\ 2c_n \end{pmatrix} = JG_n,$$

$$\tag{3-18}$$

其中 J 是 Hamilton 算子. 根据式 (3-16) 易知

$$G_n = \begin{pmatrix} -2s + 4q\partial^{-1}q\partial & -\partial - 4q\partial^{-1}r\partial & -4q\partial^{-1}s\partial \\ -\partial - 4r\partial^{-1}q\partial & -2s - 4r\partial^{-1}r\partial & -4r\partial^{-1}s\partial \\ 2\partial^{-1}q\partial & -2\partial^{-1}r\partial & -2\partial^{-1}s\partial \end{pmatrix} G_{n-1} = LG_{n-1},$$

因此式 (3-18) 可写为

$$u_{t_n} = \begin{pmatrix} q \\ r \\ s \end{pmatrix}_{t_n} = JL^n G_0 = JL^n \begin{pmatrix} 4\alpha q \\ -4\alpha r \\ 2\alpha \end{pmatrix}. \tag{3-19}$$

取 $n = 2$, 则式 (3-19) 约化为耦合广义 Schrödinger 方程

$$\begin{aligned} q_{t_2} &= -2\alpha r_{xx} + 4\alpha q_x(q^2 - r^2) + 4\alpha q(q^2 - r^2)_x - 4\alpha q_x s - 4\alpha q s_x - 8\alpha r(rq_x - r_x q) \\ &\quad - 12\alpha r(q^2 - r^2)^2 - 4\alpha s q_x + 24\alpha s r(q^2 - r^2) - 8\alpha s^2 r, \\ r_{t_2} &= -2\alpha q_{xx} + 4\alpha r_x(q^2 - r^2) + 4\alpha r(q^2 - r^2)_x - 4\alpha r_x s - 4\alpha r s_x - 8\alpha q(rq_x - r_x q) \\ &\quad - 12\alpha q(q^2 - r^2)^2 - 4\alpha s r_x + 24\alpha s q(q^2 - r^2) - 8\alpha s^2 q, \\ s_{t_2} &= 4\alpha(rq_{xx} - r_{xx}q) + 24\alpha(q^2 - r^2)(qq_x - rr_x) - 8\alpha s_x(q^2 - r^2) - 16\alpha s(qq_x - rr_x). \end{aligned}$$

直接计算知

$$\left\langle V, \frac{\partial U}{\partial q} \right\rangle = 2a, \quad \left\langle V, \frac{\partial U}{\partial r} \right\rangle = -2b, \quad \left\langle V, \frac{\partial U}{\partial s} \right\rangle = \frac{2c}{\lambda^2}, \quad \left\langle V, \frac{\partial U}{\partial \lambda} \right\rangle = \frac{c}{\lambda} - \frac{2sc}{\lambda^3},$$

并代入迹恒等式, 得

$$\frac{\delta}{\delta u}\left(\frac{c}{\lambda} - \frac{2sc}{\lambda^3}\right) = \lambda^{-\gamma} \frac{\partial}{\partial \lambda} \lambda^\gamma \begin{pmatrix} 2a \\ -2b \\ \dfrac{2c}{\lambda^2} \end{pmatrix}, \tag{3-20}$$

比较 λ^{-2n-3} 的系数知

$$\frac{\delta}{\delta u}(c_{n+1} - 2sc_n) = (-2n - 2 + \gamma)G_n. \tag{3-21}$$

取 $n = 0$ 并将式 (3-16) 中的初值代入式 (3-21) 中, 得 $\gamma = 3$. 于是 $\dfrac{\delta H_n}{\delta u} = G_n$, 其中,

$$H_n = \frac{c_{n+1} - 2sc_n}{-2n + 1}$$

为 Hamilton 函数, 称 G_n 为伴随对称. 事实上, 由此可建立双对称约束流得到有限维可积 Hamilton 系统.

于是, 我们就得到了可积方程族 (3-19) 的 Hamilton 结构

$$u_{t_n} = J\frac{\delta H_n}{\delta u} = K\frac{\delta H_{n-1}}{\delta u}, \tag{3-22}$$

其中 $K = JL$. 可直接验证辛算 $\tilde{J} = c_1 J + c_2 K$ 满足 Jacobi 恒等式, 所以 $\{J, K\}$ 组成一个算子对, 因此式 (3-22) 是系统式 (3-19) 的双 Hamilton 结构.

同样容易验证: $JL = L^*J$, 因此系统 (3-19) 是 Liouville 可积的.

3.3 利用外代数构造 loop 代数

利用外代数的性质, 下面给出了一个构造多分量的矩阵 loop 代数的方法. 利用这种方法, 构造一个 $3M$ 维 loop 代数 $\tilde{X}$. 这个代数可以很容易约化为已有的多分量 loop 代数. 通过建立一个等谱问题, 利用屠格式, 得到一个广义多分量方程族. 作为其约化的特殊情况, 得到著名的多分量的热传导方程和耦合的广义多分量的 Burgers 方程. 另外, 通过构造一个 $4M$ 维 loop 代数 $\tilde{Y}$, 还得到广义多分量 KN 方程族.

为方便起见, 先给出下面的符号和定义.

定义 3.1 设向量

$$\alpha = (\alpha_1, \alpha_2, \cdots, \alpha_M)^{\mathrm{T}}, \quad \beta = (\beta_1, \beta_2, \cdots, \beta_M)^{\mathrm{T}},$$

定义内积 $\alpha * \beta$ 为

$$\alpha * \beta = \beta * \alpha = (\alpha_1\beta_1, \alpha_2\beta_2, \cdots, \alpha_M\beta_M)^{\mathrm{T}}.$$

引入对角阵 $\tilde{\alpha} = \mathrm{diag}(\alpha_1, \alpha_2, \cdots, \alpha_M)$, 有

$$\alpha * \beta = \tilde{\alpha}\beta.$$

定义 3.2 设

$$\alpha = (\alpha_1, \alpha_2, \cdots, \alpha_M)^{\mathrm{T}}, \quad A = (0, \cdots, 0, a_i, 0, \cdots, 0)_{M \times N},$$

其中 $a_i = \begin{pmatrix} a_{i1} \\ a_{i2} \\ \vdots \\ a_{iM} \end{pmatrix}$.

定义

$$\alpha \cdot A = A \cdot \alpha = (0, \cdots, 0, \alpha * a_i, 0, \cdots, 0).$$

3.3 利用外代数构造 loop 代数

定义 3.3 设

$$x^1 = (x_1^1, 0, 0), \quad x^2 = (0, x_2^2, 0), \quad x^3 = (0, 0, x_3^3)$$

是线性无关的 $M \times 3$ 矩阵,X 表示由 $\{x^1, x^2, x^3\}$ 生成的线性空间,即

$$X = \{\omega_a | \omega_a = a_1 \cdot x^1 + a_2 \cdot x^2 + a_3 \cdot x^3\},$$

其中

$$a_i = \begin{pmatrix} a_{i1} \\ a_{i2} \\ \vdots \\ a_{iM} \end{pmatrix} \quad (i=1,2,3), \quad x_i^i = \begin{pmatrix} x_{i1}^i \\ x_{i2}^i \\ \vdots \\ x_{iM}^i \end{pmatrix}, \quad x_{ij}^i \in \mathbf{R}.$$

在 X 中外积定义为

$$x^1 \wedge x^2 = 2x^2, \quad x^1 \wedge x^3 = -2x^3, \quad x^2 \wedge x^3 = x^1, \tag{3-23}$$

定义换位运算 $[\omega_a, \omega_b]$ 如下:$\omega_a, \omega_b \in X$,

$$\begin{aligned}[\omega_a, \omega_b] \equiv \omega_a \wedge \omega_b &= (a_1 * b_2 - a_2 * b_1) \cdot x^1 \wedge x^2 + (a_1 * b_3 - a_3 * b_1) \cdot x^1 \wedge x^3 \\ &+ (a_2 * b_3 - a_3 * b_2) \cdot x^2 \wedge x^3,\end{aligned} \tag{3-24}$$

利用外代数的性质,容易验证 X 在换位运算 $[\omega_a, \omega_b]$ 下成为一个李代数.

特别地,取

$$x^1 = (I_M, 0, 0), \quad x^2 = (0, I_M, 0), \quad x^3 = (0, 0, I_M), \tag{3-25}$$

其中

$$I_M = \underbrace{(1, 1, \cdots, 1)}_{M}{}^{\mathrm{T}},$$

那么式 (3-24) 变成

$$[\omega_a, \omega_b] = (a_2 * b_3 - a_3 * b_2, 2(a_1 * b_2 - a_2 * b_1), 2(a_3 * b_1 - a_1 * b_3)).$$

定义 3.4 设

$$x^i(n) = x^i \otimes \lambda^n \equiv x^i \lambda^n, \quad x^i(m) \wedge x^j(n) = (x^i \wedge x^j)(m+n), \quad i \neq j, \tag{3-26}$$

则 X 在式 (3-26) 定义下构成 loop 代数,表示为 $\tilde{X}$.

考虑下列等谱问题[38]
$$\varphi_x = U \wedge \varphi, \quad \varphi_t = V \wedge \varphi, \quad U, V, \varphi \in \tilde{X},$$

根据相容性有
$$\begin{aligned}\phi_{xt} &= U_t \wedge \phi + U \wedge \phi_t = U_t \wedge \phi + U \wedge (V \wedge \phi) \\ &= \varphi_{tx} = V_x \wedge \varphi + V \wedge \varphi_x = V_x \wedge \varphi + V \wedge (U \wedge \varphi) \\ &\Rightarrow (U_t - V_x + U \wedge V - V \wedge U) \wedge \varphi = 0,\end{aligned}$$

由 ϕ 的任意性, 由上式推导出零曲率方程
$$U_t - V_x + [U, V] = 0,$$

这也表明从等谱问题的 Lax 对得出的方程族是 Lax 可积. 下面通过设计等谱问题, 推导出带有任意函数的广义多分量 AKNS 方程族.

考虑下列等谱问题
$$\begin{cases} \phi_x = U \wedge \phi, \lambda_t = 0, \\ U = I_M \cdot x^1(1) + f(q,r) \cdot x^2(0) + g(q,r) \cdot x^3(0), \end{cases}$$

其中
$$q = (q_1, q_2, \cdots, q_M)^{\mathrm{T}}, \quad r = (r_1, r_2, \cdots, r_M)^{\mathrm{T}},$$
$$f(q,r) = \begin{pmatrix} f_1(q,r) \\ f_2(q,r) \\ \vdots \\ f_M(q,r) \end{pmatrix}, \quad g(q,r) = \begin{pmatrix} g_1(q,r) \\ g_2(q,r) \\ \vdots \\ g_M(q,r) \end{pmatrix}.$$

令
$$V = \sum_{i=0}^{\infty} (a(0,i) \cdot x^1(-i) + b(0,i) \cdot x^2(-i) + c(0,i) \cdot x^3(-i)),$$

其中
$$a(0,i) = \begin{pmatrix} a_{i1}^{(0)} \\ a_{i2}^{(0)} \\ \vdots \\ a_{iM}^{(0)} \end{pmatrix}, \quad b(0,i) = \begin{pmatrix} b_{i1}^{(0)} \\ b_{i2}^{(0)} \\ \vdots \\ b_{iM}^{(0)} \end{pmatrix}, \quad c(0,i) = \begin{pmatrix} c_{i1}^{(0)} \\ c_{i2}^{(0)} \\ \vdots \\ c_{iM}^{(0)} \end{pmatrix}.$$

由静态零曲率方程
$$V_x = [U, V], \tag{3-27}$$

3.3 利用外代数构造 loop 代数

得出如下递推关系式

$$a_x(0,i) = f(q,r) * c(0,i) - g(q,r) * b(0,i),$$
$$b_x(0,i) = 2b(0,1+i) - 2f(q,r) * a(0,i),$$
$$2c(0,1+i) = -c_x(0,i) + 2g(q,r) * a(0,i),$$
$$a(0,0) = \alpha = (\alpha_1, \alpha_2, \cdots, \alpha_M)^{\mathrm{T}},$$
$$b(0,0) = c(0,0) = 0 = \underbrace{(0,0,\cdots,0)}_{M}{}^{\mathrm{T}},$$
$$a(0,2) = -\frac{\alpha}{2} * f(q,r) * g(q,r), \tag{3-28}$$
$$b(0,2) = \frac{\alpha}{2} * f_x(q,r), c(0,2) = -\frac{\alpha}{2} * g_x(q,r),$$
$$a(0,3) = \frac{\alpha}{4} * [f(q,r) * g_x(q,r) - f_x(q,r) * g(q,r)],$$
$$b(0,3) = \frac{\alpha}{4} * f_{xx}(q,r) - \frac{\alpha}{2} * f(q,r) * f(q,r) * g(q,r),$$
$$c(0,3) = \frac{\alpha}{4} * g_{xx}(q,r) - \frac{\alpha}{2} * f(q,r) * g(q,r) * g(q,r).$$

若令

$$V_+^{(n)} = \sum_{i=0}^{n} (a(0,i) \cdot x^1(n-i) + b(0,i) \cdot x^2(n-i) + c(0,i) \cdot x^3(n-i)),$$
$$V_-^{(n)} = \lambda^n V - V_+^{(n)},$$

那么方程 (3-27) 改写为

$$-V_{+x}^{(n)} + [U, V_+^{(n)}] = V_{-x}^{(n)} - [U, V_-^{(n)}], \tag{3-29}$$

易证式 (3-29) 的左端基元的阶数 (deg)$\geqslant 0$, 而右端基元的阶数 (deg)$\leqslant 0$. 因此左右两端基元的阶数为 0. 于是

$$-V_{+x}^{(n)} + [U, V_+^{(n)}] = 2c(0, n+1) \cdot x^3(0) - 2b(0, n+1) \cdot x^2(0).$$

取 $V^{(n)} = V_+^{(n)}$, 则由零曲率方程

$$U_t - V_x^{(n)} + [U, V^{(n)}] = 0,$$

得出

$$[f(q,r)]_t = 2b(0, n+1), \quad [g(q,r)]_t = -2c(0, n+1). \tag{3-30}$$

从式 (3-28), 得出

$$\begin{pmatrix} c(0, n+1) \\ b(0, n+1) \end{pmatrix} = \begin{pmatrix} -\dfrac{\partial}{2} + g(q,r) * \partial^{-1} f(q,r)* & -g(q,r) * \partial^{-1} g(q,r)* \\ f(q,r) * \partial^{-1} f(q,r)* & \dfrac{\partial}{2} - f(q,r) * \partial^{-1} g(q,r)* \end{pmatrix} \begin{pmatrix} c(0,n) \\ b(0,n) \end{pmatrix}$$

$$= L \begin{pmatrix} c(0,n) \\ b(0,n) \end{pmatrix}$$

$$= \begin{pmatrix} -\dfrac{\partial}{2} + \widetilde{G}(\tilde{q},\tilde{r})\partial^{-1}\tilde{f}(\tilde{q},\tilde{r}) & -\widetilde{G}(\tilde{q},\tilde{r})\partial^{-1}\widetilde{G}(\tilde{q},\tilde{r}) \\ \tilde{f}(\tilde{q},\tilde{r})\partial^{-1}\tilde{f}(\tilde{q},\tilde{r}) & \dfrac{\partial}{2} - \tilde{f}(\tilde{q},\tilde{r})\partial^{-1}\widetilde{G}(\tilde{q},\ddot{r}) \end{pmatrix} \begin{pmatrix} c(0,n) \\ b(0,n) \end{pmatrix}$$

$$= \tilde{L} \begin{pmatrix} c(0,n) \\ b(0,n) \end{pmatrix}.$$

因此系统式 (3-30) 可写为

$$\begin{pmatrix} f(q,r) \\ g(q,r) \end{pmatrix}_t = \begin{pmatrix} 0 & 2I_M* \\ -2I_M* & 0 \end{pmatrix} \begin{pmatrix} c(0,n+1) \\ b(0,n+1) \end{pmatrix} = J \begin{pmatrix} c(0,n+1) \\ b(0,n+1) \end{pmatrix}$$

$$= \begin{pmatrix} 0 & 2I \\ -2I & 0 \end{pmatrix} \begin{pmatrix} c(0,n+1) \\ b(0,n+1) \end{pmatrix}$$

$$= \tilde{J} \begin{pmatrix} c(0,n+1) \\ b(0,n+1) \end{pmatrix} = \tilde{J} L^n \begin{pmatrix} \alpha * g(q,r) \\ \alpha * f(q,r) \end{pmatrix}, \quad (3\text{-}31)$$

其中 $J, \tilde{J}$ 是 Hamilton 算子, I 是单位矩阵.

事实上, 系统 (3-31) 有下列两种特殊情形.

情形 1 取 $f(q,r) = q, g(q,r) = r$, 系统 (3-31) 约化为多分量 AKNS 方程族

$$\begin{pmatrix} q \\ r \end{pmatrix}_t = \begin{pmatrix} 0 & 2I \\ -2I & 0 \end{pmatrix} \begin{pmatrix} -\dfrac{\partial}{2} + \tilde{r}\partial^{-1}\tilde{q} & -\tilde{r}\partial^{-1}\tilde{r} \\ \tilde{q}\partial^{-1}\tilde{q} & \dfrac{\partial}{2} - \tilde{q}\partial^{-1}\tilde{r} \end{pmatrix}^n \begin{pmatrix} \tilde{\alpha}\tilde{r} \\ \tilde{\alpha}\tilde{q} \end{pmatrix}. \quad (3\text{-}32)$$

当 $M = 1$, 系统 (3-32) 就是标准 AKNS 方程族. 正因为如此, 我们称系统 (3-32) 为广义多分量 AKNS 方程族.

情形 2 取 $f(q,r) = q + r$, $g(q,r) = q - r$, $n = 2$, 系统 (3-31) 约化为下列非线性耦合的广义多分量 Burgers 方程

$$\begin{aligned} q_t &= \dfrac{\alpha}{2} r_{xx} + \alpha(r^3 - q^2 r), \\ r_t &= \dfrac{\alpha}{2} q_{xx} + \alpha(-q^3 + qr^2). \end{aligned} \quad (3\text{-}33)$$

3.3 利用外代数构造 loop 代数

再取 $q = r$, 系统 (3-31) 约化为线性多分量热传导方程

$$\begin{pmatrix} q_1 \\ q_2 \\ \vdots \\ q_M \end{pmatrix}_t = \frac{\alpha}{2} \begin{pmatrix} q_1 \\ q_2 \\ \vdots \\ q_M \end{pmatrix}_{xx},$$

事实上, 取各种恰当函数 $f(q,r), g(q,r)$ 都可以得到可积孤子方程.

下面通过设计等谱问题, 推导出带有任意函数的广义多分量 KN 方程族.

定义 3.5 假设 Y 表示由线性无关向量

$$\{y^1, y^2, y^3, y^4\}$$

张成的线性空间, 定义 $y^i, i = 1, 2, 3, 4$ 之间的换位运算如下

$$y^1 \wedge y^2 = y^2, \quad y^1 \wedge y^3 = -y^3, \quad y^2 \wedge y^3 = y^1,$$
$$y^1 \wedge y^3 = -y^3, \quad y^1 \wedge y^4 = y^4, \quad y^2 \wedge y^4 = y^3 \wedge y^4 = 0,$$

那么 Y 构成一个李代数. 特别地, 若取

$$y^1 = (I_M, 0, 0, 0), \quad y^2 = (0, I_M, 0, 0), \quad y^3 = (0, 0, I_M, 0), \quad y^4 = (0, 0, 0, I_M),$$

则有

$$\omega_a = a_1 \cdot y^1 + a_2 \cdot y^2 + a_3 \cdot y^3 + a_4 \cdot y^4 = (a_1, a_2, a_3, a_4), \quad \forall \omega_a \in Y.$$

根据李代数 Y 构造下列 loop 代数 $\tilde{Y}$

$$y^1(n) = y^1 \lambda^{2n}, \quad y^2(n) = y^2 \lambda^{2n+1}, \quad y^3(n) = y^3 \lambda^{2n+1}, \quad y^4(n) = y^4 \lambda^{2n},$$

换位运算为

$$y^1(m) \wedge y^2(n) = y^2(m+n), \quad y^1(m) \wedge y^3(n) = -y^3(m+n), \quad y^2(m) \wedge y^4(n) = 0,$$

$$y^2(m) \wedge y^3(n) = y^1(m+n+1), \quad y^1(m) \wedge y^4(n) = y^4(m+n), \quad y^3(m) \wedge y^4(n) = 0.$$

考虑等谱问题[39]

$$\begin{cases} \phi_x = U \wedge \phi, \lambda_t = 0, \\ U = y^1(1) + q \cdot y^2(0) + r \cdot y^3(0) + s \cdot y^4(0). \end{cases}$$

设

$$V = \sum_{i=0}^{\infty} (a(0,i) \cdot y^1(-i) + b(0,i) \cdot y^2(-i) + c(0,i) \cdot y^3(-i) + d(0,i) \cdot y^4(0)),$$

其中
$$q = (q_1, q_2, \cdots, q_M)^{\mathrm{T}}, \quad r = (r_1, r_2, \cdots, r_M)^{\mathrm{T}}, \quad s = (s_1, s_2, \cdots, s_M)^{\mathrm{T}},$$
$$a(0,i) = (a_{i1}^{(0)}, \cdots, a_{iM}^{(0)})^{\mathrm{T}}, \cdots.$$

与前面类似得到
$$-V_{+x}^{(n)} + [U, V_+^{(n)}] = (q*c(0,n+1) + r*b(0,n+1)) \cdot y^1(0) - b(0,n+1) \cdot y^2(0)$$
$$+ c(0,n+1) \cdot y^3(0) - d(0,n+1) \cdot y^4(0).$$

取
$$V^{(n)} = V_+^{(n)} + \Delta_n, \quad \Delta_n = -a(0,n) \cdot y^1(0),$$

通过直接计算, 得到
$$-V_x^{(n)} + [U, V^{(n)}] = (q*a(0,n) - b(0,n+1)) \cdot y^2(0) + (c(0,n+1)$$
$$- r*a(0,n)) \cdot y^3(0) + (s*a(0,n) - d(0,n+1)) \cdot y^4(0).$$

再由零曲率方程
$$U_t - V_x^{(n)} + [U, V^{(n)}] = 0,$$

推导出下列可积系统
$$u_t = \begin{pmatrix} q \\ r \\ s \end{pmatrix}_t = \begin{pmatrix} b(0,n+1) - q*a(0,n) \\ r*a(0,n) - c(0,n+1) \\ d(0,n+1) - s*a(0,n) \end{pmatrix}$$
$$= \begin{pmatrix} b(0,n+1) - q*\partial^{-1}(-q*c(0,n+1) - r*b(0,n+1)) \\ -c(0,n+1) + r*\partial^{-1}(-q*c(0,n+1) - r*b(0,n+1)) \\ d_x(0,n) \end{pmatrix}$$
$$= \begin{pmatrix} q*\partial^{-1}q* & I_M*+q*\partial^{-1}r* & 0 \\ -I_M*-r*\partial^{-1}q* & -r*\partial^{-1}r* & 0 \\ 0 & 0 & \partial \end{pmatrix} \begin{pmatrix} c(0,n+1) \\ b(0,n+1) \\ d(0,n) \end{pmatrix}$$
$$= J_1 \begin{pmatrix} c(0,n+1) \\ b(0,n+1) \\ d(0,n) \end{pmatrix}$$
$$= \begin{pmatrix} \tilde{q}\partial^{-1}\tilde{q} & I + \tilde{q}\partial^{-1}\tilde{r} & 0 \\ -I - \tilde{r}\partial^{-1}\tilde{q} & -\tilde{r}\partial^{-1}\tilde{r} & 0 \\ 0 & 0 & \partial \end{pmatrix} \begin{pmatrix} c(0,n+1) \\ b(0,n+1) \\ d(0,n) \end{pmatrix}$$

$$= \tilde{J}_1 \begin{pmatrix} c(0,n+1) \\ b(0,n+1) \\ d(0,n) \end{pmatrix} = \begin{pmatrix} b_x(0,n) \\ c_x(0,n) \\ d_x(0,n) \end{pmatrix} = \begin{pmatrix} 0 & \partial & 0 \\ \partial & 0 & 0 \\ 0 & 0 & \partial \end{pmatrix} \begin{pmatrix} c(0,n) \\ b(0,n) \\ d(0,n) \end{pmatrix}$$

$$= J_2 \begin{pmatrix} c(0,n) \\ b(0,n) \\ d(0,n) \end{pmatrix}, \tag{3-34}$$

其中 $J_1, \tilde{J}_1, J_2$ 都是 Hamilton 算子. 下面的递推关系也成立.

$$\begin{pmatrix} c(0,n+1) \\ b(0,n+1) \\ d(0,n) \end{pmatrix}$$

$$= \begin{pmatrix} -\partial - r*\partial^{-1}q*\partial & -r*\partial^{-1}r*\partial & 0 \\ -q*\partial^{-1}q*\partial & \partial - q*\partial^{-1}r*\partial & 0 \\ 0 & 0 & \partial \end{pmatrix} \begin{pmatrix} c(0,n) \\ b(0,n) \\ d(0,n) \end{pmatrix}$$

$$= L \begin{pmatrix} c(0,n) \\ b(0,n) \\ d(0,n) \end{pmatrix}$$

$$= \begin{pmatrix} -\partial - \tilde{r}\partial^{-1}\tilde{q}\partial & -\tilde{r}\partial^{-1}\tilde{r}\partial & 0 \\ -\tilde{q}\partial^{-1}\tilde{q}\partial & \partial - \tilde{q}\partial^{-1}\tilde{r}\partial & 0 \\ 0 & 0 & \partial \end{pmatrix} \begin{pmatrix} c(0,n) \\ b(0,n) \\ d(0,n) \end{pmatrix}$$

$$= \tilde{L} \begin{pmatrix} c(0,n) \\ b(0,n) \\ d(0,n) \end{pmatrix}.$$

因此, 系统 (3-34) 改写为

$$u_t = \begin{pmatrix} q \\ r \\ s \end{pmatrix}_t = J_1 L \begin{pmatrix} c(0,n) \\ b(0,n) \\ d(0,n) \end{pmatrix} = J_2 \begin{pmatrix} c(0,n) \\ b(0,n) \\ d(0,n) \end{pmatrix} = J_1 L^n \begin{pmatrix} \tilde{\beta}\tilde{r} \\ \tilde{\beta}\tilde{q} \\ \tilde{\beta}\tilde{s} \end{pmatrix}. \tag{3-35}$$

取 $s=0$, 系统 (3-35) 约化为多分量 KN 方程族. 因此, 我们称系统 (3-35) 为广义多分量 KN 方程族.

3.4 多分量矩阵 loop 代数及其多分量 AKNS 和BPT 方程族

屠规彰在文献 [34] 中给出一个获得有限维孤子方程的可积 Hamilton 方程族

的有效且简便方法, 其关键在于构造了一个如下形式的 loop 代数

$$h(n) = \begin{pmatrix} \lambda^n & 0 \\ 0 & -\lambda^n \end{pmatrix}, \quad e(n) = \begin{pmatrix} 0 & \lambda^n \\ 0 & 0 \end{pmatrix}, \quad f(n) = \begin{pmatrix} 0 & 0 \\ \lambda^n & 0 \end{pmatrix},$$
$$[h(m), e(n)] = 2e(m+n), \quad [h(m), f(n)] = -2f(m+n),$$
$$[e(m), f(n)] = h(m+n), \quad \deg(h(n)) = \deg(e(n)) = \deg(f(n)) = n. \tag{3-36}$$

根据此 loop 代数的一些线性组合, 可以得到许多新的 loop 代数, 如

$$\bar{h}(n) = \frac{1}{2}\begin{pmatrix} \lambda^n & 0 \\ 0 & -\lambda^n \end{pmatrix}, \quad e_{\pm}(n) = \frac{1}{2}\begin{pmatrix} 0 & \lambda^{n-1} \\ \pm\lambda^n & 0 \end{pmatrix},$$
$$[\bar{h}(m), e_{\pm}(n)] = e_{\mp}(m+n), \quad [e_{-}(m), e_{+}(n)] = \bar{h}(m+n-1),$$
$$\deg(\bar{h}(n)) = \deg(e_{\pm}(n)) = 2n-1 \tag{3-37a}$$

和

$$e_1(n) = \begin{pmatrix} 0 & \lambda^n \\ \lambda^n & 0 \end{pmatrix}, \quad e_2(n) = \begin{pmatrix} 0 & \lambda^n \\ -\lambda^n & 0 \end{pmatrix}, \quad e_3(n) = \begin{pmatrix} \lambda^n & 0 \\ 0 & -\lambda^n \end{pmatrix},$$
$$[e_1(m), e_2(n)] = -2e_3(m+n), \quad [e_1(m), e_3(n)] = -2e_2(m+n),$$
$$[e_2(m), e_3(n)] = -2e_1(m+n), \quad \deg(e_i(n)) = n, \quad i = 1, 2, 3. \tag{3-37b}$$

利用前面这些 loop 代数, 人们已经获得许多著名的可积 Hamilton 方程族, 如 AKNS, KN, WKI, BPT 方程族等, 马文秀称此方法为屠格式. 关于多分量可积方程族, 马文秀和周汝光曾经用广义屠格式研究了多分量 AKNS 族及其 Hamilton 结构. 下面, 先给出一组多分量矩阵李代数 A_{M-1}. 通过构造 loop 代数 $\tilde{A}_{M-1}$, 借助屠格式推导出带有 5 个位势函数的多分量可积系统, 其拥有双 Hamilton 结构, 并且可以约化为多分量 AKNS 方程族和 BPT 方程族.

构造下列一组多分量矩阵李代数

$$e_1 = \begin{pmatrix} M & 0 \\ 0 & I_M \end{pmatrix}, \quad e_2 = \begin{pmatrix} 0 & I_{1 \times M} \\ 0 & 0 \end{pmatrix}, \quad e_3 = \begin{pmatrix} 0 & 0 \\ I_{M \times 1} & 0 \end{pmatrix}, \tag{3-38}$$
$$[e_1, e_2] = -(M+1)e_2, \quad [e_1, e_3] = (M+1)e_3, \quad [e_2, e_3] = -e_1,$$

其中 I_M 是 $M \times M$ 单位矩阵,

$$I_{1 \times M} = (1, 1, \cdots, 1)_{1 \times M}, \quad I_{M \times 1} = \begin{pmatrix} 1 \\ 1 \\ \vdots \\ 1 \end{pmatrix}.$$

3.4 多分量矩阵 loop 代数及其多分量 AKNS 和 BPT 方程族

设 $a = (a_1, a_2, \cdots, a_M), \alpha = (\alpha_1, \alpha_2, \cdots, \alpha_M)^{\mathrm{T}}$ 为向量, c 是常量, 定义下面的运算关系

$$ce_1 = \begin{pmatrix} cM & 0 \\ 0 & cI_M \end{pmatrix}, \quad ae_2 = \begin{pmatrix} 0 & a \cdot I_{1 \times M} \\ 0 & 0 \end{pmatrix}, \quad \alpha e_3 = \begin{pmatrix} 0 & 0 \\ \alpha * I_{M \times 1} & 0 \end{pmatrix}.$$

再根据矩阵李代数 (3-38), 可以建立下面的 loop 代数 $\tilde{A}_{M-1}$

$$e_k(j, n) = e_k \lambda^{2n+j}, \quad k = 1, 2, 3, j = 0, 1, \quad \deg e_k(j, n) = 2n + j,$$

$$[e_1(i, m), e_2(j, n)] = \begin{cases} -(M+1) e_2(i+j, m+n), & i+j < 2, \\ -(M+1) e_2(0, m+n+1), & i+j = 2, \end{cases}$$

$$[e_1(i, m), e_2(j, n)] = \begin{cases} -e_1(i+j, m+n), & i+j < 2, \\ -e_1(0, m+n+1), & i+j = 2, \end{cases}$$

$$[e_1(i, m), e_3(j, n)] = \begin{cases} (M+1) e_3(i+j, m+n), & i+j < 2, \\ (M+1) e_3(0, m+n+1), & i+j = 2. \end{cases}$$

考虑等谱问题[40]

$$\begin{cases} \phi_x = U\phi, \lambda_t = 0, \\ U = e_1(1, 0) + u_1 e_2(0, 0) + u_2 e_3(0, 0) + u_3 e_2(1, -1) + u_4 e_3(1, -1) + u_5 e_1(1, -1), \end{cases}$$

其中, $u_1 = (u_{11}, u_{21}, \cdots, u_{M1}), u_2 = (u_{12}, u_{22}, \cdots, u_{M2})^{\mathrm{T}}, u_3 = (u_{13}, u_{23}, \cdots, u_{M3}),$
$u_4 = (u_{14}, u_{24}, \cdots, u_{M4})^{\mathrm{T}}, u_5$ 是简单函数.

令

$$V = \sum_{m \geqslant 0} \left(\sum_{i=0}^{1} (a(i, m) e_1(i, -m) + b(i, m) e_2(i, -m) + c(i, m) e_3(i, -m)) \right)$$

$$= \sum_{m \geqslant 0} V_m,$$

其中, $a(i, m)$ 是光滑常量函数, $b(i, m) = (b_{m1}^{(i)}, \cdots, b_{mM}^{(i)}), c(i, m) = (c_{m1}^{(i)}, \cdots, c_{mM}^{(i)})^{\mathrm{T}}$,
$i = 0, 1$.

由静态零曲率方程

$$V_x = [U, V], \tag{3-39}$$

得出下面关系式

$$a_x(0, m) = -u_1 c(0, m) + b(0, m) u_2 - u_3 c(1, m) + u_4 b(1, m),$$

$$a_x(1, m+1) = -u_1 c(1, m+1) + b(1, m+1) u_2 - u_3 c(0, m) + u_4 b(0, m),$$

$$b_x(0, m) = (M+1)[-b(1, m+1) + u_1 a(0, m) + u_3 a(1, m) - u_5 b(1, m)],$$

$$b_x(1, m+1) = (M+1)[-b(0, m+1) + u_1 a(1, m+1) + u_3 a(0, m) - u_5 b(0, m)],$$
$$c_x(0, m) = (M+1)[c(1, m+1) - u_2 a(0, m) - u_4 a(1, m) + u_5 c(0, m)],$$
$$c_x(1, m+1) = (M+1)[c(0, m+1) - u_2 a(1, m+1) - u_4 a(0, m) + u_5 c(0, m)],$$
$$a(0,0) = \alpha = \text{const}, \quad b(0,0) = b(1,0) = (0, 0, \cdots, 0)_{1 \times M},$$
$$a(1,0) = 0, \quad b(1,1) = \alpha u_1 = (\alpha u_{11}, \cdots, \alpha u_{M1}), \quad a(1,1) = 0, \tag{3-40}$$
$$c(0,0) = c(1,0) = \begin{pmatrix} 0 \\ \vdots \\ 0 \end{pmatrix}_{M \times 1}, \quad c(1,1) = \alpha u_2 = \begin{pmatrix} \alpha u_{12} \\ \vdots \\ \alpha u_{M1} \end{pmatrix},$$
$$b(0,1) = \left(\alpha u_{13} - \frac{\alpha u_{11x}}{M+1}, \alpha u_{23} - \frac{\alpha u_{21x}}{M+1}, \cdots, \alpha u_{M3} + \frac{\alpha u_{M1x}}{M+1}\right),$$
$$a(0,1) = -\frac{\alpha}{M+1} \sum_{i=1}^{M} u_{i1} u_{i2}, \quad c(0,1) = \begin{pmatrix} \alpha u_{14} + \dfrac{\alpha u_{12x}}{M+1} \\ \vdots \\ \alpha u_{M1} + \dfrac{\alpha u_{M2x}}{M+1} \end{pmatrix}, \cdots.$$

若表示

$$(\lambda^{2n} V)_+ = \sum_{m=0}^{n} (a(0,m)e_1(0, n-m) + a(1,m)e_1(1, n-m) + b(0,m)e_2(0, n-m)$$
$$+ b(1,m)e_2(1, n-m) + c(0,m)e_3(0, n-m) + c(1,m)e_3(1, n-m)),$$
$$(\lambda^{2n} V)_- = \lambda^{2n} \sum_{m=n+1}^{\infty} V_m,$$

那么方程 (3-39) 改写为

$$-(\lambda^{2n} V)_{+x} + [U, (\lambda^{2n} V)_+] = (\lambda^{2n} V)_{-x} - [U, (\lambda^{2n} V)_-]. \tag{3-41}$$

易证式 (3-41) 的左端基元的阶数 $(\deg) \geqslant -1$, 而右端基元的阶数 $(\deg) \leqslant 0$, 于是

$$-(\lambda^{2n} V)_+ + [U, (\lambda^{2n} V)_+]$$
$$= (M+1)b(1, n+1)e_2(0,0) - (M+1)c(1, n+1)e_3(0,0)$$
$$+ [a_x(1, n+1) + u_1 c(1, n+1) - b(1, n+1)u_2]e_1(1, -1)$$
$$+ [b_x(1, n+1) + (M+1)(b(0, n+1) - u_1 a(1, n+1))]e_2(1, -1)$$
$$+ [c_x(1, n+1) - (M+1)(c(0, n+1) - u_2 a(1, n+1))]e_3(1, -1).$$

取 $V^{(n)} = (\lambda^{2n} V)_+$, 由零曲率方程

$$U_t - V_x^{(n)} + [U, V^{(n)}] = 0,$$

3.4 多分量矩阵 loop 代数及其多分量 AKNS 和 BPT 方程族

得出下列可积方程族

$$u_t = \begin{pmatrix} u_1^{\mathrm{T}} \\ u_2 \\ u_3^{\mathrm{T}} \\ u_4 \\ u_5 \end{pmatrix}_t$$

$$= \begin{pmatrix} -(M+1)b(1,n+1)^{\mathrm{T}} \\ (M+1)c(1,n+1) \\ -b(1,n+1)^{\mathrm{T}} - (M+1)b(0,n+1)^{\mathrm{T}} + (M+1)u_1^{\mathrm{T}}a(1,1+n) \\ -c_x(1,n+1) + (M+1)c(0,n+1) - (M+1)u_2 a(1,n+1) \\ a_x(1,n+1) - u_1 c(1,n+1) + b(1,n+1)u_2 \end{pmatrix}$$

$$= \begin{pmatrix} 0 & 0 & 0 & -\dfrac{M+1}{M} & 0 \\ 0 & 0 & \dfrac{M+1}{M} & 0 & 0 \\ 0 & -\dfrac{M+1}{M} & 0 & \dfrac{\partial}{M} & \dfrac{1}{M}u_1^{\mathrm{T}} \\ \dfrac{M+1}{M} & 0 & -\dfrac{\partial}{M} & 0 & -\dfrac{1}{M}u_2 \\ 0 & 0 & -\dfrac{1}{M}u_1 & \dfrac{1}{M}u_2^{\mathrm{T}} & -\dfrac{\partial}{M^2+M} \end{pmatrix} \begin{pmatrix} Mc(0,n+1) \\ Mb(0,n+1)^{\mathrm{T}} \\ Mc(1,n+1) \\ Mb(1,n+1)^{\mathrm{T}} \\ (M^2+M)a(1,n+1) \end{pmatrix}$$

$$= J_1 G_{n+1} = \begin{pmatrix} -(M+1)b(1,n+1)^{\mathrm{T}} \\ (M+1)c(1,n+1) \\ -(M+1)u_3^{\mathrm{T}}a(0,n) + (M+1)u_5 c(0,n) \\ (M+1)u_4 a(0,n) - (M+1)u_5 c(0,n) \\ u_3 c(0,n) - b(0,n)u_4 \end{pmatrix}$$

$$= \begin{pmatrix} 0 & -\dfrac{M+1}{M} & 0 & 0 & 0 \\ \dfrac{M+1}{M} & 0 & 0 & 0 & 0 \\ 0 & 0 & 0 & \dfrac{M+1}{M}u_5 & -\dfrac{1}{M}u_3^{\mathrm{T}} \\ 0 & 0 & -\dfrac{M+1}{M}u_5 & 0 & \dfrac{1}{M}u_4 \\ 0 & 0 & \dfrac{1}{M}u_3 & -\dfrac{1}{M}u_4^{\mathrm{T}} & 0 \end{pmatrix} \times \begin{pmatrix} Mc(1,n+1) \\ Mb(1,n+1)^{\mathrm{T}} \\ Mc(0,n) \\ Mb(0,n)^{\mathrm{T}} \\ (M^2+M)a(0,n) \end{pmatrix}$$

$$= J_2 F_n, \tag{3-42}$$

其中 J_1 和 J_2 都是 Hamilton 算子.

从式 (3-40) 得出递推算子 $G_{n+1} = LF_n$, 其中

$$L = \begin{pmatrix} \frac{\partial}{M+1}I_M - u_2\partial^{-1}u_1 & u_2\partial^{-1}u_2^{\mathrm{T}} & -u_2\partial^{-1}u_5 - u_2\partial^{-1}u_3 & u_2\partial^{-1}u_4^{\mathrm{T}} & \frac{u_4}{M+1} \\ -u_1^{\mathrm{T}}\partial^{-1}u_1^{\mathrm{T}} - u_1^{\mathrm{T}}\partial^{-1}u_3^{\mathrm{T}} & u_1^{\mathrm{T}}\partial^{-1}u_2 - \frac{\partial I_M}{M+1} & u_3 & u_1^{\mathrm{T}}\partial^{-1}u_4 & \frac{u_3^{\mathrm{T}}}{M+1} \\ 1 & 0 & 0 & 0 & 0 \\ 0 & 1 & 0 & 0 & 0 \\ -(M+1)\partial^{-1}u_1 & (M+1)\partial^{-1}u_2^{\mathrm{T}} & -(M+1)\partial^{-1}u_3 & (M+1)\partial^{-1}u_4^{\mathrm{T}} & 0 \end{pmatrix}$$

于是, 系统 (3-42) 改写为

$$u_t = \begin{pmatrix} u_1^{\mathrm{T}} \\ u_2 \\ u_3^{\mathrm{T}} \\ u_4 \\ u_5 \end{pmatrix}_t = J_1 L F_n = J_2 F_n = J_2 L G_n = J_1 L^2 G_n$$

$$= J_1 L^{2n} \begin{pmatrix} Mc(0,1) \\ Mb(0,1)^{\mathrm{T}} \\ Mc(1,1) \\ Mb(1,1)^{\mathrm{T}} \\ (M^2+M)a(1,1) \end{pmatrix}. \tag{3-43}$$

直接计算得出

$$\left\langle V, \frac{\partial U}{\partial u_1} \right\rangle = c(0) + c(1)\lambda, \quad \left\langle V, \frac{\partial U}{\partial u_2} \right\rangle = b(0) + b(1)\lambda, \quad \left\langle V, \frac{\partial U}{\partial u_3} \right\rangle = c(1) + \frac{1}{M}c(0),$$

$$\left\langle V, \frac{\partial U}{\partial u_4} \right\rangle = \sum_{k=1}^{M}\left(b_{mk}^{(1)} + \frac{1}{\lambda}b_{mk}^{(0)}\right), \quad \left\langle V, \frac{\partial U}{\partial u_5} \right\rangle = a(1)M^2 + \frac{M^2}{\lambda}a(0) + \frac{M}{\lambda}a(0) + Ma(1),$$

$$\left\langle V, \frac{\partial U}{\partial \lambda} \right\rangle = a(0)M^2 - \frac{M^2}{\lambda}a(1)u_5 + a(1)M^2 - \frac{M^2 a(0)u_5}{\lambda^2} - \frac{1}{\lambda^2}\sum_{k=1}^{M}(b_{mk}^{(0)} + b_{mk}^{(1)})u_{k4}$$

$$- \frac{1}{\lambda^2}u_3 c(0) - \frac{1}{\lambda}u_3 c(1) + Ma(0) - \frac{M}{\lambda}a(1)u_5 + Ma(1) - \frac{M}{\lambda^2}a(0)u_5,$$

其中

$$a(0) = \sum_{m \geqslant 0} a(0,m)\lambda^{-2m}, \quad a(1) = \sum_{m \geqslant 0} a(1,m)\lambda^{-2m}, \cdots.$$

3.4 多分量矩阵 loop 代数及其多分量 AKNS 和 BPT 方程族

将其代入迹恒等式

$$\frac{\delta}{\delta u}\left(\left\langle V, \frac{\partial U}{\partial \lambda}\right\rangle\right) = \lambda^{-\gamma}\frac{\partial}{\partial \lambda}\lambda^{\gamma} \begin{pmatrix} \left\langle V, \frac{\partial U}{\partial u_1}\right\rangle \\ \left\langle V, \frac{\partial U}{\partial u_2}\right\rangle \\ \left\langle V, \frac{\partial U}{\partial u_3}\right\rangle \\ \left\langle V, \frac{\partial U}{\partial u_4}\right\rangle \\ \left\langle V, \frac{\partial U}{\partial u_5}\right\rangle \end{pmatrix}. \tag{3-44}$$

比较式 (3-44) 两边关于 λ^{-2n-3} 的系数, 有

$$\frac{\delta}{\delta u}[-M^3 a(1, n+1)u_5 + M^3 a(1, n+2) - Mu_3 c(1, n+1) - M^2 a(1, n+1)u_5$$
$$+ M^2 a(1, n+2)]$$
$$= (-2n - 2 + \gamma)G_{n+1}.$$

比较式 (3-44) 两边关于 λ^{-2n-2} 的系数, 有

$$\frac{\delta}{\delta u}\left[M^3 a(0, n+1) - M^3 a(0, n)u_5 - M\sum_{k=1}^{M}(b_{mk}^{(0)} + b_{mk}^{(1)})u_{k4} - Mu_3 c(0, n)\right.$$
$$\left. + M^2 a(0, n+1) - M^2 a(0, n)u_5\right]$$
$$= (-2n - 1 + \gamma)F_n.$$

将初值代入递推式中, 可以算出 $\gamma = 0$. 因此, 获得方程族 (3-42) 的两个 Hamilton 函数, 满足

$$\frac{\delta H(1, n)}{\delta u} = G_{n+1}, H(1, n)$$
$$= \frac{M^3 a(1, n+1) - M^3 a(1, n+2) + Mu_3 c(1, n+1) + M^2 a(1, n+1)u_5}{2n+2}$$
$$- \frac{M^2 a(1, n+2)}{2n+2},$$
$$\frac{\delta H(2, n)}{\delta u} = F_n, \quad H(2, n) = \frac{A}{2n+1},$$
$$A = M^3 a(0, n)u_5 - M^3 a(0, n+1) + M\sum_{k=1}^{M}(b_{mk}^{(0)} + b_{mk}^{(1)})u_{k4} + Mu_3 c(0, n)$$
$$- M^2 a(0, n+1) + M^2 a(0, n)u_5.$$

于是, 系统 (3-42) 双 Hamilton 结构表示为

$$u_t = \begin{pmatrix} u_1^{\mathrm{T}} \\ u_2 \\ u_3^{\mathrm{T}} \\ u_4 \\ u_5 \end{pmatrix}_t = J_1 \frac{\delta H(1,n)}{\delta u} = J_2 \frac{\delta H(2,n)}{\delta u}.$$

容易验证 $J_1 L = L^* J_1 = J_2$, 所以系统 (3-42) 是 Liouville 可积.

当取 $u_3 = u_4 = u_5 = 0$, 系统 (3-42) 约化为多分量 BPT 方程族. 因此, 系统 (3-42) 是多分量 AKNS 与 BPT 方程族的组合表达.

3.5 loop 代数 $\tilde{A}_2$ 的子代数及其应用

下面的基底构成的 loop 代数 $\tilde{A}_1$ 在可积系统的生成中经常用到[34]

$$\begin{cases} h(n) = \begin{pmatrix} \lambda^n & 0 \\ 0 & -\lambda^n \end{pmatrix}, e(n) = \begin{pmatrix} 0 & \lambda^n \\ 0 & 0 \end{pmatrix}, f(n) = \begin{pmatrix} 0 & 0 \\ \lambda^n & 0 \end{pmatrix}, \\ [h(m), e(n)] = 2e(m+n), [h(m), f(n)] = -2f(m+n), [e(m), f(n)] = h(m+n), \\ \deg h(n) = \deg e(n) = \deg f(n) = n. \end{cases}$$

借助屠格式, 已经得到许多著名的可积演化方程族, 如 Ablowitz-Kaup-Newell-Segur (AKNS) 方程族、Kaup-Newell (KN) 方程族等.

下面我们选取 loop 代数 $\tilde{A}_2$ 的子代数及其扩展 loop 代数 $\bar{G}$ 来建立两个新的 Lax 对, 从而推导出两个新的可积方程族. 其中一个方程族约化为广义的非线性耦合 Schrödinger 方程、标准的热传导方程和 AKNS 方程; 另一个方程族可以约化为非线性 Schrödinger 方程、修正的 KdV 方程和一个新的可积方程. 作为特例, 得到广义耦合的 Burgers 方程.

构造 loop 代数 $\tilde{A}_2$ 的子代数如下[41]

$$h(n) = \begin{pmatrix} 0 & 0 & 0 \\ 0 & 0 & -\mathrm{i}\lambda^{2n} \\ 0 & \mathrm{i}\lambda^{2n} & 0 \end{pmatrix}, \quad e(n) = \begin{pmatrix} 0 & 0 & \lambda^{2n+1} \\ 0 & 0 & 0 \\ -\lambda^{2n+1} & 0 & 0 \end{pmatrix},$$

$$f(n) = \begin{pmatrix} 0 & -\mathrm{i}\lambda^{2n+1} & 0 \\ \mathrm{i}\lambda^{2n+1} & 0 & 0 \\ 0 & 0 & 0 \end{pmatrix},$$

$$\begin{cases} [h(m), e(n)] = f(m+n), [h(m), f(n)] = e(m+n), [f(m), e(n)] = -h(m+n+1), \\ \deg h(n) = 2n, \deg e(n) = \deg f(n) = 2n+1. \end{cases}$$

3.5 loop 代数 $\tilde{A}_2$ 的子代数及其应用

根据上面的 loop 代数, 设计等谱问题为

$$\phi_x = U\phi, \quad \lambda_t = 0, \quad U = \begin{pmatrix} 0 & -\mathrm{i}r\lambda & q\lambda \\ \mathrm{i}r\lambda & 0 & -\mathrm{i}\lambda^2 - \mathrm{i}s \\ -q\lambda & \mathrm{i}\lambda^2 + \mathrm{i}s & 0 \end{pmatrix}.$$

令

$$V = \begin{pmatrix} 0 & -\mathrm{i}c\lambda & b\lambda \\ \mathrm{i}c\lambda & 0 & -\mathrm{i}a \\ -b\lambda & \mathrm{i}a & 0 \end{pmatrix},$$

其中

$$a = \sum_{m\geqslant 0} a_m \lambda^{-2m}, \quad b = \sum_{m\geqslant 0} b_m \lambda^{-2m}, \quad c = \sum_{m\geqslant 0} c_m \lambda^{-2m}.$$

由静态零曲率方程 $V_x = [U, V]$, 得到下列递推关系式

$$a_{mx} = qc_{m+1} - rb_{m+1} = qb_{mx} - rc_{mx} - qsc_m + rsb_m,$$
$$b_{mx} = c_{m+1} - ra_m + sc_m, \quad c_{mx} = b_{m+1} - qa_m + sb_m,$$
$$a_0 = c = \text{const}, \quad b_0 = c_0 = 0, \quad a_1 = -\frac{c}{2}(r^2 - q^2),$$
$$b_1 = cq, \; c_1 = cr, \quad a_2 = -crq_x + cqr_x - cs(q^2 - r^2) + \frac{3c}{8}(r^2 - q^2)^2,$$
$$b_2 = cr_x - \frac{c}{2}q(r^2 - q^2) - cqs, \quad c_2 = cq_x - \frac{c}{2}r(r^2 - q^2) - csr.$$

将 $\lambda^{2n}V = \left(\lambda^{2n}\sum_{m=0}^{n} V_m\right) + \left(\lambda^{2n}\sum_{m=n+1}^{\infty} V_m\right) = (\lambda^{2n}V)_+ + (\lambda^{2n}V)_-$ 代入静态零曲率方程, 有

$$-(\lambda^{2n}V)_{+x} + [U, (\lambda^{2n}V)_+] = (\lambda^{2n}V)_{-x} - [U, (\lambda^{2n}V)_-].$$

通过比较上式两端谱参数的阶数, 有

$$-(\lambda^{2n}V)_{+x} + [U, (\lambda^{2n}V)_+] = -b_{n+1}f(0) - c_{n+1}e(0) - qc_{n+1}h(0) + rb_{n+1}h(0).$$

令 $V^{(n)} = (\lambda^{2n}V)_+$, 由新的 Lax 对

$$\begin{cases} \varphi_x = U\varphi, \\ \varphi_t = V^{(n)}\varphi \end{cases}$$

导出下面的零曲率方程

$$U_t - V_x^{(n)} + [U, V^{(n)}] = 0,$$

从而有

$$u_{t_n} = \begin{pmatrix} q \\ r \\ s \end{pmatrix}_{t_n} = \begin{pmatrix} c_{n+1} \\ b_{n+1} \\ rb_{n+1} - qc_{n+1} \end{pmatrix} = \frac{1}{2}\begin{pmatrix} 0 & 1 & 0 \\ -1 & 0 & 0 \\ 0 & 0 & -\partial \end{pmatrix} G_n = JG_n, \quad (3\text{-}45)$$

其中 $G_n = (-2b_{n+1}, 2c_{n+1}, 2a_n)^{\mathrm{T}}$, J 是 Hamilton 算子.

由递推关系式得出

$$a_{nx} = qb_{nx} - rc_{nx} - s(qc_n - rb_n) = qb_{nx} - rc_{nx} - sa_{n-1x}.$$

因此递推算子表示为

$$L = \begin{pmatrix} -s + q\partial^{-1}q\partial & -\partial + q\partial^{-1}r\partial & q\partial^{-1}s\partial \\ -\partial - r\partial^{-1}q\partial & -s - r\partial^{-1}r\partial & -r\partial^{-1}s\partial \\ -\partial^{-1}q\partial & -\partial^{-1}r\partial & -\partial^{-1}s\partial \end{pmatrix}.$$

从而方程族 (3-45) 改写为

$$u_{t_n} = JL^n G_0 = JL^n \begin{pmatrix} -2cq \\ 2cr \\ 2c \end{pmatrix}. \quad (3\text{-}46)$$

当 $n = 2$ 时, 方程族 (3-46) 约化为广义非线性耦合 Schrödinger 方程, 即

$$\begin{cases} q_{t_2} = cr_{xx} - \dfrac{c}{2}(q(r^2 - q^2)_x - c(qs)_x - cr^2 q_x + cqrr_x + \dfrac{3c}{2}rs(r^2 - q^2) \\ \qquad + \dfrac{3c}{8}r(r^2 - q^2)^2 - csq_x + crs^2, \\ r_{t_2} = cq_{xx} - \dfrac{c}{2}(r(r^2 - q^2)_x - c(rs)_x + cq^2 r_x - crqq_x + \dfrac{3c}{2}qs(r^2 - q^2) \\ \qquad + \dfrac{3c}{8}q(r^2 - q^2)^2 - csr_x + cqs^2, \\ s_{t_2} = crq_{xx} - cqr_{xx} - c(s(q^2 - r^2))_x + \dfrac{3c}{2}(r^2 - q^2)(rr_x - qq_x). \end{cases} \quad (3\text{-}47)$$

因此, 称方程族 (3-46) 为广义 Schrödinger 方程族.

当 $s = 0$ 时, 方程族 (3-46) 约化为如下 AKNS 形式的方程族

$$\widetilde{u}_{t_n} = \begin{pmatrix} q \\ r \end{pmatrix}_{t_n} = \widetilde{J}\widetilde{L}^n \widetilde{G}_0, \quad (3\text{-}48)$$

3.5 loop 代数 $\tilde{A}_2$ 的子代数及其应用

其中

$$\tilde{J} = \frac{1}{2}\begin{pmatrix} 0 & 1 \\ -1 & 0 \end{pmatrix}, \quad \tilde{L} = \begin{pmatrix} q\partial^{-1}q\partial & \partial + q\partial^{-1}r\partial \\ -\partial - r\partial^{-1}q\partial & -r\partial^{-1}r\partial \end{pmatrix}, \quad \tilde{G}_0 = \begin{pmatrix} -2cq \\ 2cr \end{pmatrix}.$$

这里的递推算子 $\tilde{L}$ 与文献 [34] 中著名的 AKNS 方程族的递推算子 L 是不同的. 根据方程族 (3-48), 可以得到一个耦合 Schrödinger 方程

$$\begin{aligned} q_{t_2} &= cr_{xx} - \frac{c}{2}(q(r^2 - q^2))_x - cr^2 q_x + cqrr_x + \frac{3c}{8}r(r^2-q^2)^2, \\ r_{t_2} &= cq_{xx} - \frac{c}{2}(r(r^2 - q^2))_x + cq^2 r_x - cqrq_x + \frac{3c}{8}q(r^2-q^2)^2. \end{aligned} \tag{3-49}$$

在方程 (3-49) 中, 令 $q = r = u, t_2 = t$, 得到标准的热传导方程 $u_t = cu_{xx}$.

直接计算有

$$\left\langle V, \frac{\partial U}{\partial q}\right\rangle = -2b\lambda^2, \quad \left\langle V, \frac{\partial U}{\partial r}\right\rangle = 2c\lambda^2, \quad \left\langle V, \frac{\partial U}{\partial s}\right\rangle = 2a,$$

$$\left\langle V, \frac{\partial U}{\partial \lambda}\right\rangle = (4a - 2qb + 2rc)\lambda,$$

将上式代入迹恒等式, 有

$$\frac{\delta}{\delta u}(4a - 2qb + 2rc)\lambda = \lambda^{-\gamma}\frac{\partial}{\partial \lambda}\lambda^{\gamma}\begin{pmatrix} -2b\lambda^2 \\ 2c\lambda^2 \\ 2a \end{pmatrix}.$$

比较两端 λ^{-2n-1} 的系数, 得到

$$\frac{\mathrm{d}}{\mathrm{d}u}(4a_{n+1} - 2qb_{n+1} + 2rc_{n+1}) = (-2n + \gamma)G_n. \tag{3-50}$$

在方程 (3-50) 中, 取 $n = 0$ 时得出 $\gamma = 0$. 于是,

$$\frac{\delta H_n}{\delta u} = G_n, \tag{3-51}$$

其中 $H_n = \dfrac{4a_{n+1} - 2qb_{n+1} + 2rc_{n+1}}{-4n}$ 是 Hamilton 函数.

于是, 建立起系统 (3-46) 的双 Hamilton 结构

$$u_{t_n} = J\frac{\delta H_n}{\delta u} = K\frac{\delta H_{n-1}}{\delta u}, \tag{3-52}$$

其中 $K = JL$. 容易验证 $JL = L^*J$, 因此系统 (3-52) 是 Liouville 可积.

下面将前面的 loop 代数 $\tilde{A}_2$ 的子代数扩展为如下的 loop 代数 $\overline{G}$

$$h(j,n) = \begin{pmatrix} 0 & 0 & 0 \\ 0 & 0 & -i\lambda^{2n+j} \\ 0 & i\lambda^{2n+j} & 0 \end{pmatrix}, \quad e(j,n) = \begin{pmatrix} 0 & 0 & \lambda^{2n+j} \\ 0 & 0 & 0 \\ -\lambda^{2n+j} & 0 & 0 \end{pmatrix},$$

$$f(j,n) = \begin{pmatrix} 0 & -i\lambda^{2n+j} & 0 \\ i\lambda^{2n+j} & 0 & 0 \\ 0 & 0 & 0 \end{pmatrix},$$

其换位运算为

$$[h(j,m), e(k,n)] = \begin{cases} f(j+k, m+n), & j+k < 2, \\ f(0, m+n+1), & j+k \geqslant 2, \end{cases}$$

$$[h(j,m), f(k,n)] = \begin{cases} e(j+k, m+n), & j+k < 2, \\ e(0, m+n+1), & j+k \geqslant 2, \end{cases}$$

$$[e(j,m), f(k,n)] = \begin{cases} h(j+k, m+n), & j+k < 2, \\ h(0, m+n+1), & j+k \geqslant 2, \end{cases}$$

$$\deg h(j,n) = \deg e(j,n) = \deg f(j,n) = 2n+j, \quad j = 0, 1.$$

设计下列等谱问题

$$\begin{cases} \varphi_x = U\varphi, \lambda_t = 0, \varphi = (\varphi_1, \varphi_2, \varphi_3)^{\mathrm{T}}, \\ U = \begin{pmatrix} 0 & -iu_2 - iu_4\lambda & u_1 + u_3\lambda \\ iu_2 + iu_4\lambda & 0 & -i\lambda^2 \\ -u_1 - u_3\lambda & i\lambda^2 & 0 \end{pmatrix}. \end{cases}$$

利用扩展的 loop 代数 $\overline{G}$, 将等谱问题中的 U 改写为

$$U = h(0,1) + u_1 e(0,0) + u_2 f(0,0) + u_3 e(1,0) + u_4 f(1,0).$$

令

$$V = \begin{pmatrix} 0 & -ic(0) - ic(1)\lambda & b(0) + b(1)\lambda \\ ic(0) + ic(1)\lambda & 0 & -ia(0) - ia(1)\lambda \\ -b(0) - b(1)\lambda & ia(0) + ia(1)\lambda & 0 \end{pmatrix}$$

$$= \sum_{m=0}^{\infty} \sum_{j=0}^{1} (a(j,m)h(j,-m) + b(j,m)e(j,-m) + c(j,m)f(j,-m)),$$

其中

3.5 loop 代数 $\tilde{A}_2$ 的子代数及其应用

$$a(0) = \sum_{m \geqslant 0} a(0,m)\lambda^{-2m}, \quad a(1) = \sum_{m \geqslant 0} a(1,m)\lambda^{-2m}, \cdots.$$

由静态零曲率方程得到

$$\begin{aligned}
a_x(0,m) &= u_1 c(0,m) - u_2 b(0,m) + u_3 c(1,m+1) - u_4 b(1,m+1) \\
&= u_1 c(0,m) - u_2 b(0,m) + u_3 b_x(1,m) - u_4 c_x(1,m) + (u_2 u_3 - u_1 u_4)a(1,m), \\
b_x(0,m) &= c(0,m+1) - u_2 a(0,m) - u_4 a(1,m+1), \\
c_x(0,m) &= b(0,m+1) - u_1 a(0,m) - u_3 a(0,m), \\
a_x(1,m) &= u_1 c(1,m) - u_2 b(1,m) + u_3 c(0,m) - u_4 b(0,m), \\
b_x(1,m) &= c(1,m+1) - u_2 a(1,m) - u_4 a(0,m), \\
c_x(1,m) &= b(1,m+1) - u_1 a(1,m) - u_3 a(0,m), \\
a(0,0) &= \alpha, \quad a(1,0) = b(1,0) = c(1,0) = b(0,0) = c(0,0) = 0, \\
a(1,1) &= 0, \quad b(1,1) = \alpha u_3, \quad c(1,1) = \alpha u_4, \quad a(0,1) = \frac{\alpha}{2}(u_3^2 - u_4^2), \\
b(0,1) &= \alpha u_1, \quad c(0,1) = \alpha u_2, \quad a(1,2) = \alpha\left[u_{4x}u_3 - u_4 u_{3x} + \frac{3}{8}(u_3^2 - u_4^2)\right], \\
c(1,2) &= \alpha u_{3x} + \frac{\alpha}{2}u_4(u_3^2 - u_4^2), \quad b(1,2) = \alpha u_{4x} + \frac{\alpha}{2}u_3(u_3^2 - u_4^2).
\end{aligned} \tag{3-53}$$

记

$$\begin{aligned}
V_+^{(n)} &= \sum_{m=0}^{n}\sum_{j=0}^{1}(a(j,m)h(j,-m) + b(j,m)e(j,-m) + c(j,m)f(j,-m)), \\
V_-^{(n)} &= \lambda^{2n}V - V_+^{(n)},
\end{aligned}$$

则静态零曲率方程改写为

$$-V_{+x}^{(n)} + [U, V_+^{(n)}] = V_{-x}^{(n)} - [U, V_-^{(n)}].$$

直接计算可得

$$\begin{aligned}
-V_{+x}^{(n)} + [U, V_+^{(n)}] =& -[b(0,n+1) - u_3 a(1,n+1)]f(0,0) \\
&-[c(0,n+1) - u_4 a(1,n+1)]e(0,0) \\
&-b(1,n+1)f(1,0) - c(1,n+1)e(1,0) - [u_3 c(1,n+1) \\
&-u_4 b(1,n+1)]h(0,0).
\end{aligned}$$

选取修正项

$$\Delta_n = \partial^{-1}(u_4 b(1,n+1) - u_3 c(1,n+1))h(0,0),$$

令

$$V^{(n)} = V_+^{(n)} + \Delta_n,$$

代入
$$U_t - V_x^{(n)} + [U, V^{(n)}] = 0,$$

得到 Lax 可积方程族

$$u_t = \begin{pmatrix} u_1 \\ u_2 \\ u_3 \\ u_4 \end{pmatrix}_t = \frac{1}{2} \begin{pmatrix} u_2\partial^{-1}u_2 - \partial & u_2\partial^{-1}u_1 & 0 & 0 \\ u_1\partial^{-1}u_2 & \partial + u_1\partial^{-1}u_1 & 0 & 0 \\ 0 & 0 & -u_4\partial^{-1}u_4 & 1 - u_4\partial^{-1}u_3 \\ 0 & 0 & -1 - u_3\partial^{-1}u_4 & -u_3\partial^{-1}u_3 \end{pmatrix}$$

$$\times \begin{pmatrix} -2b(0,n) \\ 2c(0,n) \\ -2b(1,n+1) \\ 2c(1,n+1) \end{pmatrix}$$

$$= J_1 \begin{pmatrix} -2b(0,n) \\ 2c(0,n) \\ -2b(1,n+1) \\ 2c(1,n+1) \end{pmatrix} = J_1 G_{1n}$$

$$= \frac{1}{2} \begin{pmatrix} 0 & 0 & u_2\partial^{-1}u_2 - \partial & u_2\partial^{-1}u_1 \\ 0 & 0 & u_1\partial^{-1}u_2 & \partial + u_1\partial^{-1}u_1 \\ u_2\partial^{-1}u_2 - \partial & u_2\partial^{-1}u_1 & u_2\partial^{-1}u_4 - u_4\partial^{-1}u_2 & u_2\partial^{-1}u_3 + u_4\partial^{-1}u_1 \\ u_1\partial^{-1}u_2 & \partial + u_1\partial^{-1}u_1 & u_1\partial^{-1}u_4 + u_3\partial^{-1}u_2 & u_1\partial^{-1}u_3 + u_3\partial^{-1}u_1 \end{pmatrix}$$

$$\times \begin{pmatrix} -2b(1,n) \\ 2c(1,n) \\ -2b(0,n) \\ 2c(0,n) \end{pmatrix}$$

$$= J_2 \begin{pmatrix} -2b(1,n) \\ 2c(1,n) \\ -2b(0,n) \\ 2c(0,n) \end{pmatrix} = J_2 G_{2n}.$$

(3-54)

由方程 (3-53) 得出如下的递推算子

$$L = \begin{pmatrix} 0 & 0 & 1 & 0 \\ 0 & 0 & 0 & 1 \\ A_1 & B_1 & C_1 & D_1 \\ A_2 & B_2 & C_2 & D_2 \end{pmatrix},$$

3.5 loop 代数 $\tilde{A}_2$ 的子代数及其应用

其中

$$A_1 = u_3\partial^{-1}u_3\partial - (u_1 + u_3\partial^{-1}(u_2u_3 - u_1u_4))\partial^{-1}u_2,$$
$$B_1 = -\partial + u_4\partial^{-1}u_4\partial - (u_1 + u_3\partial^{-1}(u_2u_3 - u_1u_4))\partial^{-1}u_1,$$
$$C_1 = -u_3\partial^{-1}u_2 - (u_1 + u_3\partial^{-1}(u_2u_3 - u_1u_4))\partial^{-1}u_4,$$
$$D_1 = -u_3\partial^{-1}u_1 - (u_1 + u_3\partial^{-1}(u_2u_3 - u_1u_4))\partial^{-1}u_3,$$
$$A_2 = \partial + u_4\partial^{-1}u_3 - (u_2 + u_4\partial^{-1}(u_2u_3 - u_1u_4))\partial^{-1}u_2,$$
$$B_2 = u_4\partial^{-1}u_4\partial - (u_2 + u_4\partial^{-1}(u_2u_3 - u_1u_4))\partial^{-1}u_1,$$
$$C_2 = -u_4\partial^{-1}u_2 - (u_2 + u_4\partial^{-1}(u_2u_3 - u_1u_4))\partial^{-1}u_4,$$
$$D_2 = -(u_2 + u_4\partial^{-1}(u_2u_3 - u_1u_4))\partial^{-1}u_3.$$

算子满足

$$G_{1n} = LG_{2n}, \quad J_1L = L^*J_1 = J_2.$$

利用迹恒等式,

$$\frac{\delta}{\delta u}\left(\left\langle V, \frac{\partial U}{\partial \lambda}\right\rangle\right) = \lambda^{-\gamma}\frac{\partial}{\partial \lambda}\lambda^{\gamma}\begin{pmatrix}\left\langle V, \frac{\partial U}{\partial u_1}\right\rangle \\ \left\langle V, \frac{\partial U}{\partial u_2}\right\rangle \\ \left\langle V, \frac{\partial U}{\partial u_3}\right\rangle \\ \left\langle V, \frac{\partial U}{\partial u_4}\right\rangle\end{pmatrix}.$$

比较方程两边 λ^{-2n-1} 的系数, 有

$$\frac{\mathrm{d}}{\mathrm{d}u}(2u_4c(1,n+1) - 2u_3b(1,n+1) + 4a(0,n+1)) = (\gamma - 2n)G_{1n}.$$

比较方程两边 λ^{-2n} 的系数, 有

$$\frac{\mathrm{d}}{\mathrm{d}u}(2u_4c(0,n) - 2u_3b(0,n) + 4a(1,n+1)) = (\gamma - 2n + 1)G_{2n}.$$

通过初值, 计算出 $\gamma = 0$. 因此

$$\frac{\delta}{\delta u}H(1,2n) = G_{1n}, \quad H(1,2n) = \frac{u_3b(1,n+1) - u_4c(1,n+1) - 2a(0,n+1)}{n},$$

$$\frac{\delta}{\delta u}H(2,2n-1) = G_{2n}, \quad H(2,2n-1) = \frac{2u_3b(0,n) - 2u_4c(0,n) - 4a(1,n+1)}{2n-1}.$$

于是, 方程族 (3-54) 改写为

$$u_t = J_1\frac{\delta H(1,2n)}{\delta u} = J_1L\frac{\delta H(2,2n-1)}{\delta u} = J_2\frac{\delta H(2,2n-1)}{\delta u}$$

$$= J_2 L \frac{\delta H(1, 2n-2)}{\delta u} = J_1 L^n \begin{pmatrix} 0 \\ 0 \\ -2\alpha u_3 \\ 2\alpha u_4 \end{pmatrix}. \tag{3-55}$$

容易验证方程族 (3-55) 是 Liouville 可积, 并且得到下面的约化情形:

(i) 取 $u_3 = u_4 = 0$, 方程族 (3-55) 约化为 NLS-MKdV 方程族

$$u_t = \begin{pmatrix} u_1 \\ u_2 \end{pmatrix}_t = \tilde{J}_1 \tilde{L}_1^{n-1} \begin{pmatrix} -2\alpha u_1 \\ 2\alpha u_2 \end{pmatrix}$$

$$= \frac{1}{2} \begin{pmatrix} -\partial + u_2 \partial^{-1} u_2 & u_2 \partial^{-1} u_1 \\ u_1 \partial^{-1} u_2 & \partial + u_1 \partial^{-1} u_1 \end{pmatrix}$$

$$\times \begin{pmatrix} -u_1 \partial^{-1} u_2 & -\partial - u_1 \partial^{-1} u_1 \\ -\partial + u_2 \partial^{-1} u_1 & u_2 \partial^{-1} u_1 \end{pmatrix}^{n-1} \begin{pmatrix} -2\alpha u_1 \\ 2\alpha u_2 \end{pmatrix},$$

其中 $\tilde{J}_1$ 对称算子.

(ii) 取 $u_1 = u_2 = 0$, 且令 $c(0, n) = b(0, n) = a(1, n) = 0$, 则方程族 (3-55) 约化为

$$\tilde{u}_t = \begin{pmatrix} u_3 \\ u_4 \end{pmatrix}_t = \tilde{J}_2 \tilde{L}_2 \begin{pmatrix} -2b(1, n) \\ 2c(1, n) \end{pmatrix} = \frac{1}{2} \begin{pmatrix} u_4 \partial^{-1} u_4 & 1 - u_4 \partial^{-1} u_3 \\ -1 - u_3 \partial^{-1} u_4 & -u_3 \partial^{-1} u_3 \end{pmatrix}$$

$$\times \begin{pmatrix} u_3 \partial^{-1} u_3 \partial & -\partial + u_3 \partial^{-1} u_4 \partial \\ -\partial - u_4 \partial^{-1} u_3 \partial & -u_4 \partial^{-1} u_4 \partial \end{pmatrix} \begin{pmatrix} -2b(1, n) \\ 2c(1, n) \end{pmatrix}, \tag{3-56}$$

其中 $\tilde{J}_2$ 是 Hamilton 算子.

当 $n = 2, t_2 = t$ 时, 方程族 (3-56) 约化为耦合的广义 Burgers 方程

$$u_{3t} = \alpha \left(u_{4xx} + u_4(u_{3x}u_4 - u_3 u_{4x}) + \frac{3}{2}(u_3^2 - u_4^2)u_{3x} \right),$$

$$u_{4t} = \alpha \left(u_{3xx} + u_3(u_{3x}u_4 - u_3 u_{4x}) + \frac{3}{2}(u_3^2 - u_4^2)u_{4x} \right).$$

系统 (3-56) 是一个新的可积方程族.

事实上, 我们还可以用 $Nn + j, N = 3, 4, \cdots$ 替换 $2n + j$, 把扩展 loop 代数 $\overline{G}$ 进一步扩展为高维的 loop 代数, 从而得到新的可积系统.

3.6 两个高维李代数及其相关的可积耦合

下面借助于循环数及 loop 代数 $\tilde{A}_1$ 和 loop 代数 $\tilde{A}_2$ 构造了两类维数分别是 $5(s+1)$ 和 $4(s+1)$ 的 loop 代数, 这里的 s 表示一个任意非负整数. 为应用方便,

3.6 两个高维李代数及其相关的可积耦合

只考虑 $s=1$ 的情形, 给出了两个 loop 代数 $\tilde{A}_1^*$ 和 $\tilde{A}_2^*$. 由 $\tilde{A}_1^*$ 得到了具有 10 个位势函数分量的广义 AKNS 方程族, 而著名的 AKNS 方程族仅是其中一个特例. 由 loop 代数 $\tilde{A}_2^*$ 得到具有 4 个位势函数分量的可积方程族, 可约化成非线性 Burgers 方程和耦合的 KdV 方程.

首先给出循环数的定义.

定义 3.6 数集 $\{\varepsilon_0, \varepsilon_1, \cdots, \varepsilon_s\}$ 称为循环的, 如果下面关系成立

$$\varepsilon_i \varepsilon_j = \begin{cases} \varepsilon_{i+j}, & i+j \leqslant s, \\ \varepsilon_{i+j-s-1}, & i+j \geqslant s+1, \end{cases}$$

其中 $\varepsilon_i \neq 0, 0 \leqslant i \leqslant s, \varepsilon_k \neq \varepsilon_j, k \neq j$.

对于任意实数或复数 a, b, 等式

$$a\varepsilon_i = b\varepsilon_j$$

成立的充分必要条件是

$$i = j, \quad a = b.$$

如果 $\{e_1, e_2, \cdots, e_n\}$ 是李代数 A_{n-1} 的一个子代数, 定义一个新的李代数 A_{n-1}^*, 其元素为

$$\varepsilon_k e_i, \quad k = 0, 1, 2, \cdots, s, \ i = 1, 2, \cdots, n,$$

其换位运算定义为[42]

$$[\varepsilon_k e_i, \varepsilon_l e_j] = \begin{cases} \varepsilon_{k+l}[e_i, e_j], & k+l \leqslant s, \\ \varepsilon_{k+l-s-1}[e_i, e_j], & k+l \geqslant s+1, \end{cases}$$

这里 $i \neq j$ 且相应的 loop 代数 $\tilde{A}_{n-1}^*$ 定义为

$$\varepsilon_k e_i(m), \quad k = 0, 1, 2, \cdots, s; \quad i = 1, 2, \cdots, n; \ m = 0, \pm 1, \pm 2, \cdots,$$

其中的换位运算为

$$[\varepsilon_k e_i(m), \varepsilon_l e_j(n)] = [\varepsilon_k e_i, \varepsilon_l e_j]\lambda^{m+n},$$

于是等式

$$a(x,t)\varepsilon_k e_i(m) = b(x,t)\varepsilon_l e_i(n)$$

成立仅当

$$k = l, \quad m = n, \quad a(x,t) = b(x,t),$$

这里 $a(x,t), b(x,t)$ 为任意函数.

考虑一个特殊的 loop 代数 $\tilde{A}_1^*$:

$$\varepsilon_k h(0,m), \varepsilon_k h(1,m), \varepsilon_k e(0,m), \varepsilon_k e(1,m), \varepsilon_k f(0,m), \varepsilon_k f(1,m), \quad k=0,1,\cdots,s, m\in \mathbf{Z},$$

其中

$$h(0,m) = \begin{pmatrix} \lambda^{2m} & 0 \\ 0 & -\lambda^{2m} \end{pmatrix}, \quad h(1,m) = \begin{pmatrix} \lambda^{2m+1} & 0 \\ 0 & -\lambda^{2m+1} \end{pmatrix},$$

$$e(0,m) = \begin{pmatrix} 0 & \lambda^{2m} \\ 0 & 0 \end{pmatrix}, \quad e(1,m) = \begin{pmatrix} 0 & \lambda^{2m+1} \\ 0 & 0 \end{pmatrix},$$

$$f(0,m) = \begin{pmatrix} 0 & 0 \\ \lambda^{2m} & 0 \end{pmatrix}, \quad f(1,m) = \begin{pmatrix} 0 & 0 \\ \lambda^{2m+1} & 0 \end{pmatrix}.$$

按照上面的 loop 代数 (取 $s=1$), 设计下面的等谱问题[46]

$$\phi_x = U\phi, \quad \lambda_t = 0,$$
$$U = \varepsilon_0 h(1,0) + (\varepsilon_0 q_0 + \varepsilon_1 q_1)e(0,0) + (\varepsilon_0 r_0 + \varepsilon_1 r_1)f(0,0) + (\varepsilon_0 v_0 + \varepsilon_1 v_1)e(1,-1)$$
$$+ (\varepsilon_0 w_0 + \varepsilon_1 w_1)f(1,-1) + (\varepsilon_0 s_0 + \varepsilon_1 s_1)h(1,-1).$$

设

$$V = \sum_{m\geqslant 0}(\varepsilon_0 a(0,m) + \varepsilon_1 a(1,m))h(0,-m) + (\varepsilon_0 b(0,m) + \varepsilon_1 b(1,m))h(1,-m)$$
$$+ (\varepsilon_0 g(0,m) + \varepsilon_1 c(1,m))e(0,-m) + (\varepsilon_0 d(0,m) + \varepsilon_1 d(1,m))e(1,-m)$$
$$+ (\varepsilon_0 g(0,m) + \varepsilon_1 g(1,m))f(0,-m) + (\varepsilon_0 p(0,m) + \varepsilon_1 p(1,m))f(1,-m)],$$

求下面静态零曲率方程

$$V_x = [U, V]$$

得解为

$$a_x(0,m) = q_0 g(0,m) + q_1 g(1,m) - r_0 c(0,m) - r_1 c(1,m) + v_0 p(0,m) + v_1 p(1,m)$$
$$- w_0 d(0,m) - w_1 d(1,m),$$
$$a_x(1,m) = q_0 g(1,m) + q_1 g(0,m) - r_0 c(1,m) - r_1 c(0,m) + v_0 p(1,m) + v_1 p(0,m)$$
$$+ w_0 d(1,m) + w_1 d(0,m),$$
$$b_x(0,m+1) = q_0 p(0,m+1) + q_1 p(1,m+1) - r_0 d(0,m+1) - r_1 d(1,m+1)$$
$$+ v_0 g(0,m) + v_1 g(1,m) - w_0 c(0,m) - w_1 c(1,m),$$
$$b_x(1,m+1) = q_0 p(1,m+1) + q_1 p(0,m+1) - r_0 d(1,m+1) - r_1 d(0,m+1)$$
$$+ v_0 g(1,m) + v_1 g(0,m) - w_0 c(1,m) - w_1 c(0,m),$$
$$c_x(0,m) = 2d(0,m+1) - 2q_0 a(0,m) - 2q_1 a(1,m) - 2v_0 b(0,m) - 2v_1 b(1,m)$$
$$+ 2s_0 d(0,m) + 2s_1 d(1,m),$$

3.6 两个高维李代数及其相关的可积耦合

$$2d(1, m+1) = c_x(1,m) + 2q_0 a(1,m) + 2q_1 a(0,m) + 2v_0 b(1,m) + 2v_1 b(0,m)$$
$$- 2s_0 d(1,m) - 2s_1 d(0,m),$$
$$d_x(0, m+1) = 2c(0, m+1) - 2q_0 b(0, m+1) - 2q_1 b(1, m+1) - 2v_0 a(0,m)$$
$$- 2v_1 a(1,m) + 2s_0 c(0,m) + 2s_1 c(1,m),$$
$$d_x(1, m+1) = 2c(1, m+1) - 2q_0 b(1, m+1) - 2q_1 b(0, m+1) - 2v_0 a(1,m)$$
$$- 2v_1 a(0,m) + 2s_0 c(1,m) + 2s_1 c(0,m),$$
$$2p(0, m+1) = -g_x(0,m) + 2r_0 a(0,m) + 2r_1 a(1,m) + 2w_0 b(0,m) + 2w_1 b(1,m)$$
$$- 2s_0 p(0,m) - 2s_1 p(1,m),$$
$$2p(1, m+1) = -g_x(1,m) + 2r_0 a(1,m) + 2r_1 a(0,m) + 2w_0 b(1,m) + 2w_1 b(0,m)$$
$$- 2s_0 p(1,m) - 2s_1 p(0,m),$$
$$2g(0, m+1) = -p_x(0, m+1) + 2r_0 b(0, m+1) + 2r_1 b(1, m+1) + 2w_0 a(0,m)$$
$$+ 2w_1 a(1,m) - 2s_0 g(0,m) - 2s_1 g(1,m),$$
$$2g(1, m+1) = -p_x(1, m+1) + 2r_0 b(1, m+1) + 2r_1 b(0, m+1) + 2w_0 a(1,m) \quad (3\text{-}57)$$
$$+ 2w_1 a(0,m) - 2s_0 g(1,m) - 2s_1 g(0,m),$$
$$a(0,0) = \alpha = \text{const}, \quad a(1,0) = \beta = \text{const},$$
$$c(0,0) = c(1,0) = d(0,0) = d(1,0)$$
$$= p(1,0) = p(0,0) = g(0,0) = g(1,0) = b(0,0) = b(1,0) = 0,$$
$$d(0,1) = \alpha q_0 + \beta q_1, \quad d(1,1) = \alpha q_1 + \beta q_0, \quad p(0,1) = \alpha r_0 + \beta r_1,$$
$$p(1,1) = \alpha r_1 + \beta r_0, \quad b(0,1) = b(1,1) = 0, \quad g(0,1) = -\frac{\alpha}{2} r_{0x} - \frac{\beta}{2} r_{1x} + \alpha w_0 + \beta w_1,$$
$$g(1,1) = -\frac{\alpha}{2} r_{1x} - \frac{\beta}{2} r_{0x} + \alpha w_1 + \beta w_0, \quad c(0,1) = \frac{1}{2}(\alpha q_{0x} + \beta q_{1x}) + \alpha v_0 + \beta v_1,$$
$$c(1,1) = \frac{1}{2}(\alpha q_{1x} + \beta q_{0x}) + \alpha v_1 + \beta v_0, \quad g(1,1) = -\frac{\alpha}{2} r_{1x} - \frac{\beta}{2} r_{0x} + \alpha w_1 + \beta w_0,$$
$$c(0,1) = \frac{1}{2}(\alpha q_{0x} + \beta q_{1x}) + \alpha v_0 + \beta v_1, \quad c(1,1) = \frac{1}{2}(\alpha q_{1x} + \beta q_{0x}) + \alpha v_1 + \beta v_0,$$
$$a(0,1) = -\frac{\alpha}{2}(q_0 r_0 + q_1 r_1) - \frac{\beta}{2}(q_0 r_1 + q_1 r_0),$$
$$a(1,1) = -\frac{\alpha}{2}(q_0 r_1 + r_0 q_1) - \frac{\beta}{2}(q_0 r_0 + q_1 r_1).$$

记

$$V_+^{(n)} = \sum_{m=0}^{n} [(\varepsilon_0 a(0,m) + \varepsilon_1 a(1,m))h(0, n-m) + (\varepsilon_0 b(0,m) + \varepsilon_1 b(1,m))h(1, n-m)$$
$$+ (\varepsilon_0 c(0,m) + \varepsilon_1 c(1,m))e(0, n-m) + (\varepsilon_0 d(0,m) + \varepsilon_1 d(1,m))e(1, n-m)$$
$$+ (\varepsilon_0 g(0,m) + \varepsilon_1 g(1,m))f(0, n-m) + (\varepsilon_0 p(0,m) + \varepsilon_1 p(1,m))f(1, n-m)],$$
$$V_-^{(n)} = \lambda^{2n} V - V_+^{(n)},$$

则静态零曲率方程改写为

$$-V_{+x}^{(n)} + [U, V_+^{(n)}] = V_{-x}^{(n)} - [U, V_-^{(n)}].$$

容易验证上式的左边基元阶数大于等于 -1, 右边基元阶数小于等于 0. 因此左右两边基元阶数为 $-1, 0$. 直接计算知

$$-V_{+x}^{(n)} + [U, V_+^{(n)}] = Ah(1,1) + Be(1,-1) + Cf(1,-1) - De(0,0) + Ef(0,0),$$

其中

$$A = \varepsilon_0 b_x(0, n+1) + \varepsilon_1 b_x(1, n+1) - \varepsilon_0 q_0 p(0, n+1) - \varepsilon_1 q_0 p(1, n+1)$$
$$- \varepsilon_1 q_1 p(0, n+1) - \varepsilon_0 q_1 p(1, n+1) + \varepsilon_0 r_0 d(0, n+1) + \varepsilon_1 r_1 d(0, n+1)$$
$$+ \varepsilon_1 r_0 d(1, n+1) + \varepsilon_0 r_1 d(1, n+1),$$
$$B = \varepsilon_0 d_x(0, n+1) + \varepsilon_1 d_x(1, n+1) - 2\varepsilon_0 c(0, n+1) - 2\varepsilon_1 c(1, n+1) + 2\varepsilon_0 q_0 b(0, n+1)$$
$$+ 2\varepsilon_1 q_0 b(1, n+1) + 2\varepsilon_1 q_1 b(0, n+1) + 2\varepsilon_0 q_1 b(1, n+1),$$
$$C = \varepsilon_0 p_x(0, n+1) + \varepsilon_1 p_x(1, n+1) + 2\varepsilon_0 g(0, n+1) + 2\varepsilon_1 g(1, n+1) - 2\varepsilon_0 r_0 b(0, n+1)$$
$$- 2\varepsilon_1 r_0 b(1, n+1) - 2\varepsilon_1 r_1 b(0, n+1) - 2\varepsilon_0 r_1 b(1, n+1),$$
$$D = 2\varepsilon_0 d(0, n+1) + 2\varepsilon_1 d(1, n+1), \quad E = 2\varepsilon_0 p(0, n+1) + 2\varepsilon_1 p(1, n+1),$$

取 $V^{(n)} = V_+^{(n)}$, 由零曲率方程

$$U_t - V_x^{(n)} + [U, V^{(n)}] = 0$$

导出方程族

$$u_t = \begin{pmatrix} q_0 \\ q_1 \\ r_0 \\ r_1 \\ v_0 \\ v_1 \\ w_0 \\ w_1 \\ s_0 \\ s_1 \end{pmatrix}_t$$

3.6 两个高维李代数及其相关的可积耦合

$$= \begin{pmatrix} 2d(0,n+1) \\ 2d(1,n+1) \\ -2p(0,n+1) \\ -2p(1,n+1) \\ -d_x(0,n+1) + 2c(0,n+1) - 2q_0 b(0,n+1) - 2q_1 b(1,n+1) \\ -d_x(1,n+1) + 2c(1,n+1) - 2q_0 b(1,n+1) - 2q_1 b(0,n+1) \\ -p_x(0,n+1) - 2g(0,n+1) + 2r_0 b(0,n+1) + 2r_1 b(1,n+1) \\ -p_x(1,n+1) - 2g(1,n+1) + 2r_0 b(1,n+1) + 2r_1 b(0,n+1) \\ -b_x(0,n+1) + q_0 p(0,n+1) + q_1 p(1,n+1) - r_0 d(0,n+1) - r_1 d(1,n+1) \\ -b_x(1,n+1) + q_0 p(1,n+1) + q_1 p(0,n+1) - r_0 d(1,n+1) - r_1 d(0,n+1) \end{pmatrix}$$

$$= \begin{pmatrix} 0 & 0 & 0 & 0 & 0 & 0 & 2 & 0 & 0 & 0 \\ 0 & 0 & 0 & 0 & 0 & 0 & 0 & 2 & 0 & 0 \\ 0 & 0 & 0 & 0 & -2 & 0 & 0 & 0 & 0 & 0 \\ 0 & 0 & 0 & 0 & 0 & -2 & 0 & 0 & 0 & 0 \\ 0 & 0 & 2 & 0 & 0 & 0 & -\partial & 0 & -q_0 & -q_1 \\ 0 & 0 & 0 & 2 & 0 & 0 & 0 & -\partial & -q_1 & -q_0 \\ -2 & 0 & 0 & 0 & -\partial & 0 & 0 & 0 & r_0 & r_1 \\ 0 & -2 & 0 & 0 & 0 & -\partial & 0 & 0 & r_1 & r_0 \\ 0 & 0 & 0 & 0 & q_0 & q_1 & -r_0 & -r_1 & -\dfrac{\partial}{2} & 0 \\ 0 & 0 & 0 & 0 & q_1 & q_0 & -r_1 & -r_0 & 0 & -\dfrac{\partial}{2} \end{pmatrix} \begin{pmatrix} g(0,n+1) \\ g(1,n+1) \\ c(0,n+1) \\ c(1,n+1) \\ p(0,n+1) \\ p(1,n+1) \\ d(0,n+1) \\ d(1,n+1) \\ 2b(0,n+1) \\ 2b(1,n+1) \end{pmatrix}$$

$= J_1 G_{n1}$

$$= \begin{pmatrix} 0 & 0 & 0 & 0 & 0 & 0 & 0 & 2 & 0 & 0 \\ 0 & 0 & 0 & 0 & 0 & 0 & 2 & 0 & 0 & 0 \\ 0 & 0 & 0 & 0 & 0 & -2 & 0 & 0 & 0 & 0 \\ 0 & 0 & 0 & 0 & -2 & 0 & 0 & 0 & 0 & 0 \\ 0 & 0 & 0 & 2 & 0 & 0 & 0 & -\partial & -q_1 & -q_0 \\ 0 & 0 & 2 & 0 & 0 & 0 & -\partial & 0 & -q_0 & -q_1 \\ 0 & -2 & 0 & 0 & 0 & -\partial & 0 & 0 & r_1 & r_0 \\ -2 & 0 & 0 & 0 & -\partial & 0 & 0 & 0 & r_0 & r_1 \\ 0 & 0 & 0 & 0 & q_1 & q_0 & -r_1 & -r_0 & 0 & -\dfrac{\partial}{2} \\ 0 & 0 & 0 & 0 & q_0 & q_1 & -r_0 & -r_1 & -\dfrac{\partial}{2} & 0 \end{pmatrix} \begin{pmatrix} g(1,n+1) \\ g(0,n+1) \\ c(1,n+1) \\ c(0,n+1) \\ p(1,n+1) \\ p(0,n+1) \\ d(1,n+1) \\ d(0,n+1) \\ 2b(1,n+1) \\ 2b(0,n+1) \end{pmatrix}$$

$= J_2 G_{n2}$

$$
= \begin{pmatrix}
2d(0, n+1) \\
2d(1, n+1) \\
-2p(0, n+1) \\
-2p(1, n+1) \\
2v_0 a(0,n) + 2v_1 a(1,n) - 2s_0 c(0,n) - 2s_1 c(1,n) \\
2v_0 a(1,n) + 2v_1 a(0,n) - 2s_0 c(1,n) - 2s_1 c(0,n) \\
-2w_0 a(0,n) - 2w_1 a(1,n) + 2s_0 g(0,n) + 2s_1 g(1,n) \\
-2w_0 a(1,n) - 2w_1 a(0,n) + 2s_0 g(1,n) + 2s_1 g(0,n) \\
-v_0 g(0,n) - v_1 g(1,n) + w_0 c(0,n) + w_1 c(1,n) \\
-v_0 g(1,n) - v_1 g(0,n) + w_0 c(1,n) + w_1 c(0,n)
\end{pmatrix}
$$

$$
= \begin{pmatrix}
0 & 0 & 2 & 0 & 0 & 0 & 0 & 0 & 0 & 0 \\
0 & 0 & 0 & 2 & 0 & 0 & 0 & 0 & 0 & 0 \\
-2 & 0 & 0 & 0 & 0 & 0 & 0 & 0 & 0 & 0 \\
0 & -2 & 0 & 0 & 0 & 0 & 0 & 0 & 0 & 0 \\
0 & 0 & 0 & 0 & 0 & 0 & -2s_0 & -2s_1 & v_0 & v_1 \\
0 & 0 & 0 & 0 & 0 & 0 & -2s_1 & -2s_0 & v_1 & v_0 \\
0 & 0 & 0 & 0 & 2s_0 & 2s_1 & 0 & 0 & -w_0 & -w_1 \\
0 & 0 & 0 & 0 & 2s_1 & 2s_0 & 0 & 0 & -w_1 & -w_0 \\
0 & 0 & 0 & 0 & -v_0 & -v_1 & w_0 & w_1 & 0 & 0 \\
0 & 0 & 0 & 0 & -v_1 & -v_0 & w_1 & w_0 & 0 & 0
\end{pmatrix}
\begin{pmatrix}
p(0,n+1) \\ p(1,n+1) \\ d(0,n+1) \\ d(1,n+1) \\ g(0,n) \\ g(1,n) \\ c(0,n) \\ c(1,n) \\ 2a(0,n) \\ 2a(1,n)
\end{pmatrix}
$$

$= J_3 G_{n3}$

$$
= \begin{pmatrix}
0 & 0 & 0 & 2 & 0 & 0 & 0 & 0 & 0 & 0 \\
0 & 0 & 2 & 0 & 0 & 0 & 0 & 0 & 0 & 0 \\
0 & -2 & 0 & 0 & 0 & 0 & 0 & 0 & 0 & 0 \\
-2 & 0 & 0 & 0 & 0 & 0 & 0 & 0 & 0 & 0 \\
0 & 0 & 0 & 0 & 0 & 0 & -2s_1 & -2s_0 & v_1 & v_0 \\
0 & 0 & 0 & 0 & 0 & 0 & -2s_0 & -2s_1 & v_0 & v_1 \\
0 & 0 & 0 & 0 & 2s_1 & 2s_0 & 0 & 0 & -w_1 & -w_0 \\
0 & 0 & 0 & 0 & 2s_0 & 2s_1 & 0 & 0 & -w_0 & -w_1 \\
0 & 0 & 0 & 0 & -v_1 & -v_0 & w_1 & w_0 & 0 & 0 \\
0 & 0 & 0 & 0 & -v_0 & -v_1 & w_0 & w_1 & 0 & 0
\end{pmatrix}
\begin{pmatrix}
p(1,n+1) \\ p(0,n+1) \\ d(1,n+1) \\ d(0,n+1) \\ g(1,n) \\ g(0,n) \\ c(1,n) \\ c(0,n) \\ 2a(1,n) \\ 2a(0,n)
\end{pmatrix}
$$

$= J_4 G_{n4},$ \hfill (3-58)

3.6 两个高维李代数及其相关的可积耦合

其中 $J_i(i=1,2,3,4)$ 是 Hamilton 算子. 根据方程 (3-57) 得到一个递推算子

$$L = (l_{ij})_{10\times 10}$$

且 L 满足

$$G_{n1} = LG_{n3}, \quad G_{n2} = LG_{n4}, \quad G_{n3} = LG_{n-1,1}, \quad G_{n4} = LG_{n-1,2},$$

这里

$l_{11} = -\dfrac{\partial}{2} + r_0\partial^{-1}q_0 + r_1\partial^{-1}q_1, \quad l_{12} = r_0\partial^{-1}q_1 + r_1\partial^{-1}q_0, \quad l_{13} = -r_0\partial^{-1}r_0 - r_1\partial^{-1}r_1,$

$l_{14} = -r_0\partial^{-1}r_1 - r_1\partial^{-1}r_0, \quad l_{15} = r_0\partial^{-1}v_0 + r_1\partial^{-1}v_1 - s_0, \quad l_{16} = r_0\partial^{-1}v_1 + r_1\partial^{-1}v_0 - s_1,$

$l_{17} = -r_0\partial^{-1}w_0 - r_1\partial^{-1}w_1, \quad l_{18} = -r_0\partial^{-1}w_1 - r_1\partial^{-1}w_0, \quad l_{19} = \dfrac{w_0}{2}, \quad l_{1,10} = \dfrac{w_1}{2},$

$l_{21} = r_0\partial^{-1}q_1 + r_1\partial^{-1}q_0, \quad l_{22} = -\dfrac{\partial}{2} + r_0\partial^{-1}q_0 + r_1\partial^{-1}q_1, \quad l_{23} = -r_0\partial^{-1}r_1 - r_1\partial^{-1}r_0,$

$l_{24} = -r_0\partial^{-1}r_0 - r_1\partial^{-1}r_1, \quad l_{25} = r_0\partial^{-1}v_1 + r_1\partial^{-1}v_0 - s_1, \quad l_{26} = r_0\partial^{-1}v_0 + r_1\partial^{-1}v_1 - s_0,$

$l_{27} = -r_0\partial^{-1}w_1 - r_1\partial^{-1}w_0, \quad l_{28} = -r_0\partial^{-1}w_0 - r_1\partial^{-1}w_1, \quad l_{29} = \dfrac{w_1}{2}, \quad l_{2,10} = \dfrac{w_0}{2},$

$l_{31} = q_0\partial^{-1}q_0 + q_1\partial^{-1}q_1, \quad l_{32} = q_0\partial^{-1}q_1 + q_1\partial^{-1}q_0, \quad l_{33} = \dfrac{\partial}{2} - q_0\partial^{-1}r_0 - q_1\partial^{-1}r_1,$

$l_{34} = -q_0\partial^{-1}r_1 - q_1\partial^{-1}r_0, \quad l_{35} = q_0\partial^{-1}v_0 + q_1\partial^{-1}v_1, \quad l_{36} = q_0\partial^{-1}v_1 + q_1\partial^{-1}v_0,$

$l_{37} = -q_0\partial^{-1}w_0 - q_1\partial^{-1}w_1 - s_0, \quad l_{38} = -q_0\partial^{-1}w_1 - q_1\partial^{-1}w_0 - s_1, \quad l_{39} = \dfrac{v_0}{2},$

$l_{3,10} = \dfrac{v_1}{2}, \quad l_{41} = q_0\partial^{-1}q_1 + q_1\partial^{-1}q_0, \quad l_{42} = q_0\partial^{-1}q_0 + q_1\partial^{-1}q_1,$

$l_{43} = -q_0\partial^{-1}r_1 - q_1\partial^{-1}r_0, \quad l_{44} = \dfrac{\partial}{2} - q_0\partial^{-1}r_0 - q_1\partial^{-1}r_1, \quad l_{45} = q_0\partial^{-1}v_1 + q_1\partial^{-1}v_0,$

$l_{46} = q_0\partial^{-1}v_0 + q_1\partial^{-1}v_1, \quad l_{47} = -q_0\partial^{-1}w_1 - q_1\partial^{-1}w_0 - s_1,$

$l_{48} = -q_0\partial^{-1}w_0 - q_1\partial^{-1}w_1 - s_0, \quad l_{49} = \dfrac{v_1}{2}, \quad l_{4,10} = \dfrac{v_0}{2}, \quad l_{51} = 1, \quad l_{52} = \cdots = l_{5,10} = 0,$

$l_{61} = 0, l_{62} = 1, \quad l_{63} = \cdots = l_{6,10} = 0, \quad l_{73} = 1, \quad l_{71} = l_{72} = l_{74} = \cdots = l_{7,10} = 0, \quad l_{84} = 1,$

$l_{81} = l_{82} = l_{83} = l_{85} = \cdots = l_{8,10} = 0, \quad l_{91} = 2\partial^{-1}q_0, \quad l_{92} = 2\partial^{-1}q_1, \quad l_{93} = -2\partial^{-1}r_0,$

$l_{94} = -2\partial^{-1}r_1, \quad l_{95} = 2\partial^{-1}v_0, \quad l_{96} = 2\partial^{-1}v_1, \quad l_{97} = -2\partial^{-1}w_0, \quad l_{10,1} = 2\partial^{-1}q_1,$

$l_{10,2} = 2\partial^{-1}q_0, \quad l_{10,3} = -2\partial^{-1}r_1, \quad l_{10,4} = -2\partial^{-1}r_0, \quad l_{10,5} = 2\partial^{-1}v_1,$

$l_{10,6} = 2\partial^{-1}v_0, \quad l_{10,7} = -2\partial^{-1}w_1, \quad l_{10,8} = -2\partial^{-1}w_0, \quad l_{10,9} = l_{10,10} = 0,$

$l_{98} = -2\partial^{-1}w_1, \quad l_{99} = l_{9,10} = 0.$

于是, 系统 (3-58) 可写为

$$u_t = J_1 L G_{n3} = J_1 L^2 G_{n-1,1} = J_1 L^{2n} \begin{pmatrix} g(0,1) \\ g(1,1) \\ c(0,1) \\ c(1,1) \\ p(0,1) \\ p(1,1) \\ d(0,1) \\ d(1,1) \\ 2b(0,1) \\ 2b(1,1) \end{pmatrix} = J_2 L^{2n} \begin{pmatrix} g(1,1) \\ g(0,1) \\ c(1,1) \\ c(0,1) \\ p(1,1) \\ p(0,1) \\ d(1,1) \\ d(0,1) \\ 2b(1,1) \\ 2b(0,1) \end{pmatrix}. \quad (3\text{-}59)$$

作为系统 (3-59) 的约化情形. 取

$$q_0 = r_0 = v_0 = v_1 = w_0 = w_1 = s_0 = s_1 = 0,$$

得到著名的 AKNS 方程族

$$u_t = \begin{pmatrix} q_1 \\ r_1 \end{pmatrix}_t = \begin{pmatrix} 2d(1, n+1) \\ -2p(1, n+1) \end{pmatrix}$$

$$= \begin{pmatrix} 0 & 2 \\ -2 & 0 \end{pmatrix} \begin{pmatrix} \dfrac{\partial}{2} + r_1 \partial^{-1} q_1 & -r_1 \partial^{-1} r_1 \\ q_1 \partial^{-1} q_1 & \dfrac{\partial}{2} - q_1 \partial^{-1} r_1 \end{pmatrix} \begin{pmatrix} g(1,n) \\ c(1,n) \end{pmatrix}.$$

直接计算, 得

$$\left\langle V, \frac{\partial U}{\partial q_0} \right\rangle = \varepsilon_0 g(0) + \varepsilon_1 g(1) + (\varepsilon_0 p(0) + \varepsilon_1 p(1))\lambda,$$

$$\left\langle V, \frac{\partial U}{\partial q_1} \right\rangle = \varepsilon_1 g(0) + \varepsilon_0 g(1) + (\varepsilon_1 p(0) + \varepsilon_0 p(1))\lambda,$$

$$\left\langle V, \frac{\partial U}{\partial r_0} \right\rangle = \varepsilon_0 c(0) + \varepsilon_1 c(1) + (\varepsilon_0 d(0) + \varepsilon_1 d(1))\lambda,$$

$$\left\langle V, \frac{\partial U}{\partial r_1} \right\rangle = \varepsilon_0 c(1) + \varepsilon_1 c(0) + (\varepsilon_0 d(1) + \varepsilon_1 d(0))\lambda,$$

$$\left\langle V, \frac{\partial U}{\partial v_0} \right\rangle = \varepsilon_0 p(0) + \varepsilon_1 p(1) + \frac{\varepsilon_0 g(0) + \varepsilon_1 g(1)}{\lambda},$$

$$\left\langle V, \frac{\partial U}{\partial v_1} \right\rangle = \varepsilon_0 p(1) + \varepsilon_1 p(0) + \frac{\varepsilon_1 g(0) + \varepsilon_0 g(1)}{\lambda},$$

$$\left\langle V, \frac{\partial U}{\partial w_0} \right\rangle = \varepsilon_0 d(0) + \varepsilon_1 d(1) + \frac{\varepsilon_0 c(0) + \varepsilon_1 c(1)}{\lambda},$$

3.6 两个高维李代数及其相关的可积耦合

$$\left\langle V, \frac{\partial U}{\partial w_1} \right\rangle = \varepsilon_0 d(1) + \varepsilon_1 d(0) + \frac{\varepsilon_1 c(0) + \varepsilon_0 c(1)}{\lambda},$$

$$\left\langle V, \frac{\partial U}{\partial s_0} \right\rangle = 2\varepsilon_0 b(0) + 2\varepsilon_1 b(1) + 2\frac{\varepsilon_0 a(0) + \varepsilon_1 a(1)}{\lambda},$$

$$\left\langle V, \frac{\partial U}{\partial s_1} \right\rangle = 2\varepsilon_0 b(1) + 2\varepsilon_1 b(0) + 2\frac{\varepsilon_1 a(0) + \varepsilon_0 a(1)}{\lambda},$$

且有

$$\left\langle V, \frac{\partial U}{\partial \lambda} \right\rangle = 2\varepsilon_0 a(0) + 2\varepsilon_1 a(1) - \frac{1}{\lambda^2}[2\varepsilon_0 s_0 a(0) + 2\varepsilon_1 s_1 a(0) + 2\varepsilon_1 s_0 a(1)$$
$$+ 2\varepsilon_0 s_1 a(1) + \varepsilon_0 w_0 c(0) + \varepsilon_1 w_1 c(0) + \varepsilon_1 w_0 c(1) + \varepsilon_0 w_1 c(1) + \varepsilon_0 v_0 g(0)$$
$$+ \varepsilon_0 v_1 g(1) + \varepsilon_1 v_0 g(1) + \varepsilon_1 v_1 g(0)] + (2\varepsilon_0 b(0) + 2\varepsilon_1 b(1))\lambda$$
$$- \frac{1}{\lambda}[2\varepsilon_0 s_0 b(0) + 2\varepsilon_0 s_1 b(1) + 2\varepsilon_1 s_0 b(1) + 2\varepsilon_1 s_1 b(0) + \varepsilon_0 w_0 d(0)$$
$$+ \varepsilon_0 w_1 d(1) + \varepsilon_1 w_0 d(1) + \varepsilon_1 w_1 d(0) + \varepsilon_0 v_0 p(0) + \varepsilon_0 v_1 p(1)$$
$$+ \varepsilon_1 v_0 p(1) + \varepsilon_1 v_1 p(0)].$$

把上面的计算结果代入迹恒等式得

$$\frac{\delta}{\delta u}(2b(0, n+2) - 2s_0 b(0, n+1) - 2s_1 b(1, n+1) + w_0 d(0, n+1)$$
$$+ w_1 d(1, n+1) + v_0 p(0, n+1) + v_1 p(1, n+1)) = (-2n - 2 + \gamma)G_{n1},$$

$$\frac{\delta}{\delta u}(2b(1, n+2) - 2s_0 b(1, n+1) - 2s_1 b(0, n+1) + w_0 d(1, n+1)$$
$$+ w_1 d(0, n+1) + v_0 p(1, n+1) + v_1 p(0, n+1)) = (-2n - 2 + \gamma)G_{n2},$$

$$\frac{\delta}{\delta u}(2a(0, n+1) - 2s_0 a(0, n) - 2s_1 a(1, n) + w_0 c(0, n) + w_1 c(1, n)$$
$$+ v_0 g(0, n) + v_1 g(1, n)) = (-2n - 1 + \gamma)G_{n3},$$

$$\frac{\delta}{\delta u}(2a(1, n+1) - 2s_1 a(0, n) + 2s_0 a(1, n) + w_1 c(0, n) + w_0 c(1, n)$$
$$+ v_0 g(1, n) + v_1 g(0, n)) = (-2n - 1 + \gamma)G_{n4}.$$

取 $n = 0$, 得 $\gamma = 0$. 于是, 我们得到系统 (3-59) 的满足下面关系的 4-Hamilton 结构

$$\begin{cases} \dfrac{\delta H(1,n)}{\delta u} = G_{n1}, \\ H(1,n) = \dfrac{1}{2n+2}(s_0 b(0, n+1)2b(0, n+2) + 2s_1 b(1, n+1) - w_0 d(0, n+1) \\ \qquad - w_1 d(1, n+1) - v_0 p(0, n+1) - v_1 p(1, n+1)), \end{cases}$$

$$\begin{cases} \dfrac{\delta H(2,n)}{\delta u} = G_{n2}, \\ H(2,n) = \dfrac{1}{2n+2}(2s_0 b(1,n+1) - 2b(1,n+2) + 2s_1 b(0,n+1) - w_0 d(1,n+1) \\ \qquad\qquad - w_1 d(0,n+1) - v_0 p(1,n+1) - v_1 p(0,n+1)), \end{cases}$$

$$\begin{cases} \dfrac{\delta H(3,n)}{\delta u} = G_{n3}, \\ G_{n3} = \dfrac{1}{2n+1}(2s_0 a(0,n) - 2a(0,n+1) + 2s_1 a(1,n) - w_0 c(0,n) - w_1 c(1,n) \\ \qquad\qquad - v_0 g(0,n) - v_1 g(1,n)), \end{cases}$$

$$\begin{cases} \dfrac{\delta H(4,n)}{\delta u} = G_{n4}, \\ G_{n4} = \dfrac{1}{2n+1}(-2a(1,n+1) + 2s_1 a(0,n) + 2s_0 a(1,n) - w_1 c(0,n) - w_0 c(1,n) \\ \qquad\qquad - v_0 g(1,n) - v_1 g(0,n)), \end{cases}$$

系统 (3-59) 的 4-Hamilton 结构为

$$u_t = J_1 \frac{\delta H(1,n)}{\delta u} = J_2 \frac{\delta H(2,n)}{\delta u} = J_3 \frac{\delta H(3,n)}{\delta u} = J_4 \frac{\delta H(4,n)}{\delta u}.$$

下面用 loop 代数 $\tilde{A}_2^*$ 来推导广义的非线性 Schrödinger 方程和 MKdV 方程. 取 loop 代数 $\tilde{A}_2^*$ 为

$$\varepsilon_k h_\pm(m), \quad \varepsilon_k e_\pm(m), \quad k = 0, 1, 2, \cdots, s, \quad m = 0, \pm 1, \pm 2, \cdots,$$

其换位运算为

$$[\varepsilon_k h_+(m), \varepsilon_l h_-(n)] = 0,$$
$$[\varepsilon_k h_+(m), \varepsilon_l e_\pm(n)] = \begin{cases} 4\varepsilon_{k+l} e_\mp(m+n), & k+l \leqslant s, \\ 4\varepsilon_{k+l-s-1} e_\mp(m+n), & k+l \geqslant s+1, \end{cases}$$
$$[\varepsilon_k h_-(m), \varepsilon_l e_\pm(n)] = \begin{cases} 2\varepsilon_{k+l} e_\mp(m+n), & k+l \leqslant s, \\ 2\varepsilon_{k+l-s-1} e_\mp(m+n), & k+l \geqslant s+1, \end{cases}$$
$$[\varepsilon_k e_-(m), \varepsilon_l e_+(n)] = \begin{cases} 2\varepsilon_{k+l} h_+(m+n), & k+l \leqslant s, \\ 2\varepsilon_{k+l-s-1} h_+(m+n), & k+l \geqslant s+1, \end{cases}$$

其中

$$h_\pm = \begin{pmatrix} 1 & 0 & \pm 1 \\ 0 & -2 & 0 \\ \pm 1 & 0 & 1 \end{pmatrix}, \quad e_\pm = \begin{pmatrix} 0 & 1 & 0 \\ \pm 1 & 0 & \pm 1 \\ 0 & 1 & 0 \end{pmatrix},$$

3.6 两个高维李代数及其相关的可积耦合

$$h_\pm(n) = \lambda^n h_\pm, \quad e_\pm(n) = \lambda^n e_\pm, \quad n = 0, \pm 1, \pm 2, \cdots.$$

由 $\tilde{A}_2^*$(取 $s=1$), 给定等谱问题

$$\psi_x = U\psi, \quad \lambda_t = 0, \quad U = \varepsilon_0 h_+(1) + (\varepsilon_0 q_0 + \varepsilon_1 q_1)e_+(0) + (\varepsilon_0 r_0 + \varepsilon_1 r_1)e_-(0).$$

设

$$V = \sum_{m \geqslant 0} ((\varepsilon_0 a(0,m) + \varepsilon_1 a(1,m))h_+(-m) + (\varepsilon_0 b(0,m) + \varepsilon_1 b(1,m))e_+(-m)$$
$$+ (\varepsilon_0 c(0,m) + \varepsilon_1 c(1,m))e_-(-m)),$$

解静态零曲率方程得

$$\begin{aligned}
&a_x(0,m) = -2q_0 c(0,m) - 2q_1 c(1,m) + 2r_0 b(0,m) + 2r_1 b(1,m),\\
&a_x(1,m) = -2q_0 c(1,m) - 2q_1 c(0,m) + 2r_0 b(1,m) + 2r_1 b(0,m),\\
&c(0, m+1) = -\frac{1}{4} b_x(0,m) - r_0 a(0,m) - r_1 a(1,m),\\
&c(1, m+1) = -\frac{1}{4} b_x(1,m) - r_0 a(1,m) - r_1 a(0,m),\\
&b(0, m+1) = -\frac{1}{4} c_x(0,m) - q_0 a(0,m) - q_1 a(1,m),\\
&b(1, m+1) = -\frac{1}{4} c_x(1,m) - q_0 a(1,m) - q_1 a(0,m),\\
&a(0,0) = \alpha = \text{const}, \quad a(1,0) = \beta = \text{const}, \quad b(0,0) = b(1,0) = c(0,0) = c(1,0) = 0,\\
&c(0,1) = \alpha r_0 + \beta r_1, \quad a(1,1) = a(0,1) = 0,\\
&c(1,1) = \alpha r_1 + \beta r_0, \quad b(0,1) = \alpha q_0 + \beta q_1, \quad b(1,1) = \alpha q_1 + \beta q_0, \cdots.
\end{aligned} \quad (3\text{-}60)$$

直接计算,

$$-(\lambda^n V)_{+x} + [U, (\lambda^n V)_+]$$
$$= -4(\varepsilon_0 b(0, n+1) + \varepsilon_1 b(1, n+1))e_-(0) - 4\varepsilon_0 c(0, n+1) + \varepsilon_1 c(1, n+1))e_+(0).$$

于是, 由零曲率方程得

$$u_t = \begin{pmatrix} q_0 \\ q_1 \\ r_0 \\ r_1 \end{pmatrix}_t = \begin{pmatrix} \frac{1}{4} b_x(0,n) + r_0 a(0,n) + r_1 a(1,n) \\ \frac{1}{4} b_x(1,n) + r_0 a(1,n) + r_1 a(0,n) \\ \frac{1}{4} c_x(0,n) + q_0 a(0,n) + q_1 a(1,n) \\ \frac{1}{4} c_x(1,n) + q_0 a(1,n) + q_1 a(0,n) \end{pmatrix} = J_1 \begin{pmatrix} 4b(0,n) \\ 4b(1,n) \\ -4c(0,n) \\ -4c(1,n) \end{pmatrix} = J_1 F_{n1}$$

$$= J_2 \begin{pmatrix} 4b(1,n) \\ 4b(0,n) \\ -4c(1,n) \\ -4c(0,n) \end{pmatrix} = J_2 F_{n2}, \tag{3-61}$$

$$J_1 = \begin{pmatrix} \dfrac{\partial}{16} + \dfrac{1}{2}r_0\partial^{-1}r_0 + \dfrac{1}{2}r_1\partial^{-1}r_1 & \dfrac{1}{2}r_0\partial^{-1}r_1 + \dfrac{1}{2}r_1\partial^{-1}r_0 \\ \dfrac{1}{2}r_0\partial^{-1}r_1 + \dfrac{1}{2}r_1\partial^{-1}r_0 & \dfrac{\partial}{16} + \dfrac{1}{2}r_0\partial^{-1}r_0 + \dfrac{1}{2}r_1\partial^{-1}r_1 \\ \dfrac{1}{2}q_0\partial^{-1}r_0 + \dfrac{1}{2}q_1\partial^{-1}r_1 & \dfrac{1}{2}q_0\partial^{-1}r_1 + \dfrac{1}{2}q_1\partial^{-1}r_0 \\ \dfrac{1}{2}q_0\partial^{-1}r_1 + \dfrac{1}{2}q_1\partial^{-1}r_0 & \dfrac{1}{2}q_0\partial^{-1}r_0 + \dfrac{1}{2}q_1\partial^{-1}r_1 \end{pmatrix}$$

$$\begin{matrix} \dfrac{1}{2}r_0\partial^{-1}q_0 + \dfrac{1}{2}r_1\partial^{-1}q_1 & \dfrac{1}{2}r_0\partial^{-1}q_1 + \dfrac{1}{2}r_1\partial^{-1}q_0 \\ \dfrac{1}{2}r_0\partial^{-1}q_1 + \dfrac{1}{2}r_1\partial^{-1}q_0 & \dfrac{1}{2}r_0\partial^{-1}q_0 + \dfrac{1}{2}r_1\partial^{-1}q_1 \\ -\dfrac{\partial}{16} + \dfrac{1}{2}q_0\partial^{-1}q_0 + \dfrac{1}{2}q_1\partial^{-1}q_1 & \dfrac{1}{2}q_0\partial^{-1}q_1 + \dfrac{1}{2}q_1\partial^{-1}q_0 \\ \dfrac{1}{2}q_0\partial^{-1}q_1 + \dfrac{1}{2}q_1\partial^{-1}q_0 & -\dfrac{\partial}{16} + \dfrac{1}{2}q_0\partial^{-1}q_0 + \dfrac{1}{2}q_1\partial^{-1}q_1 \end{matrix},$$

$$J_2 = \dfrac{1}{4}\begin{pmatrix} 2r_0\partial^{-1}r_1 + 2r_1\partial^{-1}r_0 & \dfrac{\partial}{4} + 2r_0\partial^{-1}r_0 + 2r_1\partial^{-1}r_1 \\ \dfrac{\partial}{4} + 2r_0\partial^{-1}r_0 + 2r_1\partial^{-1}r_1 & 2r_0\partial^{-1}r_1 + 2r_1\partial^{-1}r_0 \\ 2q_0\partial^{-1}r_1 + 2q_1\partial^{-1}r_0 & 2q_0\partial^{-1}r_0 + 2q_1\partial^{-1}r_1 \\ 2q_0\partial^{-1}r_0 + 2q_1\partial^{-1}r_1 & 2q_0\partial^{-1}r_1 + 2q_1\partial^{-1}r_0 \end{pmatrix}$$

$$\begin{matrix} 2r_0\partial^{-1}q_1 + 2r_1\partial^{-1}q_0 & 2r_0\partial^{-1}q_0 + 2r_1\partial^{-1}q_1 \\ 2r_0\partial^{-1}q_0 + 2r_1\partial^{-1}q_1 & 2r_0\partial^{-1}q_1 + 2r_1\partial^{-1}q_0 \\ 2q_0\partial^{-1}q_1 + 2q_1\partial^{-1}q_0 & -\dfrac{\partial}{4} + 2q_0\partial^{-1}q_0 + 2q_1\partial^{-1}q_1 \\ -\dfrac{\partial}{4} + 2q_0\partial^{-1}q_0 + 2q_1\partial^{-1}q_1 & 2q_0\partial^{-1}q_1 + 2q_1\partial^{-1}q_0 \end{matrix}.$$

算子 J_1 和 J_2 是 Hamilton 算子. 根据方程 (3-60), 我们得到一个递推算子

$$L = (l_{ij})_{4\times 4},$$

其中

3.6 两个高维李代数及其相关的可积耦合

$$l_{11} = 2q_0\partial^{-1}r_0 + 2q_1\partial^{-1}r_1, \quad l_{12} = 2q_0\partial^{-1}r_1 + 2q_1\partial^{-1}r_0,$$

$$l_{13} = \frac{\partial}{4} + 2q_0\partial^{-1}q_0 + 2q_1\partial^{-1}q_1, \quad l_{14} = 2q_0\partial^{-1}q_1 + 2q_1\partial^{-1}q_0,$$

$$l_{21} = 2q_0\partial^{-1}r_1 + 2q_1\partial^{-1}r_0, \quad l_{22} = 2q_0\partial^{-1}r_0 + 2q_1\partial^{-1}r_1,$$

$$l_{23} = 2q_0\partial^{-1}q_1 + 2q_1\partial^{-1}q_0, \quad l_{24} = -\frac{\partial}{4} + 2q_0\partial^{-1}q_0 + 2q_1\partial^{-1}q_1,$$

$$l_{31} = \frac{\partial}{4} + 2r_0\partial^{-1}r_0 + 2r_1\partial^{-1}r_1, \quad l_{32} = 2r_0\partial^{-1}r_1 + 2r_1\partial^{-1}r_0,$$

$$l_{33} = 2r_0\partial^{-1}q_0 + 2r_1\partial^{-1}q_1, \quad l_{34} = 2r_0\partial^{-1}q_1 + 2r_1\partial^{-1}q_0,$$

$$l_{41} = 2r_0\partial^{-1}r_1 + 2r_1\partial^{-1}r_0, \quad l_{42} = \frac{\partial}{4} + 2r_0\partial^{-1}r_0 + 2r_1\partial^{-1}r_1,$$

$$l_{43} = 2r_0\partial^{-1}q_0 + 2r_1\partial^{-1}q_1, \quad l_{44} = 2r_0\partial^{-1}q_1 + 2r_1\partial^{-1}q_0.$$

因此, 系统 (3-61) 可写为

$$u_t = J_1 L^{n-1} \begin{pmatrix} 4\alpha q_0 + 4\beta q_1 \\ 4\alpha q_1 + 4\beta q_0 \\ -4\alpha r_0 - 4\beta r_1 \\ -4\alpha r_1 - 4\beta r_0 \end{pmatrix} = J_2 L^{n-2} \begin{pmatrix} 4\alpha q_1 + 4\beta q_0 \\ 4\alpha q_0 + 4\beta q_1 \\ -4\alpha r_1 - 4\beta r_0 \\ -4\alpha r_0 - 4\beta r_1 \end{pmatrix}. \tag{3-62}$$

通过计算知

$$\left\langle V, \frac{\partial U}{\partial q_0}\right\rangle = 4\varepsilon_0 b(0) + 4\varepsilon_1 b(1), \quad \left\langle V, \frac{\partial U}{\partial q_1}\right\rangle = 4\varepsilon_1 b(0) + 4\varepsilon_0 b(1),$$

$$\left\langle V, \frac{\partial U}{\partial r_0}\right\rangle = -4\varepsilon_0 c(0) - 4\varepsilon_1 c(1), \quad \left\langle V, \frac{\partial U}{\partial r_1}\right\rangle = -4\varepsilon_1 c(0) - 4\varepsilon_0 c(1),$$

$$\left\langle V, \frac{\partial U}{\partial \lambda}\right\rangle = 8(\varepsilon_0 a(0) + \varepsilon_1 a(1)),$$

其中

$$a(0) = \sum_{m\geqslant 0} a(0,m)\lambda^{-m}, \quad a(1) = \sum_{m\geqslant 0} a(1,m)\lambda^{-m}, \cdots.$$

把上面的计算结果代入迹恒等式

$$\frac{\delta}{\delta u}\left(\left\langle V, \frac{\partial U}{\partial \lambda}\right\rangle\right) = \lambda^{-\gamma}\frac{\partial}{\partial \lambda}\lambda^{\gamma}\begin{pmatrix} \left\langle V, \frac{\partial U}{\partial q_0}\right\rangle \\ \left\langle V, \frac{\partial U}{\partial q_1}\right\rangle \\ \left\langle V, \frac{\partial U}{\partial r_0}\right\rangle \\ \left\langle V, \frac{\partial U}{\partial r_1}\right\rangle \end{pmatrix}. \tag{3-63}$$

比较方程 (3-63) 两边 λ^{-2n-1} 的系数得

$$\frac{\delta}{\delta u}(8a(0,n+1)) = (-n+\gamma)F_{n1}, \quad \frac{\delta}{\delta u}(8a(1,n+1)) = (-n+\gamma)F_{n2}.$$

由方程 (3-60) 中的初值知 $\gamma = 0$. 于是, 我们得到了系统 (3-63) 的 Hamilton 结构

$$u_t = J_1 \frac{\delta H(1,n)}{\delta u} = J_2 \frac{\delta H(2,n)}{\delta u}, \tag{3-64}$$

这里 $H(1,n) = -\frac{8a(0,n+1)}{n}, H(2,n) = -\frac{8a(1,n+1)}{n}.$

取 $q = r_1 = 0$, 系统 (3-63) 约化为

$$u_t = \begin{pmatrix} q_0 \\ r_0 \end{pmatrix}_t$$
$$= \begin{pmatrix} \frac{\partial}{16} + \frac{1}{2}r_0\partial^{-1}r_0 & -\frac{1}{2}r_0\partial^{-1}q_0 \\ \frac{1}{2}q_0\partial^{-1}r_0 & \frac{\partial}{16} - \frac{1}{2}q_0\partial^{-1}q_0 \end{pmatrix} \begin{pmatrix} -2q_0\partial^{-1}r_0 & \frac{\partial}{4} - 2q_0\partial^{-1}q_0 \\ \frac{\partial}{4} + 2r_0\partial^{-1}r_0 & 2r_0\partial^{-1}q_0 \end{pmatrix}$$
$$\times \begin{pmatrix} 4b(0,n-1) \\ -4c(0,n-1) \end{pmatrix}$$
$$= \tilde{J}\tilde{L} \begin{pmatrix} 4b(0,n-1) \\ -4c(0,n-1) \end{pmatrix}. \tag{3-65}$$

在方程 (3-65) 中, 取 $n = 2$, 得到耦合的 Burgers 方程

$$q_{0t} = -\frac{\alpha}{16}r_{0xx} + \frac{\alpha}{4}r_0(q_0^2 - r_0^2), \quad r_{0t} = -\frac{\alpha}{16}q_{0xx} + \frac{\alpha}{4}q_0(q_0^2 - r_0^2).$$

取 $n = 3$, 系统 (3-65) 约化为耦合 KdV 方程

$$q_{0t} = \frac{\alpha}{64}q_{0xxx} - \frac{\alpha}{16}q_{0x}(q_0^2 - r_0^2) - \frac{\alpha}{8}q_0(q_0q_{0x} - r_0r_{0x}),$$
$$r_{0t} = \frac{\alpha}{64}r_{0xxx} - \frac{\alpha}{16}r_{0x}(q_0^2 - r_0^2) - \frac{\alpha}{8}r_0(q_0q_{0x} - r_0r_{0x}).$$

3.7 一类新的 6 维李代数及两类 Liouville 可积 Hamilton 系统

设

$$V_6 = \mathrm{span}\left\{a = \sum_{i=1}^{6} a_i e_i\right\},$$

3.7 一类新的 6 维李代数及两类 Liouville 可积 Hamilton 系统

其中 $e_i\,(i=1,2,3,4,5,6)$ 为 V_6 的一组基, 并满足下面的换位运算

$[e_1,e_2]=0,\quad [e_1,e_3]=2e_3,\quad [e_1,e_4]=-2e_4,\quad [e_1,e_5]=2e_5,\quad [e_1,e_6]=-2e_6,$

$[e_2,e_3]=2e_3,\quad [e_2,e_4]=2e_4,\quad [e_3,e_6]=\dfrac{1}{2}(e_1+e_2),\quad [e_2,e_5]=-2e_5,$

$[e_2,e_6]=-2e_6,\quad [e_3,e_4]=0,\quad [e_3,e_5]=0,\quad [e_4,e_5]=\dfrac{1}{2}(e_2-e_1),$

$[e_4,e_6]=0,\quad [e_5,e_6]=0,$

其中 $[a,b]=ab-ba, a,b\in V_6.$

令 $a=\sum\limits_{i=1}^{6}a_ie_i,\ b=\sum\limits_{i=1}^{6}b_ie_i\in V_6$, 通过计算可得

$$R(b)=\begin{pmatrix} 0 & 0 & 2b_3 & -2b_4 & 2b_5 & -2b_6 \\ 0 & 0 & 2b_3 & 2b_4 & -2b_5 & -2b_6 \\ \dfrac{b_6}{2} & \dfrac{b_6}{2} & -2b_1-2b_2 & 0 & 0 & 0 \\ -\dfrac{b_5}{2} & \dfrac{b_5}{2} & 0 & 2b_1-2b_2 & 0 & 0 \\ \dfrac{b_4}{2} & -\dfrac{b_4}{2} & 0 & 0 & -2b_1+2b_2 & 0 \\ -\dfrac{b_3}{2} & -\dfrac{b_3}{2} & 0 & 0 & 0 & 2b_1+2b_2 \end{pmatrix},$$

其满足等式

$$[a,b]^{\mathrm{T}}=a^{\mathrm{T}}R(b). \tag{3-66}$$

如果取

$$F=\begin{pmatrix} 4 & 0 & 0 & 0 & 0 & 0 \\ 0 & 4 & 0 & 0 & 0 & 0 \\ 0 & 0 & 0 & 0 & 0 & 1 \\ 0 & 0 & 0 & 0 & 1 & 0 \\ 0 & 0 & 0 & 1 & 0 & 0 \\ 0 & 0 & 1 & 0 & 0 & 0 \end{pmatrix}, \tag{3-67}$$

易验证

$$RF = \begin{pmatrix} 0 & 0 & -2b_6 & 2b_5 & -2b_4 & 2b_3 \\ 0 & 0 & -2b_6 & -2b_5 & 2b_4 & 2b_3 \\ 2b_6 & 2b_6 & 0 & 0 & 0 & -2b_1 - 2b_2 \\ -2b_5 & 2b_5 & 0 & 0 & 2b_1 - 2b_2 & 0 \\ 2b_4 & -2b_4 & 0 & -2b_1 + 2b_2 & 0 & 0 \\ -2b_3 & -2b_3 & 2b_1 + 2b_2 & 0 & 0 & 0 \end{pmatrix}$$

$$= -(RF)^{\mathrm{T}} = -FR^{\mathrm{T}}.$$

由式 (3-67) 我们可以得到下面的函数

$$\{a, b\} = a^{\mathrm{T}} F b = 4(a_1 b_1 + a_2 b_2) + a_3 b_6 + a_6 b_3 + a_4 b_5 + a_5 b_4. \tag{3-68}$$

下面利用李代数 V_6 构造其 loop 代数来得到两类新的 Liouville 可积方程族, 并利用屠格式和二次型恒等式得到其 Hamilton 结构.

3.7.1 第一类可积方程族

考虑下面的 loop 代数

$$\widetilde{V}_6 = \mathrm{span}\{e_i(m)\}_{i=1}^6, \quad e_i(m) = e_i \lambda^m, \quad [e_i(m), e_j(n)] = [e_i, e_j] \lambda^{m+n}. \tag{3-69}$$

设

$$\begin{aligned} \varphi_x &= [U, \varphi], \\ U &= e_1(1) + u_1 e_3(0) + u_2 e_4(0) + u_3 e_5(0) + u_4 e_6(0) \\ &= (\lambda, 0, u_1, u_2, u_3, u_4)^{\mathrm{T}}, \end{aligned} \tag{3-70}$$

其中

$$\mathrm{rank}(U) = \mathrm{rank}(u_1) = \mathrm{rank}(u_2) = \mathrm{rank}(u_3) = \mathrm{rank}(u_4) = \mathrm{rank}(\partial) = 1.$$

取

$$\begin{cases} \varphi_t = [V, \varphi], V = \sum_{m \geqslant 0} V_m \lambda^{-m}, \\ V_m = (V_{1,m}, V_{2,m}, V_{3,m}, V_{4,m}, V_{5,m}, V_{6,m})^{\mathrm{T}}. \end{cases} \tag{3-71}$$

由式 (3-70) 和式 (3-71) 的相容性条件确定静态零曲率方程, 即

$$V_x = [U, V], \tag{3-72}$$

3.7 一类新的 6 维李代数及两类 Liouville 可积 Hamilton 系统

其中 V 的解如下

$$\begin{cases} V_{3,mx} = 2V_{3,m+1} - 2u_1(V_{1,m} + V_{2,m}), \\ V_{4,mx} = -2V_{4,m+1} + 2u_2(V_{1,m} - V_{2,m}), \\ V_{5,mx} = 2V_{5,m+1} - 2u_3(V_{1,m} - V_{2,m}), \\ V_{6,mx} = -2V_{6,m+1} + 2u_4(V_{1,m} + V_{2,m}), \\ V_{1,mx} = \dfrac{1}{2}(u_1 V_{6,m} - u_2 V_{5,m} + u_3 V_{4,m} - u_4 V_{3,m}), \\ V_{2,mx} = \dfrac{1}{2}(u_1 V_{6,m} + u_2 V_{5,m} - u_3 V_{4,m} - u_4 V_{3,m}). \end{cases} \quad (3\text{-}73)$$

取

$$V_{3,0} = V_{4,0} = V_{5,0} = V_{6,0} = 0, \quad V_{1,0} = \beta = \text{const},$$

由解 (3-73) 可得

$$V_{3,1} = \beta u_1, \quad V_{4,1} = \beta u_2, \quad V_{5,1} = \beta u_3, \quad V_{6,1} = \beta u_4, \quad V_{1,1} = V_{2,1} = 0,$$
$$V_{3,2} = \frac{\beta}{2} u_{1x}, \quad V_{4,2} = -\frac{\beta}{2} u_{2x}, \quad V_{5,2} = \frac{\beta}{2} u_{3x}, \quad V_{6,2} = -\frac{\beta}{2} u_{4x},$$
$$V_{1,2} = -\frac{\beta}{2}(u_1 u_4 + u_2 u_3), \quad V_{2,2} = \frac{\beta}{4}(u_2 u_3 - u_1 u_4), \cdots,$$
$$\text{rank}(V_{i,m}) = m, \quad 1 \leqslant i \leqslant 6, \ m = 0, 1, 2, \cdots, \ \text{rank}(V) = 0.$$

令

$$V_+^{(n)} = \sum_{m=0}^{n} V_m \lambda^{n-m}, \quad V_-^{(n)} = \lambda^n V - V_+^{(n)},$$

则方程 (3-72) 可分解为下面的形式

$$-V_{+x}^{(n)} + \left[U, V_+^{(n)}\right] = V_{-x}^{(n)} - \left[U, V_-^{(n)}\right], \quad (3\text{-}74)$$

式 (3-74) 左端所含基元阶数 $\geqslant 0$, 右端所含基元阶数 $\leqslant 0$. 因此, 我们可以得到

$$-V_{+x}^{(n)} + \left[U, V_+^{(n)}\right] = -(2V_{3,n+1} e_3 - 2V_{4,n+1} e_4 + 2V_{5,n+1} e_5 - 2V_{6,n+1} e_6)$$
$$= -(0, 0, 2V_{3,n+1}, -2V_{4,n+1}, 2V_{5,n+1}, -2V_{6,n+1})^{\text{T}}.$$

记 $V^{(n)} = V_+^{(n)}$, 则零曲率方程

$$U_t - V_x^{(n)} + \left[U, V^{(n)}\right] = 0 \quad (3\text{-}75)$$

确定演化方程的 Lax 可积方程族

$$u_t = \begin{pmatrix} u_1 \\ u_2 \\ u_3 \\ u_4 \end{pmatrix}_t = \begin{pmatrix} 2V_{3,n+1} \\ -2V_{4,n+1} \\ 2V_{5,n+1} \\ -2V_{6,n+1} \end{pmatrix} = \begin{pmatrix} 0 & 0 & 0 & 2 \\ 0 & 0 & -2 & 0 \\ 0 & 2 & 0 & 0 \\ -2 & 0 & 0 & 0 \end{pmatrix} \begin{pmatrix} V_{6,n+1} \\ V_{5,n+1} \\ V_{4,n+1} \\ V_{3,n+1} \end{pmatrix}$$

$$=: J \begin{pmatrix} V_{6,n+1} \\ V_{5,n+1} \\ V_{4,n+1} \\ V_{3,n+1} \end{pmatrix}, \tag{3-76}$$

由解 (3-73) 容易得到递推关系

$$\begin{pmatrix} V_{6,n+1} \\ V_{5,n+1} \\ V_{4,n+1} \\ V_{3,n+1} \end{pmatrix} = L \begin{pmatrix} V_{6,n} \\ V_{5,n} \\ V_{4,n} \\ V_{3,n} \end{pmatrix}, \tag{3-77}$$

其中

$$L = \begin{pmatrix} \dfrac{\partial}{2} + u_4 \partial^{-1} u_1 & 0 & 0 & -u_4 \partial^{-1} u_4 \\ 0 & \dfrac{\partial}{2} - u_3 \partial^{-1} u_2 & u_3 \partial^{-1} u_3 & 0 \\ 0 & -u_2 \partial^{-1} u_2 & -\dfrac{\partial}{2} + u_2 \partial^{-1} u_3 & 0 \\ u_1 \partial^{-1} u_1 & 0 & 0 & -\dfrac{\partial}{2} - u_1 \partial^{-1} u_4 \end{pmatrix}.$$

下面推导式 (3-76) 的 Hamilton 结构.

记

$$V = (V_1, V_2, V_3, V_4, V_5, V_6)^{\mathrm{T}}, \quad V_i = \sum_{m \geqslant 0} V_{i,m} \lambda^{-m}, \quad 1 \leqslant i \leqslant 6,$$

直接计算可得

$$\{U, V\} = 4\lambda V_1 + u_1 V_6 + u_4 V_3 + u_2 V_5 + u_3 V_4.$$

把上式代入二次型恒等式可得

$$\frac{\delta}{\delta u}(4V_1) = \lambda^{-\gamma} \frac{\partial}{\partial \lambda}\left(\lambda^{\gamma} \begin{pmatrix} V_6 \\ V_5 \\ V_4 \\ V_3 \end{pmatrix}\right), \tag{3-78}$$

其中 $\dfrac{\delta}{\delta u} = (\delta u_1, \cdots, \delta u_4)^{\mathrm{T}}$.

根据文献 [43] 中求常数 γ 的方法, 可以得到

$$G(V) =: \{U, V\} = 4\left(V_1^2 + V_2^2\right) + 2V_3 V_6 + 2V_4 V_5 = 4\left(V_{1,0}\right)^2 = 4\beta^2 = c\lambda^{-2\gamma}, \quad \gamma = 0.$$

比较式 (3-78) 中 λ^{-n-2} 的系数可得

$$\frac{\delta}{\delta u}(4V_{1,n+2}) = -(n+1)\begin{pmatrix} V_{6,n+1} \\ V_{5,n+1} \\ V_{4,n+1} \\ V_{3,n+1} \end{pmatrix}, \quad \begin{pmatrix} V_{6,n+1} \\ V_{5,n+1} \\ V_{4,n+1} \\ V_{3,n+1} \end{pmatrix}$$

$$= \frac{\delta H_{n+1}}{\delta u}, \quad H_{n+1} = -\frac{4V_{1,n+2}}{n+1}, \quad n \geqslant 0.$$

这样, 方程族 (3-76) 可写成 Hamilton 结构

$$u_t = J\begin{pmatrix} V_{6,n+1} \\ V_{5,n+1} \\ V_{4,n+1} \\ V_{3,n+1} \end{pmatrix} = JL^n \begin{pmatrix} \beta u_4 \\ \beta u_3 \\ \beta u_2 \\ \beta u_1 \end{pmatrix} = J\frac{\delta H_{n+1}}{\delta u}, \quad n \geqslant 0. \quad (3\text{-}79)$$

依照文献 [7], 任一 $H_k (k \geqslant 1)$ 是方程 (3-79) 的守恒密度且任意的 H_m, H_n 是两两对合的. 经过复杂的计算可得

$$JL = L^*J,$$

因此, 方程族 (3-77) 是 Liouville 可积的.

3.7.2 第二类可积方程族

考虑如下不同于式 (3-70) 和式 (3-71) 中 Lax 等谱问题的 U 和 V

$$U = (\lambda^2, 0, \lambda u_1, \lambda u_2, \lambda u_3, \lambda u_4)^T,$$

$$V = \sum_{m=0}^{n}(V_{1,m}, V_{2,m}, \lambda V_{3,m}, \lambda V_{4,m}, \lambda V_{5,m}, \lambda V_{6,m})^T \lambda^{-2m},$$

$\text{rank}(u_1) = \text{rank}(u_2) = \text{rank}(u_3) = \text{rank}(u_4) = 1, \quad \text{rank}(U) = \text{rank}(\partial) = 2.$

解方程

$$V_x = [U, V],$$

可得 $V_{i,m}$ 的递推关系

$$V_{3,mx} = 2V_{3,m+1} - 2u_1(V_{1,m} + V_{2,m}),$$
$$V_{4,mx} = -2V_{4,m+1} + 2u_2(V_{1,m} - V_{2,m}),$$
$$V_{5,mx} = 2V_{5,m+1} - 2u_3(V_{1,m} - V_{2,m}),$$
$$V_{6,mx} = -2V_{6,m+1} + 2u_4(V_{1,m} + V_{2,m}),$$

$$V_{2,mx} = \frac{1}{2}\left(u_1 V_{6,m+1} + u_2 V_{5,m+1} - u_3 V_{4,m+1} - u_4 V_{3,m+1}\right),$$
$$= \frac{1}{4}\left(-u_1 V_{6,mx} + u_2 V_{5,mx} + u_3 V_{4,mx} - u_4 V_{3,mx}\right),$$
$$V_{1,mx} = \frac{1}{2}\left(u_1 V_{6,m+1} - u_2 V_{5,m+1} + u_3 V_{4,m+1} - u_4 V_{3,m+1}\right) \tag{3-80}$$
$$= -\frac{1}{4}\left(u_1 V_{6,mx} + u_2 V_{5,mx} + u_3 V_{4,mx} + u_4 V_{3,mx}\right),$$

取
$$V_{2,0} = V_{3,0} = V_{4,0} = V_{5,0} = V_{6,0} = 0, \quad V_{1,0} = \beta,$$

由式 (3-80) 可得
$$V_{3,1} = \beta u_1, \quad V_{4,1} = \beta u_2, \quad V_{5,1} = \beta u_3, \quad V_{6,1} = \beta u_4,$$
$$V_{1,1} = -\frac{\beta}{4}(u_1 u_4 + u_2 u_3), \quad V_{2,1} = -\frac{\beta}{4}(u_1 u_4 - u_2 u_3),$$
$$\operatorname{rank}(V) = \operatorname{rank}\left(\frac{\partial}{\partial t}\right) = 0, \quad \operatorname{rank}(V_{1,m}) = \operatorname{rank}(V_{2,m}) = 2m,$$
$$\operatorname{rank}(V_{3,m}) = \operatorname{rank}(V_{4,m}) = \operatorname{rank}(V_{5,m}) = \operatorname{rank}(V_{6,m}) = 2m - 1,$$

记
$$V_+^{(n)} = \sum_{m=0}^{n} (V_{1,m}, V_{2,m}, \lambda V_{3,m}, \lambda V_{4,m}, \lambda V_{5,m}, \lambda V_{6,m})^{\mathrm{T}} \lambda^{2n-2m},$$
$$V_-^{(n)} = \lambda^{2n} V - V_+^{(n)},$$

那么方程
$$V_x = [U, V]$$

可写成
$$-V_{+x}^{(n)} + \left[U, V_+^{(n)}\right] = V_{-x}^{(n)} - \left[U, V_-^{(n)}\right], \tag{3-81}$$

式 (3-81) 左端所含基元阶数 (deg)$\geqslant 0$, 右端所含基元阶数 (deg)$\leqslant 1$. 因此, 我们可以得到

$$-V_{+x}^{(n)} + \left[U, V_+^{(n)}\right] = -2\lambda V_{3,n+1} e_3 + 2\lambda V_{4,n+1} e_4 - 2\lambda V_{5,n+1} e_5 + 2\lambda V_{6,n+1} e_6$$
$$+ \left(\frac{u_2 V_{5,n+1}}{2} - \frac{u_3 V_{4,n+1}}{2}\right) e_1 - \left(\frac{u_1 V_{6,n+1}}{2} - \frac{u_4 V_{3,n+1}}{2}\right) e_1$$
$$+ \left(-\frac{u_1 V_{6,n+1}}{2} - \frac{u_2 V_{5,n+1}}{2} + \frac{u_3 V_{4,n+1}}{2} + \frac{u_4 V_{3,n+1}}{2}\right) e_2$$
$$= -2\lambda V_{3,n+1} e_3 + 2\lambda V_{4,n+1} e_4 - 2\lambda V_{5,n+1} e_5 + 2\lambda V_{6,n+1} e_6$$
$$- V_{1,nx} e_1 - V_{2,nx} e_2.$$

3.7 一类新的 6 维李代数及两类 Liouville 可积 Hamilton 系统

记

$$V^{(n)} = V_+^{(n)} + \Delta_n, \quad \Delta_n = -V_{1,n}e_1 - V_{2,n}e_2,$$

直接计算可得

$$-V_x^{(n)} + \left[U, V^{(n)}\right] = -(0, 0, \lambda V_{3,nx}, \lambda V_{4,nx}, \lambda V_{5,nx}, \lambda V_{6,nx})^{\mathrm{T}}.$$

由零曲率方程

$$U_t - V_x^{(n)} + \left[U, V^{(n)}\right] = 0$$

可得

$$u_t = \begin{pmatrix} u_1 \\ u_2 \\ u_3 \\ u_4 \end{pmatrix}_t = \begin{pmatrix} V_{3,nx} \\ V_{4,nx} \\ V_{5,nx} \\ V_{6,nx} \end{pmatrix} = \begin{pmatrix} 0 & 0 & 0 & \partial \\ 0 & 0 & \partial & 0 \\ 0 & \partial & 0 & 0 \\ \partial & 0 & 0 & 0 \end{pmatrix} \begin{pmatrix} V_{6,n} \\ V_{5,n} \\ V_{4,n} \\ V_{3,n} \end{pmatrix} =: J \begin{pmatrix} V_{6,n} \\ V_{5,n} \\ V_{4,n} \\ V_{3,n} \end{pmatrix}. \quad (3\text{-}82)$$

由式 (3-80) 可得到下面的递推关系

$$\begin{pmatrix} V_{6,n+1} \\ V_{5,n+1} \\ V_{4,n+1} \\ V_{3,n+1} \end{pmatrix} = L \begin{pmatrix} V_{6,n} \\ V_{5,n} \\ V_{4,n} \\ V_{3,n} \end{pmatrix},$$

其中

$$L = \begin{pmatrix} -\dfrac{\partial}{2} - \dfrac{1}{2}u_4\partial^{-1}u_1\partial & 0 & -\dfrac{1}{2}u_4\partial^{-1}u_4\partial & \partial \\ 0 & \dfrac{\partial}{2} - \dfrac{1}{2}u_3\partial^{-1}u_2\partial & -\dfrac{1}{2}u_3\partial^{-1}u_3\partial & 0 \\ 0 & -\dfrac{1}{2}u_2\partial^{-1}u_2\partial & -\dfrac{\partial}{2} - \dfrac{1}{2}u_2\partial^{-1}u_3\partial & 0 \\ -\dfrac{1}{2}u_1\partial^{-1}u_1\partial & 0 & 0 & \dfrac{\partial}{2} - \dfrac{1}{2}u_1\partial^{-1}u_4\partial \end{pmatrix}.$$

通过计算可得

$$JL = L^*J.$$

因此, Lax 可积方程族 (3-82) 是 Liouville 可积的.

下面利用二次型恒等式推导式 (3-82) 的 Hamilton 结构.

记

$$V = (V_1, V_2, \lambda V_3, \lambda V_4, \lambda V_5, \lambda V_6)^{\mathrm{T}}, \quad V_k = \sum_{m=0}^{\infty} V_{k,m}\lambda^{-2m}, \quad k = 1, 2, 3, 4, 5, 6,$$

容易计算得
$$\{U,V\} = 4\lambda^2 V_1 + \lambda^2 u_1 V_6 + \lambda^2 u_4 V_3 + \lambda^2 u_2 V_5 + \lambda^2 u_3 V_4.$$

把上式代入二次型恒等式可得

$$\frac{\delta}{\delta u}(8\lambda V_1 + \lambda u_1 V_6 + \lambda u_4 V_3 + \lambda u_2 V_5 + \lambda u_3 V_4) = \lambda^{-\gamma}\frac{\partial}{\partial \lambda}\left(\lambda^{\gamma}\begin{pmatrix}\lambda^2 V_6 \\ \lambda^2 V_5 \\ \lambda^2 V_4 \\ \lambda^2 V_3\end{pmatrix}\right). \quad (3\text{-}83)$$

根据文献 [43] 中求常数 γ 的方法, 可得

$$\begin{aligned}G(V) &= \{U,V\} \\ &= 4\left(V_1^2 + V_2^2\right) + 2\lambda^2 V_3 V_6 + 2\lambda^2 V_4 V_5 = 4\left(V_{1,0}\right)^2 = 4\beta^2 = c\lambda^{-2\gamma}.\end{aligned}$$

因此 $\gamma = 0$.

比较式 (3-83) 中 λ^{-2n-1} 的系数, 可得

$$\begin{aligned}&\frac{\delta}{\delta u}(8V_{1,n+1} + u_1 V_{6,n+1} + u_4 V_{3,n+1} + u_2 V_{5,n+1} + u_3 V_{4,n+1}) \\ &= (-2n)\begin{pmatrix}V_{6,n+1} \\ V_{5,n+1} \\ V_{4,n+1} \\ V_{3,n+1}\end{pmatrix}, \quad \begin{pmatrix}V_{6,n+1} \\ V_{5,n+1} \\ V_{4,n+1} \\ V_{3,n+1}\end{pmatrix} = \frac{\delta H_{n+1}}{\delta u},\end{aligned}$$

$$H_{n+1} = -\frac{1}{2n}(8V_{1,n+1} + u_1 V_{6,n+1} + u_2 V_{5,n+1} + u_3 V_{4,n+1} + u_4 V_{3,n+1}).$$

因此, 方程族 (3-82) 可写成下面 Hamilton 结构

$$u_t = \begin{pmatrix}u_1 \\ u_2 \\ u_3 \\ u_4\end{pmatrix}_t = J\begin{pmatrix}V_{6,n} \\ V_{5,n} \\ V_{4,n} \\ V_{3,n}\end{pmatrix} = JL^{n-1}\begin{pmatrix}\beta u_4 \\ \beta u_3 \\ \beta u_2 \\ \beta u_1\end{pmatrix} = J\frac{\delta H_n}{\delta u}, \quad n > 1. \quad (3\text{-}84)$$

记 $H_1 = -4V_{1,1}$, 可得

$$\begin{pmatrix}\beta u_4 \\ \beta u_3 \\ \beta u_2 \\ \beta u_1\end{pmatrix} = \frac{\delta H_1}{\delta u}.$$

因此式 (3-84) 对于 $n \geqslant 1$ 是成立的.

第4章 李代数的扩展与方程族的可积耦合

4.1 生成可积耦合的简便方法

Ma 和 Fuchssteiner[29] 用扰动方法研究了一个可积方程的可积耦合, 郭福奎和张玉峰[30] 提出了生成一族可积方程的可积耦合的简便有效方法, 即设 G 为一个矩阵李代数, G_1 和 G_2 为 G 的两个单的李子代数, 且 $G = G_1 + G_2$, G_1 与 G_2 为 G 的两个理想. 相应的 loop 代数为 $\widetilde{G}, \widetilde{G_1}, \widetilde{G_2}$ 且有 $\widetilde{G} = \widetilde{G_1} \oplus \widetilde{G_2}$. 特别地, 有 $\left[\widetilde{G_1}, \widetilde{G_2}\right] \subset \widetilde{G_2}$. 利用 $\widetilde{G_1}$ 设计恰当的等谱问题, 由屠格式得到的可积系统记为 $U_{1t} - V_{1x}^{(n)} + \left[U_1, V_1^{(n)}\right] = 0$. 利用 $\widetilde{G_2}$ 也设计出另外一组等谱问题, 由屠格式得到的可积系统记为

$$U_{2t} - V_{2x}^{(n)} + \left[U_2, V_2^{(n)}\right] = 0.$$

于是

$$\begin{cases} U_{1t} - V_{1x}^{(n)} + \left[U_1, V_1^{(n)}\right] = 0, \\ U_{2t} - V_{2x}^{(n)} + \left[U_2, V_2^{(n)}\right] = 0 \end{cases} \tag{4-1}$$

就是一个可积耦合系统. 作为例子, 郭福奎和张玉峰在文献 [30] 中得到了著名的 AKNS 方程族的可积耦合. 在文献 [45] 中, 提出了一类生成双可积耦合的方法, 即将李代数 G 扩充为两个高维李代数 G_1 和 G_2 使得

$$G_1 = G_{11} \oplus G_{12}, \quad G_2 = G_{21} \oplus G_{22}, \quad G_{11} \cong G, G_{21} \cong G,$$
$$[G_{11}, G_{12}] \subset G_{12}, \quad [G_{21}, G_{22}] \subset G_{22}.$$

假设由 G 生成的可积系统为

$$u_t = K(u),$$

则由 G_1 与 G_2 可生成该系统的两类不同的可积耦合.

取李代数 A_1 的一个基为[34]

$$h = \begin{pmatrix} 1 & 0 \\ 0 & -1 \end{pmatrix}, \quad e = \begin{pmatrix} 0 & 1 \\ 0 & 0 \end{pmatrix}, \quad f = \begin{pmatrix} 0 & 0 \\ 1 & 0 \end{pmatrix},$$

换位运算为

$$[h, e] = 2e, \quad [h, f] = -2f, \quad [e, f] = h.$$

这里 $[a,b] = ab - ba$.

先将 A_1 扩展为如下李代数

$$G_1 = \text{span}\{e_1, e_2, e_3, e_4, e_5\},$$

其中

$$\begin{cases} e_1 = \begin{pmatrix} 1 & 0 & 0 \\ 0 & -1 & 0 \\ 0 & 0 & 0 \end{pmatrix}, \quad e_2 = \begin{pmatrix} 0 & 1 & 0 \\ 0 & 0 & 0 \\ 0 & 0 & 0 \end{pmatrix}, \quad e_3 = \begin{pmatrix} 0 & 0 & 0 \\ 1 & 0 & 0 \\ 0 & 0 & 0 \end{pmatrix}, \\ e_4 = \begin{pmatrix} 0 & 0 & 1 \\ 0 & 0 & 0 \\ 0 & 0 & 0 \end{pmatrix}, \quad e_5 = \begin{pmatrix} 0 & 0 & 0 \\ 0 & 0 & 1 \\ 0 & 0 & 0 \end{pmatrix}, \\ [e_1, e_2] = 2e_2, \quad [e_1, e_3] = -2e_3, \quad [e_2, e_3] = e_1, \quad [e_1, e_4] = e_4, \quad [e_1, e_5] = -e_5, \\ [e_2, e_4] = 0, \quad [e_2, e_5] = e_4, \quad [e_3, e_4] = e_5, \quad [e_3, e_5] = [e_4, e_5] = 0. \end{cases}$$

(4-2)

记 $G_{11} = \text{span}\{e_1, e_2, e_3\}, G_{12} = \text{span}\{e_4, e_5\}$，则有

$$G_1 = G_{11} \oplus G_{12}, \quad [G_{11}, G_{12}] \subset G_{12}, \quad G_{11} \cong A_1, \tag{4-3}$$

这里 G_{11}, G_{12} 是 G_1 的两个单理想.

定义李代数 G_1 的 loop 代数为

$$\widetilde{G_1} = \text{span}\{e_1(n), e_2(n), e_3(n), e_4(n), e_5(n)\},$$

其中 $e_i(n) = e_i \lambda^n$, $i = 1, 2, 3, 4, 5$.

定义李代数 A_1 的 loop 代数为[34]

$$\widetilde{A_1} = \text{span}\{h(n), e(n), f(n)\},$$

其中 $h(n) = h\lambda^n$, $e(n) = e\lambda^n$, $f(n) = f\lambda^n$, $n \in \mathbf{Z}$.

于是, 相应地有

$$\widetilde{G}_1 = \widetilde{G}_{11} \oplus \widetilde{G}_{12}, \quad \left[\widetilde{G}_{11}, \widetilde{G}_{12}\right] \subset \widetilde{G}_{12}, \quad \widetilde{G}_{11} \cong \widetilde{A}_1, \tag{4-4}$$

且有

$$[e_1(m), e_2(n)] = 2e_2(n+m), \quad [e_1(m), e_3(n)] = -2e_3(m+n),$$
$$[e_2(m), e_3(n)] = e_1(m+n), \quad [e_1(m), e_4(n)] = e_4(m+n),$$
$$[e_1(m), e_5(n)] = -e_5(m+n), \quad [e_2(m), e_4(n)] = 0,$$
$$[e_2(m), e_5(n)] = e_4(m+n), \quad [e_3(m), e_4(n)] = e_5(m+n),$$
$$[e_3(m), e_5(n)] = [e_4(m), e_5(n)] = 0, \quad \deg(e_i(n)) = n, \quad i = 1, 2, 3, 4, 5.$$

将 A_1 扩展为另一个高维李代数 $G_2 = \text{span}\{g_i\}_{i=1}^6$，其中

$$g_1 = \begin{pmatrix} 1 & 0 & 0 & 0 \\ 0 & -1 & 0 & 0 \\ 0 & 0 & 1 & 0 \\ 0 & 0 & 0 & -1 \end{pmatrix}, \quad g_2 = \begin{pmatrix} 0 & 1 & 0 & 0 \\ 0 & 0 & 0 & 0 \\ 0 & 0 & 0 & 1 \\ 0 & 0 & 0 & 0 \end{pmatrix},$$

$$g_3 = \begin{pmatrix} 0 & 0 & 0 & 0 \\ 1 & 0 & 0 & 0 \\ 0 & 0 & 0 & 0 \\ 0 & 0 & 1 & 0 \end{pmatrix}, \quad g_4 = \begin{pmatrix} 0 & 0 & 1 & 0 \\ 0 & 0 & 0 & -1 \\ 0 & 0 & 0 & 0 \\ 0 & 0 & 0 & 0 \end{pmatrix},$$

$$g_5 = \begin{pmatrix} 0 & 0 & 0 & 1 \\ 0 & 0 & 0 & 0 \\ 0 & 0 & 0 & 0 \\ 0 & 0 & 0 & 0 \end{pmatrix}, \quad g_6 = \begin{pmatrix} 0 & 0 & 0 & 0 \\ 0 & 0 & 1 & 0 \\ 0 & 0 & 0 & 0 \\ 0 & 0 & 0 & 0 \end{pmatrix}.$$

换位运算为

$[g_1, g_2] = 2g_2, \quad [g_1, g_3] = -2g_3, \quad [g_2, g_3] = g_1, \quad [g_1, g_4] = 0, \quad [g_1, g_5] = 2g_5,$
$[g_1, g_6] = -2g_6, \quad [g_2, g_4] = -2g_5, \quad [g_2, g_5] = 0, \quad [g_2, g_6] = g_4, \quad [g_3, g_4] = 2g_6,$
$[g_3, g_5] = -g_4, \quad [g_3, g_6] = 0, \quad [g_4, g_5] = [g_4, g_6] = [g_5, g_6] = 0.$

记 $G_{21} = \text{span}\{g_1, g_2, g_3\}$, $G_{22} = \text{span}\{g_4, g_5, g_6\}$，则 G_{21}, G_{22} 是 G_2 的两个子代数且有

$$G_2 = G_{21} \oplus G_{22}, \quad [G_{21}, G_{22}] \subset G_{22}, \quad G_{21} \cong A_1. \tag{4-5}$$

定义李代数 G_2 的 loop 代数

$$\widetilde{G}_2 = \text{span}\{g_i(n)\}_{i=1}^6, \quad g_i(n) = g_i \lambda^n,$$

则与式 (4-5) 相应的关系为

$$\widetilde{G}_2 = \widetilde{G}_{21} \oplus \widetilde{G}_{22}, \quad \left[\widetilde{G}_{21}, \widetilde{G}_{22}\right] \subset \widetilde{G}_{22}, \widetilde{G}_{21} \cong \widetilde{A}_1, \tag{4-6}$$

这里

$$\widetilde{G}_{21} = \text{span}\{g_1(n), g_2(n), g_3(n)\}, \quad \widetilde{G}_{22} = \text{span}\{g_4(n), g_5(n), g_6(n)\}.$$

下面利用 $\widetilde{G}_1$ 与 $\widetilde{G}_2$ 构造一类可积系统的双可积耦合.

取等谱问题[45]

$$\begin{cases} \varphi_x = U\varphi, \\ U = e_2(0) - e_3(1) + qe_3(0) + re_3(-1) + u_1e_5(0) + u_2e_5(-1), \end{cases} \tag{4-7}$$

设

$$V = \sum_{m \geqslant 0} (a_m e_1(-m) + b_m e_2(-m) + c_m e_3(-m) + d_m e_4(-m) + f_m e_5(-m)),$$

则静态零曲率方程

$$V_x = [U, V]$$

的一个解为

$$\begin{cases} b_{m+2} = a_{m+1,x} - c_{m+1} + qb_{m+1} + rb_m, \\ b_{mx} = -2a_m, \\ c_{m+1x} = -2a_{m+2} + 2qa_{m+1} + 2ra_m, \\ d_{mx} = f_m, \\ d_{m+2} = -f_{m+1x} + qd_{m+1} + rd_m, \\ a_0 = b_0 = f_0 = d_0 = 0, \ b_1 = d_1 = \alpha \neq 0, \ a_1 = f_1 = 0. \end{cases} \tag{4-8}$$

记

$$\begin{aligned} V_+^{(n)} &= \sum_{m=0}^{n} (a_m e_1(n-m) + b_m e_2(n-m) + c_m e_3(n-m) \\ &\quad + d_m e_4(n-m) + f_m e_5(n-m)) \\ &= \lambda^n V - V_-^{(n)}, \end{aligned}$$

则 $V_x = [U, V]$ 可分解为

$$-V_{+x}^{(n)} + \left[U, V_+^{(n)}\right] = V_{-x}^{(n)} - \left[U, V_-^{(n)}\right]. \tag{4-9}$$

经过计算知

$$\begin{aligned} -V_{+x}^{(n)} + \left[U, V_+^{(n)}\right] &= (a_{n+1x} - c_{n+1} - b_{n+2} + qb_{n+1})e_1(-1) + 2a_{n+1}e_3(0) \\ &\quad + (c_{n+1x} + 2a_{n+1} - 2qa_{n+1})e_3(-1) + d_{n+1}e_5(0) - b_{n+1}e_1(0) \\ &\quad + (f_{n+1x} + d_{n+2} - qd_{n+1})e_5(-1). \end{aligned}$$

令

$$V^{(n)} = V_+^{(n)} + b_{n+1}e_1(0) + (b_{n+2} + c_{n+1} - a_{n+1x} - qb_{n+1})e_1(-1),$$

4.1 生成可积耦合的简便方法

则易计算知

$$-V_x^{(n)} + \left[U, V^{(n)}\right] = (2a_{n+1} - b_{n+1x})e_3(0) + (c_{n+1x} + 2a_{n+2} - 2qa_{n+1}$$
$$- (rb_n))e_3(-1) + d_{n+1}e_5(0) + (f_{n+1x} + d_{n+2} - qd_{n+1})e_5(-1).$$

于是, 零曲率方程

$$U_t - V_x^{(n)} + \left[\ V^{(n)}\right] = 0$$

等价于下列 Lax 可积方程族

$$u_t = \begin{pmatrix} q \\ r \\ u_1 \\ u_2 \end{pmatrix}_t = \begin{pmatrix} b_{n+1x} - 2a_{n+1} \\ -c_{n+1x} - 2a_{n+2} + 2qa_{n+1} + (rb_n)_x \\ -d_{n+1} \\ -f_{n+1x} - d_{n+2} + qd_{n+1} \end{pmatrix}$$

$$= \begin{pmatrix} 2b_{n+1x} \\ (rb_n)_x + rb_{nx} \\ -d_{n+1} \\ -rd_n \end{pmatrix}$$

$$= \begin{pmatrix} 0 & 0 & 2\partial & 0 \\ 0 & 0 & 0 & \partial r + r\partial \\ -1 & 0 & 1 & 0 \\ 0 & -r & 0 & r \end{pmatrix} \begin{pmatrix} b_{n+1} + d_{n+1} \\ b_n + d_n \\ b_{n+1} \\ b_n \end{pmatrix} := J_1 P_{n+1}, \quad (4\text{-}10)$$

由解 (4-8) 得递推关系

$$P_{n+1} = \begin{pmatrix} -\partial^2 + q & r & \frac{1}{2}\left(\frac{3}{2}\partial^2 + \partial^{-1}q\partial - q\right) & \frac{1}{2}\left(\partial^{-1}q\partial - r\right) \\ 1 & 0 & 0 & 0 \\ 0 & 0 & \frac{1}{2}\left(-\frac{1}{2}\partial^2 + \partial^{-1}q\partial + q\right) & \frac{1}{2}\left(\partial^{-1}r\partial + r\right) \\ 0 & 0 & 1 & 0 \end{pmatrix} P_n := L_1 P_n,$$

于是方程族 (4-10) 可写成

$$u_t = J_1 L_1 P_n. \tag{4-11}$$

当取 $u_1 = u_2 = 0$ 时, 方程族 (4-10) 就约化为 Tu 族. 由 J_1, L_1 与 Tu 族中的辛算子和递推算子的比较知, 方程族 (4-11) 是 Tu 族的一类可积耦合.

下面考虑用 $\widetilde{G}_2$ 构造 Tu 族的另一类可积耦合.

考虑等谱问题
$$\begin{cases} \psi_x = U\psi, \\ U = g_2(0) - g_3(1) + qg_3(0) + rg_3(-1) + u_1 g_6(0) + u_2 g_6(-1), \end{cases} \quad (4\text{-}12)$$

取
$$V = \sum_{m \geqslant 0} (a_m g_1(-m) + b_m g_2(-m) + c_m g_3(-m)$$
$$+ d_m g_4(-m) + e_m e_5(-m) + h_m g_6(-m)),$$

则方程 $V_x = [U, V]$ 等价于下面方程组

$$\begin{cases} a_{m+1\,x} = c_{m+1} + b_{m+2} - qb_{m+1} - rb_m, \\ b_{mx} = -2a_m, \\ 2a_{m+2} = -c_{m+1\,x} + 2qa_{m+1} + 2ra_m, \\ d_{m+1\,x} = h_{m+1} + e_{m+2} - qe_{m+1} - re_m - u_1 b_{m+1} - u_2 b_m, \\ e_{mx} = -2d_m, \\ 2d_{m+2} = -h_{m+1\,x} + 2qd_{m+1} + 2rd_m + 2u_1 a_{m+1} + 2u_2 a_m, \\ b_0 = e_0 = d_0 = c_0 = 0,\ b_1 = \alpha \neq 0,\ a_0 = a_1 = 0, \cdots. \end{cases} \quad (4\text{-}13)$$

取
$$V^{(n)} = \sum_{m=0}^{n} (a_m g_1(n-m) + b_m g_2(n-m) + c_m g_3(n-m)$$
$$+ d_m g_4(n-m) + e_m e_5(n-m))$$
$$+ h_m g_6(n-m) + b_{n+1} g_3(0) + (b_{n+2} + c_{n+1} - a_{n+1\,x} + qb_{n+1}) g_3(-1)$$
$$+ e_{n+1} g_6(0) + (e_{n+2} + h_{n+1} - d_{n+1\,x} - qe_{n+1} - u_1 b_{n+1}) g_6(-1),$$

经过计算知
$$-V_x^{(n)} + \left[U, V^{(n)}\right] = (2a_{n+1} - b_{n+1\,x}) g_3(0) + (2ra_n - (rb_n)_x) g_3(-1) + (2d_{n+1}$$
$$- e_{n+1\,x}) g_6(0) + [2rd_n + 2u_2 a_n - (re_n)_x - (u_2 b_n)_x] g_6(-1).$$

于是, 由 $U_t = \left[V_x^{(n)} - V^{(n)}\right]$ 得 Lax 可积系统

$$u_t = \begin{pmatrix} q \\ r \\ u_1 \\ u_2 \end{pmatrix}_t = \begin{pmatrix} b_{n+1x} - 2a_{n+1} \\ (rb_n)_x - 2ra_n \\ e_{n+1x} - 2d_{n+1} \\ (re_n)_x + (u_2b_n)_x - 2rd_n - 2u_2a_n \end{pmatrix}$$

$$= \begin{pmatrix} 2b_{n+1x} \\ (rb_n)_x + rb_{nx} \\ 2e_{n+1x} \\ (re_n)_x + re_{nx} + (u_2b_n)_x + u_2b_{nx} \end{pmatrix}$$

$$= \begin{pmatrix} 0 & 0 & 2\partial & 0 \\ 0 & 0 & 0 & \partial r + r\partial \\ 2\partial & 0 & -2\partial & 0 \\ 0 & \partial r + r\partial & 0 & \partial u_2 + u_2\partial \end{pmatrix} \begin{pmatrix} b_{n+1} + e_{n+1} \\ b_n + e_n \\ b_{n+1} \\ b_n \end{pmatrix} := J_2 Q_{n+1}. \quad (4\text{-}14)$$

由方程组 (4-13) 得到递推算子

$$L_2 = \frac{1}{2} \begin{pmatrix} -\frac{\partial^2}{2} + \partial^{-1}q\partial + q & \partial^{-1}r\partial + r & \partial^{-1}u_1\partial + u_1 & \partial^{-1}u_2\partial + u_2 \\ 2 & 0 & 0 & 0 \\ 0 & 0 & -\frac{\partial^2}{2} + \partial^{-1}q\partial + q & \partial^{-1}r\partial + r \\ 0 & 0 & 2 & 0 \end{pmatrix}$$

且满足 $Q_{n+1} = L_2 Q_n$. 于是方程族 (4-14) 可写为

$$u_t = J_2 L_2 Q_n. \tag{4-15}$$

当取 $u_1 = u_2 = 0$ 时, 方程 (4-15) 约化为 Tu 族. 由可积耦合定义知, 方程 (4-15) 是 Tu 族的另一类可积耦合, 也是 Tu 族的一类扩展可积系统.

4.2 矩阵李代数的扩展与可积耦合

本节通过构造一个新的李代数给出生成双可积耦合的另一类方法, 并给出其应用例子. 下面就由方矩阵李代数生成的谱矩阵的表示形式, 给出相应李代数的大致分类.

第 1 类李代数对应的谱矩阵为

$$\overline{U} = \begin{pmatrix} U & U_{a1} & \cdots & U_{av} \\ 0 & U & \cdots & 0 \\ \vdots & \ddots & \ddots & \vdots \\ 0 & \cdots & 0 & U \end{pmatrix}. \tag{4-16}$$

第 2 类李代数对应的谱矩阵为

$$\overline{U} = \begin{pmatrix} U_{11} & U_{12} & \cdots & U_{1n} \\ 0 & U_{22} & \cdots & U_{2n} \\ \vdots & \vdots & & \vdots \\ 0 & 0 & \cdots & U_{nn} \end{pmatrix}, \tag{4-17}$$

这里 $U, U_{a1}, \cdots, U_{av}, U_{ij}$ 都是方阵. 在矩阵 (4-17) 中主对角线上的方阵一般不同.

4.1 节中李代数 G_1 对应的谱矩阵就是矩阵 (4-1), 李代数 G_2 对应的就是矩阵 (4-2). 设

$$\overline{U} = ag_1 + bg_2 + cg_3 + dg_4 + eg_5 + hg_6,$$

则

$$\overline{U} = \begin{pmatrix} a & b & d & e \\ c & -a & h & -d \\ 0 & 0 & a & b \\ 0 & 0 & c & -a \end{pmatrix}.$$

再设

$$\overline{U} = ae_1 + be_2 + ce_3 + de_4 + he_5,$$

则有

$$\overline{U} = \begin{pmatrix} a & b & d \\ c & -a & h \\ 0 & 0 & 0 \end{pmatrix}.$$

如果我们构造的李代数的对应谱矩阵是系统 (4-1) 形式时, 通过选取适当的 Lax 对所得到的可积耦合方程族的 Hamilton 结构可用二次型恒等式求出; 若李代数对应的谱矩阵是矩阵(4-2), 则由屠格式得到的可积耦合方程族的 Hamilton 结构无法求出. 由此给我们指明了一个构造李代数的方向, 力求使所得可积耦合的 Hamilton 结构能由二次型恒等式求出.

张玉峰等[46] 构造了如下一个高维李代数

$$G = \mathrm{span}\{e_1, e_2, e_3, e_4, e_5, e_6\},$$

4.2 矩阵李代数的扩展与可积耦合

其中

$$\begin{cases} e_1 = \begin{pmatrix} 1 & 0 & 0 & 0 & 0 & 0 \\ 0 & -1 & 0 & 0 & 0 & 0 \\ 0 & 0 & 1 & 0 & 0 & 0 \\ 0 & 0 & 0 & -1 & 0 & 0 \\ 0 & 0 & 0 & 0 & 1 & 0 \\ 0 & 0 & 0 & 0 & 0 & -1 \end{pmatrix}, \quad e_2 = \begin{pmatrix} 0 & 0 & 0 & 0 & 0 & 0 \\ 0 & 0 & 0 & 0 & 0 & 0 \\ 0 & 0 & 0 & 0 & 0 & 0 \\ 0 & 0 & 0 & 0 & 0 & 0 \\ 0 & 0 & 0 & 0 & 0 & 1 \\ 0 & 0 & 0 & 0 & 0 & 0 \end{pmatrix}, \\ e_3 = \begin{pmatrix} 0 & 0 & 0 & 0 & 0 & 0 \\ 0 & 0 & 0 & 0 & 0 & 0 \\ 0 & 0 & 0 & 0 & 0 & 0 \\ 0 & 0 & 0 & 0 & 0 & 0 \\ 0 & 0 & 0 & 0 & 0 & 0 \\ 0 & 0 & 0 & 0 & 1 & 0 \end{pmatrix}, \quad e_4 = \begin{pmatrix} 0 & 1 & 0 & 0 & 0 & 0 \\ 0 & 0 & 0 & 0 & 0 & 0 \\ 0 & 0 & 0 & 1 & 0 & 0 \\ 0 & 0 & 0 & 0 & 0 & 0 \\ 0 & 0 & 0 & 0 & 0 & 0 \\ 0 & 0 & 0 & 0 & 0 & 0 \end{pmatrix}, \\ e_5 = \begin{pmatrix} 0 & 0 & 0 & 0 & 0 & 0 \\ 1 & 0 & 0 & 0 & 0 & 0 \\ 0 & 0 & 0 & 0 & 0 & 0 \\ 0 & 0 & 1 & 0 & 0 & 0 \\ 0 & 0 & 0 & 0 & 0 & 0 \\ 0 & 0 & 0 & 0 & 0 & 0 \end{pmatrix}, \quad e_6 = \begin{pmatrix} 0 & 0 & 0 & 0 & 0 & 0 \\ 0 & 0 & 0 & 0 & 0 & 0 \\ 0 & 0 & 0 & 0 & 0 & 0 \\ 0 & 0 & 0 & 0 & 0 & 0 \\ 0 & 0 & 0 & 0 & 1 & 0 \\ 0 & 0 & 0 & 0 & 0 & -1 \end{pmatrix} \end{cases}$$

其换位运算关系为

$$[e_1, e_2] = 0, \quad [e_2, e_3] = e_6, \quad [e_1, e_3] = 0, \quad [e_1, e_4] = 2e_4, \quad [e_1, e_5] = -2e_5,$$
$$[e_1, e_6] = [e_2, e_4] = [e_2, e_5] = 0, \quad [e_2, e_6] = -2e_2, \quad [e_3, e_4] = [e_3, e_5] = 0,$$
$$[e_3, e_6] = -2e_3, \quad [e_4, e_5] = e_1, \quad [e_4, e_6] = [e_5, e_6] = 0.$$

可将李代数 G 扩展为李代数 $G' = \text{span}\{e_1, \cdots, e_{14}\}$,其中 $e_1, \cdots, e_6$ 与 G 中的元素相同,

$$e_7 = \begin{pmatrix} 0 & 0 & 0 & 0 & 0 & 1 \\ 0 & 0 & 0 & 0 & 0 & 0 \\ 0 & 0 & 0 & 0 & 0 & 0 \\ 0 & 0 & 0 & 0 & 0 & 0 \\ 0 & 0 & 0 & 0 & 0 & 0 \\ 0 & 0 & 0 & 0 & 0 & 0 \end{pmatrix}, \quad e_8 = \begin{pmatrix} 0 & 0 & 0 & 0 & 0 & 0 \\ 0 & 0 & 0 & 0 & 0 & 1 \\ 0 & 0 & 0 & 0 & 0 & 0 \\ 0 & 0 & 0 & 0 & 0 & 0 \\ 0 & 0 & 0 & 0 & 0 & 0 \\ 0 & 0 & 0 & 0 & 0 & 0 \end{pmatrix},$$

$$e_9 = \begin{pmatrix} 0 & 0 & 0 & 0 & 0 & 0 \\ 0 & 0 & 0 & 0 & 1 & 0 \\ 0 & 0 & 0 & 0 & 0 & 0 \\ 0 & 0 & 0 & 0 & 0 & 0 \\ 0 & 0 & 0 & 0 & 0 & 0 \\ 0 & 0 & 0 & 0 & 0 & 0 \end{pmatrix}, \quad e_{10} = \begin{pmatrix} 0 & 0 & 0 & 0 & 1 & 0 \\ 0 & 0 & 0 & 0 & 0 & 0 \\ 0 & 0 & 0 & 0 & 0 & 0 \\ 0 & 0 & 0 & 0 & 0 & 0 \\ 0 & 0 & 0 & 0 & 0 & 0 \\ 0 & 0 & 0 & 0 & 0 & 0 \end{pmatrix},$$

$$e_{11} = \begin{pmatrix} 0 & 0 & 0 & 0 & 0 & 0 \\ 0 & 0 & 0 & 0 & 0 & 0 \\ 0 & 0 & 0 & 0 & 1 & 0 \\ 0 & 0 & 0 & 0 & 0 & 0 \\ 0 & 0 & 0 & 0 & 0 & 0 \\ 0 & 0 & 0 & 0 & 0 & 0 \end{pmatrix}, \quad e_{12} = \begin{pmatrix} 0 & 0 & 0 & 0 & 0 & 0 \\ 0 & 0 & 0 & 0 & 0 & 0 \\ 0 & 0 & 0 & 0 & 0 & 0 \\ 0 & 0 & 0 & 0 & 0 & 1 \\ 0 & 0 & 0 & 0 & 0 & 0 \\ 0 & 0 & 0 & 0 & 0 & 0 \end{pmatrix},$$

$$e_{13} = \begin{pmatrix} 0 & 0 & 0 & 0 & 0 & 0 \\ 0 & 0 & 0 & 0 & 0 & 0 \\ 0 & 0 & 0 & 0 & 0 & 1 \\ 0 & 0 & 0 & 0 & 0 & 0 \\ 0 & 0 & 0 & 0 & 0 & 0 \\ 0 & 0 & 0 & 0 & 0 & 0 \end{pmatrix}, \quad e_{14} = \begin{pmatrix} 0 & 0 & 0 & 0 & 0 & 0 \\ 0 & 0 & 0 & 0 & 0 & 0 \\ 0 & 0 & 0 & 0 & 0 & 0 \\ 0 & 0 & 0 & 0 & 1 & 0 \\ 0 & 0 & 0 & 0 & 0 & 0 \\ 0 & 0 & 0 & 0 & 0 & 0 \end{pmatrix},$$

换位运算为

$[e_i, e_j] = 0 \, (7 \leqslant i, j \leqslant 14)$, $\quad [e_1, e_7] = e_7$, $\quad [e_2, e_7] = [e_3, e_7] = 0$, $\quad [e_4, e_7] = -e_{10}$,

$[e_5, e_7] = e_8$, $\quad [e_6, e_7] = e_7$, $\quad [e_1, e_8] = -e_8$, $\quad [e_2, e_8] = 0$, $\quad [e_3, e_8] = -e_9$,

$[e_4, e_8] = e_7$, $\quad [e_5, e_8] = 0$, $\quad [e_6, e_8] = e_8$, $\quad [e_7, e_8] = 0$, $\quad [e_1, e_9] = -e_9$,

$[e_2, e_9] = -e_8$, $\quad [e_3, e_9] = 0$, $\quad [e_4, e_9] = e_{10}$, $\quad [e_5, e_9] = 0$, $\quad [e_6, e_9] = -e_9$,

$[e_7, e_9] = [e_8, e_9] = 0$, $\quad [e_1, e_{10}] = e_{10}$, $\quad [e_2, e_{10}] = -e_7$, $\quad [e_3, e_{10}] = [e_4, e_{10}] = 0$,

$[e_5, e_{10}] = e_9$, $\quad [e_6, e_{10}] = -e_{10}$, $\quad [e_7, e_{10}] = [e_8, e_{10}] = [e_9, e_{10}] = 0$,

$[e_1, e_{11}] = e_{11}$, $\quad [e_2, e_{11}] = -e_{13}$, $\quad [e_3, e_{11}] = [e_4, e_{11}] = 0$, $\quad [e_5, e_{11}] = e_{14}$,

$[e_6, e_{11}] = -e_{11}$, $\quad [e_1, e_{12}] = -e_{12}$, $\quad [e_2, e_{12}] = 0$, $\quad [e_3, e_{12}] = -e_{14}$, $\quad [e_4, e_{12}] = e_{13}$,

$[e_5, e_{12}] = 0$, $\quad [e_6, e_{12}] = e_{12}$, $\quad [e_{11}, e_{12}] = 0$, $\quad [e_1, e_{13}] = e_{13}$, $\quad [e_2, e_{13}] = 0$,

$[e_3, e_{13}] = -e_{11}$, $\quad [e_4, e_{13}] = 0$, $\quad [e_5, e_{13}] = e_{12}$, $\quad [e_6, e_{13}] = e_{13}$, $\quad [e_1, e_{14}] = -e_{14}$,

$[e_2, e_{14}] = -e_{12}$, $\quad [e_3, e_{14}] = 0$, $\quad [e_4, e_{14}] = e_{11}$, $\quad [e_5, e_{14}] = 0$, $\quad [e_6, e_{14}] = -e_{14}$,

$[e_{11}, e_{13}] = [e_{11}, e_{14}] = [e_{12}, e_{14}] = [e_{13}, e_{14}] = 0$.

4.2 矩阵李代数的扩展与可积耦合

设 $a = \sum_{i=1}^{14} a_i e_i$，则 $a = \begin{pmatrix} U & 0 & U_{a_2} \\ 0 & U & U_{a_3} \\ 0 & 0 & U_{a_4} \end{pmatrix}$，其中

$$U = \begin{pmatrix} a_1 & a_4 \\ a_5 & -a_1 \end{pmatrix}, \quad U_{a_2} = \begin{pmatrix} a_{10} & a_7 \\ a_9 & a_8 \end{pmatrix},$$

$$U_{a_3} = \begin{pmatrix} a_{11} & a_{13} \\ a_{14} & a_{12} \end{pmatrix}, \quad U_{a_4} = \begin{pmatrix} a_6 & a_2 \\ a_3 & -a_6 \end{pmatrix}.$$

若记 $G_1 = \text{span}\{e_7, e_8, \cdots, e_{14}\}$，则有关系

$$G' = G \oplus G_1, \quad [G, G_1] \subset G_1.$$

这是生成可积耦合的关键.

考虑线性空间 $R^{11} = \{a = (a_1, \cdots, a_{11})^{\text{T}}, a_i \in R\}$, 对于 $\forall a = \sum_{i=1}^{14} a_i e_i$, $b = \sum_{i=1}^{14} b_i e_i$, 根据李代数 G' 来定义 R^{11} 中元素的换位关系

$$[a,b] = \begin{pmatrix} a_4 b_5 - a_5 b_4, 2a_1 b_4 - 2a_4 b_1, 2a_5 b_1 - 2a_1 b_5, a_1 b_7 - a_7 b_1 + a_4 b_8 - a_8 b_4 \\ a_8 b_1 - a_1 b_8 + a_5 b_7 - a_7 b_5, a_9 b_1 - a_1 b_9 + a_5 b_{10} - a_{10} b_5 \\ a_1 b_{10} - a_{10} b_1 + a_4 b_9 - a_9 b_4, a_1 b_{11} - a_{11} b_1 + a_4 b_{14} - a_{14} b_4 \\ a_{12} b_1 - a_1 b_{12} + a_5 b_{13} - a_{13} b_5, a_1 b_{13} - a_{13} b_1 + a_4 b_{12} - a_{12} b_4 \\ a_{14} b_1 - a_1 b_{14} + a_5 b_{11} - a_{11} b_5 \end{pmatrix}$$

容易验证 R^{11} 是一个李代数.

定义李代数 G' 的 loop 代数为

$$\widetilde{G'} = \text{span}\{e_i(n)\}_{i=1}^{14},$$

其中

$$e_i(n) = e_i \lambda^n, \quad [e_i(m), e_j(n)] = [e_i, e_j] \lambda^{m+n}, \quad 1 \leqslant i, j \leqslant 14.$$

考虑等谱问题[44]

$$\begin{cases} \phi_x = U\phi, \\ U = e_1(0) + qe_4(0) + (\alpha + \beta\lambda)\gamma e_5(0) + u_1 e_7(0) + u_2 e_8(0) + u_3 e_9(0) \\ \quad + u_4 e_{10}(0) + w_1 e_{11}(0) + w_2 e_{12}(0) + w_3 e_{13}(0) + w_4 e_{14}(0), \end{cases} \quad (4\text{-}18)$$

记

$$V(-m) = \sum_{m \geqslant 0} (a_m V_1(-m) + b_m V_4(-m) + (\alpha + \beta\lambda) c_m V_5(-m) + d_m V_7(-m)$$
$$+ e_m V_8(-m) + f_m V_9(-m) + h_m V_{10}(-m) + \overline{d}_m V_{11}(-m) + \overline{e}_m V_{12}(-m)$$
$$+ \overline{f}_m V_{13}(-m) + \overline{h}_m V_{14}(-m)).$$

方程 $V_x = [U, V]$ 对于 V 的一个解等价于下列方程组

$$\begin{cases} a_{mx} = \alpha q c_m + \beta q c_{m+1} - \alpha r b_m - \beta r b_{m+1}, \\ 2b_{m+1} = b_{mx} + 2qa_m, \\ \alpha c_{mx} + \beta c_{m+1x} = -2\alpha c_{m+1} - 2\beta c_{m+2} + 2\alpha r a_m + 2\beta r a_{m+1}, \\ d_{m+1} = d_{mx} - qe_m + u_1 a_m + u_2 b_m, \\ e_{m+1} = -e_{mx} + \alpha r d_m + \beta r d_{m+1} - \alpha u_1 c_m - \beta u_1 c_{m+1} + u_2 a_m, \\ f_{m+1} = -f_{mx} + \alpha r h_m + \beta r h_{m+1} + u_3 a_m - \alpha u_4 c_m - \beta u_4 c_{m+1}, \\ h_{m+1} = h_{mx} - qf_m + u_3 b_m + u_4 a_m, \\ \overline{d}_{m+1} = \overline{d}_{mx} - q\overline{h}_m + w_1 a_m, \\ \overline{e}_{m+1} = -\overline{e}_{mx} + \alpha r \overline{f}_m + \beta r \overline{f}_m + w_2 a_m - \alpha w_3 c_m - \beta w_3 c_{m+1}, \\ \overline{f}_{m+1} = \overline{f}_{mx} - q\overline{e}_m + w_2 b_m + w_3 a_m, \\ \overline{h}_{m+1} = -\overline{h}_{mx} + \alpha r \overline{d}_m + \beta r \overline{d}_m - \alpha w_1 c_m - \beta w_1 c_m + w_4 a_m. \end{cases} \quad (4\text{-}19)$$

记

$$V_+^{(n)} = \sum_{m=0}^{n} V(n-m) = \lambda^n V - V_-^{(n)},$$

则直接计算可知

$$-V_{+x}^{(n)} + \left[U, V_+^{(n)}\right] = (-\beta c_{n+1x} + 2\alpha c_{n+1} + 2\beta c_{n+2} - 2\beta r a_{n+1}) V_5(0) + 2\beta c_{n+1} V_5(1)$$
$$- 2b_{n+1} V_4(0) - d_{n+1} V_7(0) + (e_{n+1} - \beta r d_{n+1} + \beta u_1 c_{n+1}) V_8(0)$$
$$+ (f_{n+1} - \beta r h_{n+1} + \beta u_4 c_{n+1}) V_9(0) - h_{n+1} V_{10}(0) - d_{n+1} V_{11}(0)$$
$$+ \left(\overline{e}_{n+1} - \beta r \overline{f}_{n+1} + \beta w_3 c_{n+1}\right) V_{12}(0) - \overline{f}_{n+1} V_{13}(0)$$
$$+ \left(\overline{h}_{n+1} - \beta r \overline{d}_{n+1} + \beta w_1 c_{n+1}\right) V_{14}(0).$$

取 $V^{(n)} = V_+^{(n)} + kV_1(0)$, 则有

$$-V_x^{(n)} + \left[U, V^{(n)}\right] = -(2b_{n+1} + 2qk) V_4(0) + (\beta c_{n+1x} + 2\alpha c_{n+1} + 2\beta c_{n+2}$$
$$- 2\beta r a_{n+1} + 2\alpha kr)V_5(0) + (2\beta c_{n+1} + 2\beta kr) V_5(1)$$
$$- (d_{n+1} + u_1 k) V_7(0) + (e_{n+1} - \beta r d_{n+1} + \beta u_1 c_{n+1}$$

4.2 矩阵李代数的扩展与可积耦合

$$
\begin{aligned}
&+ u_2 k) V_8(0) + (f_{n+1} - \beta r h_{n+1} + \beta u_4 c_{n+1} + u_3 k) V_9(0) \\
&- (h_{n+1} + u_4 k) V_{10}(0) - (d_{n+1} + w_1 k) V_{11}(0) \\
&+ (\bar{e}_{n+1} - \beta r \bar{f}_{n+1} + \beta w_3 c_{n+1} + w_2 k) V_{12}(0) \\
&- (\bar{f}_{n+1} + w_3 k) V_{13}(0) + (\bar{h}_{n+1} - \beta r \bar{d}_{n+1} \\
&+ \beta w_1 c_{n+1} + w_4 k) V_{14}(0).
\end{aligned}
$$

于是, 零曲率方程 $U_t = V_x^{(n)} - [U, V^{(n)}]$ 导出如下可积方程族

$$
u_t = (q, r, u_1, u_2, u_3, u_4, w_1, w_2, w_3, w_4)^{\mathrm{T}}
= \begin{pmatrix}
2b_{n+1} + 2qk \\
-2c_{n+1} - 2rk \\
d_{n+1} + u_1 k \\
-e_{n+1} + \beta r d_{n+1} - \beta u_1 c_{n+1} - u_2 k \\
-f_{n+1} + \beta r h_{n+1} - \beta u_4 c_{n+1} - u_3 k \\
h_{n+1} + u_4 k \\
\bar{d}_{n+1} + w_1 k \\
-\bar{e}_{n+1} + \beta r \bar{f}_{n+1} - \beta w_3 c_{n+1} - w_2 k \\
\bar{f}_{n+1} + w_3 k \\
-\bar{h}_{n+1} + \beta r \bar{d}_{n+1} - \beta w_1 c_{n+1} - w_4 k
\end{pmatrix}, \quad (4\text{-}20)
$$

其中 $k = k(x,t)$ 是任意光滑函数.

当取 $u_i = w_i = 0\,(i = 1,2,3,4)$ 时, 方程族 (4-20) 约化为著名的 AKNS 方程族. 从方程族 (4-20) 知,

$$u_t = (q, r, u_1, u_2, u_3)^{\mathrm{T}}, \quad u_t = (q, r, w_1, w_2, w_3)^{\mathrm{T}}$$

为 AKNS 族的双可积耦合. 原因是, 对于

$$G_{11} = \mathrm{span}\{V_7, V_8, V_9, V_{10}\}, \quad G_{12} = \mathrm{span}\{V_{11}, V_{12}, V_{13}, V_{14}\},$$

有

$$G_1 = G_{11} \oplus G_{12}, \quad [G, G_{11}] \subset G_{11}, \quad [G, G_{12}] \subset G_{12}. \quad (4\text{-}21)$$

于是, $G' = G \oplus G_{11} \oplus G_{12}, G_{11}$ 与 G_{12} 是李代数 G 的两个半单理想子代数. 式 (4-21) 表明, 若由李代数 G 对应的 loop 代数 $\widetilde{G}$, 利用屠格式生成的可积系统为

$$U_t - V_x^{(n)} + [U, V^{(n)}] = 0. \quad (4\text{-}22)$$

由 $\tilde{G}_{11}$ 生成的可积系统为

$$U_{1t} - V_{1x}^{(n)} + \left[U_1, V_1^{(n)}\right] = 0,$$

则有

$$[G, G_{11}] \subset G_{12} \Rightarrow \begin{cases} U_t - V_x^{(n)} + [U, V^{(n)}] = 0, \\ U_{1t} - V_{1x}^{(n)} + \left[U_1, V_1^{(n)}\right] = 0. \end{cases} \quad (4\text{-}23)$$

类似地, 有

$$[G, G_{12}] \subset G_{12} \Rightarrow \begin{cases} U, U_t - V_x^{(n)} + [U, V^{(n)}] = 0, \\ U_{2t} - V_{2x}^{(n)} + \left[U_2, V_2^{(n)}\right] = 0. \end{cases} \quad (4\text{-}24)$$

于是, 方程 (4-23) 与方程 (4-24) 为方程族 (4-22) 的双可积耦合.

4.3 李代数 sl(3, R) 及其诱导李代数

Fordy 和 Gibbons[47] 曾探讨过某些特殊的三阶 Lax 算子的分解, 重点集中在 Miura 变换和与之相关联的修正方程. 在文献 [48] 中, 讨论了著名的 Boussinesq 方程的散射算子, 通过将该算子分解, 衍生出一个 3×3 的矩阵散射问题, 其中的矩阵均属于李代数 sl(3, R).

本节首先引入了一个 3×3 李代数 H, 将其分解为一些其他形式的矩阵, 进而通过线性组合得出一个新的李代数并称其为诱导李代数, 而它的简化即为 Fordy 和 Gibbons 所给出的李代数. 作为这个诱导李代数的应用, 得到了扩展 Boussinesq 方程族和一个新的扩展可积 KdV 方程族. 作为李代数 H 的应用, 得出了著名的 AKNS 方程族的一个新的可积耦合.

考虑李代数 sl(3, R) 的子代数 H[62]

$$H = \text{span}\{h_1, h_2, h_3, h_4, h_5\},$$

其中

$$h_1 = \begin{pmatrix} 1 & 0 & 1 \\ 0 & -2 & 0 \\ 1 & 0 & 1 \end{pmatrix}, \quad h_2 = \begin{pmatrix} 0 & 1 & 0 \\ 1 & 0 & 1 \\ 0 & 1 & 0 \end{pmatrix}, \quad h_3 = \begin{pmatrix} 0 & -1 & 0 \\ 1 & 0 & 1 \\ 0 & -1 & 0 \end{pmatrix},$$

$$h_4 = \begin{pmatrix} -1 & 0 & 1 \\ 1 & 0 & -1 \\ -1 & 0 & 1 \end{pmatrix}, \quad h_5 = \begin{pmatrix} -1 & 0 & 1 \\ -1 & 0 & 1 \\ -1 & 0 & 1 \end{pmatrix},$$

4.3 李代数 sl(3, R) 及其诱导李代数

换位运算为

$$[h_1, h_2] = -4h_3, \quad [h_1, h_3] = -4h_2, \quad [h_1, h_4] = 2h_5, \quad [h_1, h_5] = 2h_4,$$
$$[h_2, h_3] = 2h_1, \quad [h_2, h_4] = \frac{h_5 - 3h_4}{2}, \quad [h_2, h_5] = \frac{-h_4 + 3h_5}{2},$$
$$[h_3, h_4] = [h_3, h_5] = [h_4, h_5] = 0.$$

记 $H_1 = \text{span}\{h_1, h_2, h_3\}, H_2 = \text{span}\{h_4, h_5\}$, 于是, 有

$$H = H_1 \oplus H_2, \quad [H_1, H_2] \subset H_2,$$

这是产生可积耦合的关键. 这里 $[H_2, H_2] \subset H_2$ 与文献 [49] $\sim$ [52] 所提到的李代数不同, 实际上这是李代数 H 的第一个特征. 它的第二个特征是它能够产生 Fordy 和 Gibbons[47] 给出的李代数.

先将 H 进行分解然后作如下线性组合

$$h_1 = \begin{pmatrix} 1 & 0 & 0 \\ 0 & -2 & 0 \\ 0 & 0 & 1 \end{pmatrix} + \begin{pmatrix} 0 & 0 & 1 \\ 0 & 0 & 0 \\ 1 & 0 & 0 \end{pmatrix} := h_{11} + h_{12},$$

其中

$$h_{11} = \begin{pmatrix} 1 & 0 & 0 \\ 0 & -2 & 0 \\ 0 & 0 & 1 \end{pmatrix}, \quad h_{12} = \begin{pmatrix} 0 & 0 & 1 \\ 0 & 0 & 0 \\ 1 & 0 & 0 \end{pmatrix}.$$

类似地, 有

$$h_3 = \begin{pmatrix} 0 & 0 & 0 \\ 1 & 0 & 0 \\ 0 & -1 & 0 \end{pmatrix} - \begin{pmatrix} 0 & 1 & 0 \\ 0 & 0 & -1 \\ 0 & 0 & 0 \end{pmatrix} := h_{31} - h_{32},$$

$$h_2 + h_{12} = \begin{pmatrix} 0 & 1 & 0 \\ 0 & 0 & 1 \\ 1 & 0 & 0 \end{pmatrix} + \begin{pmatrix} 0 & 0 & 1 \\ 1 & 0 & 0 \\ 0 & 1 & 0 \end{pmatrix} := h_{21} + h_{22},$$

$$h_4 + h_5 = \begin{pmatrix} -2 & 0 & 2 \\ 0 & 0 & 0 \\ -2 & 0 & 2 \end{pmatrix} = -2\begin{pmatrix} 1 & 0 & 0 \\ 0 & 0 & 0 \\ 0 & 0 & -1 \end{pmatrix} - 2\begin{pmatrix} 0 & 0 & -1 \\ 0 & 0 & 0 \\ 1 & 0 & 0 \end{pmatrix}$$

$$:= -2h_{45,1} - 2h_{45,2},$$

$$2h_{12} - h_2 = \begin{pmatrix} 0 & -1 & 0 \\ 0 & 0 & -1 \\ 2 & 0 & 0 \end{pmatrix} + \begin{pmatrix} 0 & 0 & 2 \\ -1 & 0 & 0 \\ 0 & -1 & 0 \end{pmatrix} := h_{12,1} + h_{12,2}.$$

记

$$R_1 = h_{21}, \quad R_2 = h_{45,1}, \quad R_3 = h_{12,1}, \quad R_4 = h_{31}, \quad R_5 = h_{11},$$
$$R_6 = h_{32}, \quad R_7 = h_{12,2}, \quad R_8 = h_{22}, \quad R_9 = h_{45,2}.$$

并注意到 $R = \text{span}\{R_1, R_2, \cdots, R_9\}$. 定义

$$[a, b] = ab - ba, \quad \forall a, b \in R,$$

从而

$$[R_1, R_2] = R_3, \quad [R_1, R_3] = 3R_4, \quad [R_1, R_4] = R_5, \quad [R_1, R_5] = -3R_6,$$
$$[R_1, R_6] = -R_7, \quad [R_1, R_7] = -3R_2, \quad [R_1, R_8] = 0, \quad [R_1, R_9] = R_2 + R_4,$$
$$[R_2, R_3] = -2R_1 - R_3, \quad [R_2, R_4] = -R_4, \quad [R_2, R_5] = 0, \quad [R_2, R_6] = R_6,$$
$$[R_2, R_7] = R_7 + 2R_8, \quad [R_2, R_8] = R_7, \quad [R_2, R_9] = -\frac{2}{3}(R_1 + R_3 + R_7 + R_8),$$
$$[R_3, R_4] = -R_5, \quad [R_3, R_5] = 3R_6, \quad [R_3, R_6] = 2R_8, \quad [R_3, R_7] = -3R_2,$$
$$[R_3, R_8] = -3R_2, \quad [R_3, R_9] = 2R_2 - R_4, \quad [R_4, R_5] = 2R_8 - R_7,$$
$$[R_4, R_6] = -R_2, \quad [R_4, R_7] = 2R_1, \quad [R_4, R_8] = -R_3, \quad [R_5, R_6] = 2R_1 - R_3,$$
$$[R_5, R_7] = 3R_4, \quad [R_5, R_8] = -3R_4, \quad [R_5, R_9] = 0, \quad [R_6, R_7] = -R_5,$$
$$[R_6, R_8] = R_5, \quad [R_7, R_8] = 3R_6, \quad [R_7, R_9] = 2R_2 - R_6, \quad [R_8, R_9] = R_2 + R_6.$$

称 R 是李代数 H 的诱导李代数.

下面将讨论李代数 R 和 H 的一些应用. 首先考虑李代数 R 的应用.

设 loop 代数 $\tilde{R}$ 为

$$\tilde{R} = \text{span}\{R_1(n), R_2(n), \cdots, R_9(n)\},$$

其中

$$R_i(n) = R_i \lambda^n, \quad [R_i(m), R_j(n)] = [R_i, R_j]\lambda^{m+n}, \quad 1 \leqslant i, j \leqslant 9, \quad m, n \in \mathbf{Z}.$$

扩展 Fordy 和 Gibbons 在文献 [48] 中给出的等谱问题[62]

$$\begin{cases} \phi_x = U\psi, \\ U = R_1(1) + u^2 R_2(0) + u^3 R_3(0) + u^4 R_4(0) + u^5 R_5(0) + u^6 R_6(0) + u^7 R_7(0), \end{cases}$$
(4-25)

4.3 李代数 sl(3, R) 及其诱导李代数

其中 $u^2, u^3, u^4, u^5, u^6, u^7$ 为 x, t 相关的光滑函数.

考虑如下形式的时间发展式

$$\begin{cases} \psi_t = V\psi, \\ V = \sum_{m \geqslant 0} (a_m R_1(-m) + b_m R_2(-m) + c_m R_3(-m) + d_m R_4(-m) \\ \quad + f_m R_5(-m) + h_m R_6(-m) + p_m R_7(-m) + q_m R_8(-m)). \end{cases} \quad (4\text{-}26)$$

如果方程 (4-25) 和方程 (4-26) 满足相容性条件, 则

$$\partial U_t - \partial V + [U, V] = 0. \quad (4\text{-}27)$$

由基 $\{R_i(n)\}$ 可知, 方程 (4-27) 变为

$$\partial_t u^k - \partial A^k + u^i u^j c_{ij}^k = 0, \quad (4\text{-}28)$$

其中 A 表示 $a_m, b_m, c_m, d_m, f_m, h_m, p_m, q_m$ 之一, 而 c_{ij}^k 是李代数 sl(3, R) 在给定基 $\{R_i\}$ 下的结构常数. 方程 (4-27) 的静态形式等价于如下递推关系

$$\begin{cases} a_{mx} = -2u^2 c_m + 2u^3 b_m + 2u^4 p_m + 2u^5 h_m - 2u^6 f_m - 2u^7 d_m, \\ b_{mx} = -3p_{m+1} - 3u^3 p_m - 3u^3 q_m - u^4 h_m + u^6 d_m + 3u^7 a_m + 3u^7 c_m, \\ c_{mx} = b_{m+1} - u^2 a_m - u^2 c_m + u^3 b_m - u^4 q_m - u^5 h_m + u^6 f_m, \\ d_{mx} = 3c_{m+1} - u^2 d_m - 3u^3 a_m + u^4 b_m + 3u^5 q_m - 3u^5 q_m - 3u^7 f_m, \\ f_{mx} = d_{mx} - u^3 d_m - u^4 a_m + u^4 c_m - u^6 p_m + u^6 q_m + u^7 h_m, \\ h_{mx} = -3f_{m+1} + u^2 h_m + 3u^3 f_m + 3u^5 a_m - 3u^5 c_m - u^6 b_m + 3u^7 q_m, \\ p_{mx} = -h_{m+1} + u^2 p_m + u^2 q_m - u^4 f_m + u^5 d_m + u^6 a_m - u^7 b_m, \\ q_{mx} = 2u^2 p_m + 2u^3 h_m + 2u^4 f_m - 2u^5 d_m - 2u^6 c_m - 2u^7 b_m. \end{cases} \quad (4\text{-}29)$$

为了应用屠格式, 记

$$\begin{aligned} V_+^{(n)} &= \sum_{m=0}^{n} (a_m R_1(-m) + b_m R_2(-m) + c_m R_3(-m) \\ &\quad + d_m R_4(-m) + f_m R_5(-m) + h_m R_6(-m) \\ &\quad + p_m R_7(-m) + q_m R_8(-m))\lambda^n = \lambda^n V - V_-^{(n)}, \end{aligned}$$

可以计算出

$$\begin{aligned} -V_{+x}^{(n)} + [U, V_+^{(n)}] &= -b_{n+1} R_3(0) - 3c_{n+1} R_4(0) - d_{n+1} R_5(0) \\ &\quad + 3f_{n+1} R_6(0) + h_{n+1} R_7(0) + 3p_{n+1} R_2(0). \end{aligned}$$

取 $V^{(n)} = V_+^{(n)}$, 由零曲率方程

$$U_t - V_x^{(n)} + [U, V^{(n)}] = 0, \quad (4\text{-}30)$$

得出

$$u_{t_n} = \begin{pmatrix} u^2 \\ u^3 \\ u^4 \\ u^5 \\ u^6 \\ u^7 \end{pmatrix}_{t_n} = \begin{pmatrix} -3p_{n+1} \\ b_{n+1} \\ 3c_{n+1} \\ d_{n+1} \\ -3f_{n+1} \\ -h_{n+1} \end{pmatrix}$$

$$= \begin{pmatrix} 0 & -\frac{1}{2} & 0 & 0 & 0 & 0 \\ \frac{1}{2} & 0 & 0 & 0 & 0 & 0 \\ 0 & 0 & 0 & 0 & 0 & \frac{1}{2} \\ 0 & 0 & 0 & 0 & \frac{1}{2} & 0 \\ 0 & 0 & 0 & -\frac{1}{2} & 0 & 0 \\ 0 & 0 & -\frac{1}{2} & 0 & 0 & 0 \end{pmatrix} \begin{pmatrix} 2b_{n+1} \\ 6p_{n+1} \\ 2h_{n+1} \\ 6f_{n+1} \\ 2d_{n+1} \\ 6c_{n+1} \end{pmatrix} := J \begin{pmatrix} 2b_{n+1} \\ 6p_{n+1} \\ 2h_{n+1} \\ 6f_{n+1} \\ 2d_{n+1} \\ 6c_{n+1} \end{pmatrix}, \quad (4\text{-}31)$$

其中 J 是 Hamilton 算子. 令

$$b_0 = c_0 = d_0 = f_0 = h_0 = p_0 = q_0 = 0, \quad a_0 = \alpha = \text{const}.$$

由方程 (4-29) 得出

$$a_1 = a_1(t), \quad b_1 = \alpha u^2, \quad c_1 = \alpha u^3, \quad d_1 = \alpha u^4, \quad f_1 = \alpha u^5, \quad h_1 = \alpha u^6,$$

$$q_1 = q_1(t), \quad a_2 = -\frac{2\alpha}{3}u^2 u^4 + \alpha(u^3)^2 - 2\alpha u^5 u^7 + \frac{\alpha}{3}(u^6)^2,$$

$$b_2 = \alpha u_x^3 + u^2 a_1(t) + u^4 q_1(t), \quad c_2 = \frac{\alpha}{3}u_x^4 + u^3 a_1(t) + u^5 q_1(t),$$

$$d_2 = \alpha u_x^5 + u^4 a_1(t) - u^6 q_1(t), \quad f_2 = -\frac{\alpha}{3}u_x^6 + u^5 a_1(t) + u^7 q_1(t),$$

$$h_2 = -\alpha u_x^7 + u^2 q_1(t) + u^6 a_1(t), \quad p_2 = -\frac{\alpha}{3}u_x^2 - u^3 q_1(t) + u^7 a_1(t),$$

$$q_2 = -\frac{\alpha}{3}(u^2)^2 - 2\alpha u^3 u^7 - \frac{2\alpha}{3}u^4 u^6 - \alpha(u^5)^2,$$

若方程 (4-31) 中, 取 $n = 2$, 可得到一系列简化方程

$$u_{t_2}^2 = \alpha u_{xx}^3 - \alpha u^2 u_x^2 - \alpha u^6 u_x^5 - \alpha(u^7 u^4)_x - \alpha u^3(u^2)^2 - 9\alpha(u^3)^2 u^7 - 2\alpha u^3 u^4 u^6$$
$$- 3\alpha u^3(u^5)^2 + 2\alpha u^2 u^4 u^7 + 6\alpha u^5(u^7)^2 - \alpha u^7(u^6)^2 + u_x^2 a_1(t) + [u^2 u^4 - 3u^2 u^3$$
$$+ (u^6)^2 + u_x^4 - 3u^5 u^7]q_1(t), \tag{4-32}$$

4.3 李代数 sl(3, R) 及其诱导李代数

$$u_{t_2}^3 = \frac{\alpha}{3} u_{xx}^4 + \frac{\alpha}{4} u^2 u_x^4 - \alpha u^3 u_x^3 - \alpha u^5 u_x^7 + \frac{\alpha}{3} u^6 u_x^6 - \alpha (u^2)^2 u^4 + \alpha u^2 (u^3)^2 - 2\alpha u^2 u^5 u^7$$
$$+ \frac{\alpha}{3} u^2 (u^6)^2 - 2\alpha u^3 u^4 u^7 - \frac{2\alpha}{3} (u^4)^2 u^6 - \alpha u^4 (u^5)^2 + u_x^3 a_1(t) + (2u^2 u^5 - u^3 u^4$$
$$- u^6 u^7 + u_x^5) q_1(t), \tag{4-33}$$

$$u_{t_2}^4 = \alpha u_{xx}^5 + \alpha (u^2 u^5)_x - \alpha u^4 u_x^3 - \alpha u^7 u_x^6 - 2\alpha u^2 u^3 u^4 - 12 \alpha u^3 u^5 u^7 - \alpha u^5 (u^2)^2$$
$$+ 3\alpha (u^3)^3 - 2\alpha u^4 u^5 u^6 - 3\alpha (u^5)^3 + \alpha u^3 (u^6)^2 + u_x^4 a_1(t) + [-u_x^6 - u^2 u^6$$
$$+ 3u^5 u^3 - (u^4)^2 + 3(u^7)^2] q_1(t), \tag{4-34}$$

$$u_{t_2}^5 = -\frac{\alpha}{3} u_{xx}^6 + \alpha u^3 u_x^5 - \frac{\alpha}{3} u^4 u_x^4 - \frac{\alpha}{3} u^6 u_x^2 + \alpha u^7 u_x^7 - \frac{2\alpha}{3} u^2 (u^4)^2 + \alpha u^4 (u^3)^2$$
$$- 2\alpha u^4 u^5 u^7 + \alpha u^4 (u^6)^2 + \frac{\alpha}{3} u^6 (u^2)^2 + 2\alpha u^3 u^6 u^7 + \alpha u^6 (u^5)^2 + u_x^5 a_1(t)$$
$$+ [u_x^7 - u^4 u^5 - 2u^3 u^6 - u^2 u^7] q_1(t), \tag{4-35}$$

$$u_{t_2}^6 = -\alpha u_{xx}^7 + \alpha u^2 u_x^7 + \alpha (u^3 u^6)_x + \alpha u^5 u_x^4 + 2\alpha u^2 u^4 u^6 - 3\alpha u^5 (u^3)^2 + 9\alpha (u^5)^2 u^7$$
$$- \alpha u^5 (u^6)^2 + \alpha u^7 (u^2)^2 + 6\alpha u^3 (u^7)^2 + 2\alpha u^4 u^6 u^7 + u_x^6 a_1(t) + [u_x^2 - (u^2)^2$$
$$- 3u^3 u^7 + 3(u^5)^2 + u^4 u^6] q_1(t), \tag{4-36}$$

$$u_{t_2}^7 = -\frac{\alpha}{3} u_{xx}^2 + \frac{\alpha}{3} u^2 u_x^2 - \frac{\alpha}{3} u^4 u_x^6 - \alpha u^5 u_x^5 + \alpha u^7 u_x^3 + \frac{\alpha}{3} (u^2)^3 + 2\alpha u^2 u^3 u^7$$
$$+ \frac{4\alpha}{3} u^2 u^4 u^6 + \alpha u^2 (u^5)^2 - \alpha u^6 (u^3)^2 + 2\alpha u^5 u^6 u^7 - \frac{\alpha}{3} (u^6)^3 + u_x^7 a_1(t)$$
$$+ [u^2 u^3 + 2u^4 u^7 + u^5 u^6 - u_x^3] q_1(t), \tag{4-37}$$

其中方程 (4-32)~ 方程 (4-37) 中存在任意函数 $a_1(t)$ 和 $q_1(t)$. 这些方程与 Fordy 和 Gibbons 在文献 [48] 中得出的所谓修正 Boussinesq 方程进行比较知, 方程组 (4-31) 为扩展 Boussinesq 方程族.

对文献 [48] 中提及的修正 Boussinesq 方程的 Hamilton 结构, Fordy 与 Gibbons 是通过递推算子与其伴随矩阵衍生而来. 本节通过使用屠规彰提出的迹恒等式来得出扩展 Boussinesq 方程族 (4-31) 的 Hamilton 结构. 据此将方程 (4-25) 和方程 (4-26) 中的 Lax 矩阵重写为

$$U = \begin{pmatrix} u^2 + u^5 & \lambda - u^3 + u^6 & 2u^7 \\ u^4 - u^7 & -2u^5 & \lambda - u^3 - u^6 \\ \lambda + 2u^3 & -u^4 - u^7 & -u^2 + u^5 \end{pmatrix},$$
$$V = \begin{pmatrix} b + f & a - c + h & 2p + q \\ d - p + q & -2f & a - c - h \\ a + 2c & -d - p + q & f - b \end{pmatrix}. \tag{4-38}$$

定义运算[34]
$$\langle A, B \rangle = \operatorname{tr}(AB), \quad A, B \in \tilde{R}, \tag{4-39}$$

其中符号 tr 表示矩阵的迹. 通过方程 (4-38) 和方程 (4-39), 我们得到

$$\left\langle V, \frac{\partial U}{\partial u^2} \right\rangle = 2b, \quad \left\langle V, \frac{\partial U}{\partial u^3} \right\rangle = 6p, \quad \left\langle V, \frac{\partial U}{\partial u^4} \right\rangle = 2h, \quad \left\langle V, \frac{\partial U}{\partial u^5} \right\rangle = 6f,$$

$$\left\langle V, \frac{\partial U}{\partial u^6} \right\rangle = 2d, \quad \left\langle V, \frac{\partial U}{\partial u^7} \right\rangle = 6c, \quad \left\langle V, \frac{\partial U}{\partial \lambda} \right\rangle = 3q,$$

这里

$$b = \sum_{m \geqslant 0} b_m \lambda^{-m}, \quad p = \sum_{m \geqslant 0} p_m \lambda^{-m}, \quad h = \sum_{m \geqslant 0} h_m \lambda^{-m},$$

$$f = \sum_{m \geqslant 0} f_m \lambda^{-m}, \quad d = \sum_{m \geqslant 0} d_m \lambda^{-m}, \quad c = \sum_{m \geqslant 0} c_m \lambda^{-m}.$$

将上述结果代入迹恒等式得到

$$\frac{\delta}{\delta u}(3q) = \lambda^{-\gamma} \frac{\partial}{\partial \lambda} \lambda^{\gamma} \begin{pmatrix} 2b \\ 6p \\ 2h \\ 6f \\ 2d \\ 6c \end{pmatrix},$$

其中 $\frac{\delta}{\delta u}$ 为关于 u 的变分, γ 为待定常数. 比较等式 (4-40) 两边 λ^{-n-1} 的系数, 得到

$$\frac{\delta}{\delta u}(3q_{n+1}) = (-n + \gamma) \begin{pmatrix} 2b_n \\ 6p_n \\ 2h_n \\ 6f_n \\ 2d_n \\ 6c_n \end{pmatrix}. \tag{4-40}$$

通过在式 (4-40) 中插入初始值, 得到 $\gamma = 0$, 因而得到了可积系统 (4-31) 的 Hamilton 结构

$$u_{t_n} = JL \begin{pmatrix} 2b_n \\ 6p_n \\ 2h_n \\ 6f_n \\ 2d_n \\ 6c_n \end{pmatrix} = JL \frac{\delta H_n}{\delta u}, \tag{4-41}$$

4.3 李代数 sl(3, R) 及其诱导李代数

其中 $H_n = -\dfrac{3q_{n+1}}{n}$ 为 Hamilton 函数, L 为递推算子, 满足

$$\begin{pmatrix} 2b_{n+1} \\ 6p_{n+1} \\ 2h_{n+1} \\ 6f_{n+1} \\ 2d_{n+1} \\ 6c_{n+1} \end{pmatrix} = L \begin{pmatrix} 2b_n \\ 6p_n \\ 2h_n \\ 6f_n \\ 2d_n \\ 6c_n \end{pmatrix},$$

通过递推关系 (4-29) 很容易将 L 计算出. 如果在结构 (4-41) 中取 $n=2$, 容易计算简化的可积系统 (4-32)~(4-37) 的 Hamilton 结构.

在考虑 loop 代数 $\tilde{R}$ 之前, 先来讨论李代数 R 的结构. 由于李代数 R 的基元素之间的可交换关系, 我们看到 $\text{span}\{R_2, R_4, R_6\} := \bar{R}$ 是一个子代数.

记 $\bar{\bar{R}} = \text{span}\{R_1, R_3, R_5, R_7, R_8, R_9\}$, 于是, 李代数 R 可以被分解为 $R = \bar{R} + \bar{\bar{R}}$, 而不是半直和. 容易验证李代数 $\bar{R}$ 同构于李代数 A_1. 应用 loop 代数 $\tilde{\bar{R}}$ 引入等谱问题

$$\psi_x = U\psi, \quad U = R_4(1) - uR_4(0) + R_6(0),$$
$$\psi_t = V\psi, \quad V = \sum_{m \geqslant 0}(a_m R_2(-m) + b_m R_4(-m) + c_m R_6(-m)).$$

由相容性条件的静态零曲率方程给出

$$a_{mx} = -c_{m+1} + uc_m + b_m, \quad b_{mx} = -ua_m + a_{m+1}, \quad c_{mx} = -a_m, \tag{4-42}$$

于是有

$$c_{m+1x} = \frac{1}{2}c_{mxxx} + uc_{mx} + \frac{1}{2}u_x c_m. \tag{4-43}$$

令 $c_0 = \alpha, b_0 = 0$, 则有

$$a_0 = a_1 = 0, \quad c_1 = \frac{\alpha}{2}u, \quad c_2 = \frac{\alpha}{2}u_{xx} + \frac{5\alpha}{12}u^2, \cdots.$$

记

$$V_+^{(n)} = \sum_{m=0}^{n}(a_m R_2(n-m) + b_m R_4(n-m) + c_m R_6(n-m)).$$

容易计算得

$$-V_{+x}^{(n)} + [U, V_+^{(n)}] = c_{n+1}R_2(0) - a_{n+1}R_4(0).$$

取 $V^{(n)} = V_+^{(n)} - c_{n+1}R_4(0)$, 类似前面方法知

$$-V_x^{(n)} + [U, V^{(n)}] = 2c_{n+1x}R_4(0).$$

由等谱问题 $\psi_x = U\psi, \psi_t = V^{(n)}\psi$ 的相容性得到可积系统

$$u_t = 2c_{n+1x}, \tag{4-44}$$

这便是 KdV 演化方程族.

当取 $n = 1$ 时, 通过系统 (4-44) 得到

$$u_t = \alpha u_{xxx} + \frac{5\alpha}{3}uu_x. \tag{4-45}$$

下面给出 KdV 方程族 (4-44) 的扩展可积系统.

令

$$\begin{cases} \psi_x = U\psi, \\ U = R_4(1) - uR_4(0) + R_6(0) + u_1 R_1(0) + u_2 R_3(0) \\ \quad + u_3 R_5(0) + u_4 R_7(0) + u_5 R_8(0), \end{cases} \tag{4-46}$$

$$\begin{aligned}\psi_t =& V\psi, \\ V =& \sum_{m=0}^{\infty} (a_m R_2(-m) + b_m R_4(-m) + c_m R_6(-m) \\ & + d_m R_1(-m) + e_m R_3(-m) + f_m R_5(-m) \\ & + h_m R_7(-m) + w_m R_8(-m)).\end{aligned}$$

记

$$\begin{aligned}V_+^{(n)} =& \sum_{m=0}^{n} (a_m R_2(n-m) + b_m R_4(n-m) + c_m R_6(n-m) + d_m R_1(n-m) \\ & + e_m R_3(n-m) + f_m R_5(n-m) + h_m R_7(n-m) + w_m R_8(n-m)), \\ V^{(n)} =& V_+^{(n)} - c_{n+1} R_4(0),\end{aligned}$$

从而得出

$$\begin{cases} u_t = 2c_{n+1x} - e_{n+1}, \\ u_{1t} = 2h_{n+1} - 2u_4 c_{n+1}, \\ u_{2t} = -w_{n+1} + u_5 c_{n+1}, \\ u_{3t} = -d_{n+1} + (u_1 - u_2)c_{n+1}, \\ u_{4t} = -f_{n+1} + u_3 c_{n+1}, \\ u_{5t} = -2f_{n+1} - 2u_3 c_{n+1}. \end{cases} \tag{4-47}$$

当取 $e_n = h_n = w_n = d_n = f_n = 0, u_1 = u_2 = u_3 = u_4 = u_5 = 0$, 等式 (4-47) 简化成式 (4-31). 因此, 称其为扩展 Boussinesq 方程族的扩展可积方程族. 容易看

出等式 (4-47) 的后两式除常数的不同外几乎完全一样. 方程族 (4-47) 的 Hamilton 结构, 可以通过使用迹恒等式进行讨论. 这里从略.

下面简单给出李代数 H 的应用. H 的 loop 代数引进如下

$$h_i(n) = h_i\lambda^n, \quad i = 1, 2, 3, 4, 5; \quad n \in \mathbf{Z}.$$

考虑等谱问题[55]

$$\begin{cases} \psi_x = U\psi, U = h_1(1) + qh_2(0) + rh_3(0) + s_1h_4(0) + s_2h_5(0), \\ \psi_t = V\psi, V = \sum_{m \geqslant 0}(a_mh_1(-m) + b_mh_2(-m) \\ \qquad\qquad\qquad + c_mh_3(-m) + d_mh_4(-m) + f_mh_5(-m)). \end{cases}$$

由

$$V_x = [U, V],$$

得出如下递归关系

$$\begin{cases} a_{mx} = 2qc_m - 2ra_m, \\ b_{mx} = -4c_{m+1} + 4ra_m, \\ c_{mx} = -4b_{m+1} + 4qa_m, \\ d_{mx} = 2f_{m+1} - \dfrac{3}{2}qd_m + \dfrac{1}{2}qf_m + -2s_2a_m + \dfrac{1}{2}(3s_1 - s_2)b_m, \\ f_{mx} = 2d_{m+1} + \dfrac{1}{2}qd_m + \dfrac{3}{2}qf_m - \dfrac{1}{2}(s_1 + 3s_2)b_m - 2s_1a_m. \end{cases} \quad (4\text{-}48)$$

记

$$V^{(n)} = \sum_{m=0}^n (a_mh_1(n-m) + b_mh_2(n-m) + c_mh_3(n-m) + d_mh_4(n-m) + f_mh_5(n-m)),$$

从而零曲率方程

$$U_t - V_x^{(n)} + [U, V^{(n)}] = 0.$$

引出的 Lax 可积系统如下

$$u_{t_n} = \begin{pmatrix} q \\ r \\ s_1 \\ s_2 \end{pmatrix}_t = \begin{pmatrix} -4c_{n+1} \\ -4b_{n+1} \\ 2f_{n+1} \\ 2d_{n+1} \end{pmatrix}. \quad (4\text{-}49)$$

当取 $s_1 = s_2 = 0$, 可积系统 (4-49) 简化为著名的 AKNS 方程族, 因而从可积耦合的概念讲, 它是 AKNS 方程族的可积耦合, 而且不同于文献 [40] 中提到的任何一个. 下面给出详细的简化过程.

在关系 (4-48) 中, 取初始值

$$b_0 = c_0 = d_0 = f_0 = 0, \quad a_0 = \alpha = \text{const},$$

于是发现

$$a_1 = 0, \quad b_1 = \alpha q, \quad c_1 = \alpha r, \quad d_1 = \alpha s_1, \quad f_1 = \alpha s_2, \quad a_2 = \frac{\alpha}{4}(r^2 - q^2),$$
$$b_2 = -\frac{\alpha}{4}r_x, \quad c_2 = -\frac{\alpha}{q_x}, \quad f_2 = \frac{\alpha}{2}s_{1x}, \quad d_2 = \frac{\alpha}{2}s_{2x}, \cdots.$$

取 $n = 2, t_2 = t$, 于是系统 (4-49) 简化为非线性 Schrödinger 方程的可积耦合

$$\begin{cases} q_t = -\dfrac{\alpha}{4}r_{xx} + \alpha(r^3 - rq^2), \\ r_t = -\dfrac{\alpha}{4}q_{xx} + \alpha(qr^2 - q^3), \\ s_{1t} = \dfrac{\alpha}{2}s_{2xx} + \dfrac{\alpha}{4}(3qs_{2x} - qs_{1x}) + \dfrac{\alpha}{2}s_2(r^2 - q^2) + \dfrac{\alpha}{8}(3s_1 - s_2)r_x, \\ s_{2t} = \dfrac{\alpha}{2}s_{1xx} - \dfrac{\alpha}{4}q(s_{2x} + 3s_{1x}) - \dfrac{\alpha}{8}(s_1 + 3s_2)r_x + \dfrac{\alpha}{2}s_1(r^2 - q^2). \end{cases} \quad (4\text{-}50)$$

显然, 当 $s_1 = s_2 = 0$ 时, 系统 (4-50) 退化成非线性 Schrödinger 方程. 然而, 系统 (4-49) 的 Hamilton 结构却不能通过使用变分恒等式得到, 而可以利用二次型恒等式建立, 第 5 章将给出这方面的结果.

4.4 一类 Lax 可积族及其扩展可积模型

为了推广屠格式的应用范围, 下面介绍一类李代数 A_{n-1}^*, 其换位运算为

$$[Z, Y] = ZMY - YMZ, \quad \forall Z, Y, M \in A_{n-1}^*. \quad (4\text{-}51)$$

由此设计了一个新的李代数 $B_2 = \text{span}\{e_1, e_2, e_3\}$, 其中

$$e_1 = \begin{pmatrix} 1 & 0 \\ 0 & -1 \end{pmatrix}, \quad e_2 = \begin{pmatrix} 0 & 0 \\ 1 & 0 \end{pmatrix}, \quad e_3 = \begin{pmatrix} 1 & -2 \\ 0 & 1 \end{pmatrix}, \quad M = \begin{pmatrix} 1 & 0 \\ 1 & 1 \end{pmatrix}.$$

相应的 loop 代数定义为 $\tilde{B}_2 = \text{span}\{B(n) = B\lambda^n, B \in B_2\}$, 其中

$$\begin{cases} [e_1(m), e_2(n)] = -2e_2(m+n), \\ [e_1(m), e_3(n)] = 2(e_3(m+n) - e_2(m+n)), \\ [e_2(m), e_3(n)] = 2e_1(m+n), \quad m, n \in \mathbf{Z}. \end{cases}$$

考虑如下的等谱问题

$$\varphi_x = \tilde{U}M\varphi, \quad \tilde{U} = -\mathrm{i}e_1(1) - \frac{\mathrm{i}}{2}we_1(0) + qe_2(1) + re_3(0) + se_2(0),$$

4.4 一类 Lax 可积族及其扩展可积模型

其中 q, r, s 是位势函数, 且 $w = qr, \mathrm{i}^2 = -1$.

令
$$\tilde{V} = \sum_{m \geqslant 0} \{a_m e_1(1-m) + b_m e_2(1-m) + c_m e_3(-m)\},$$

解广义的静态零曲率方程 $\tilde{V}_x = [\tilde{U}, \tilde{V}]$, 得

$$\begin{cases} a_{mx} = 2qc_m - 2rb_m + 2sc_{m-1}, \\ b_{mx} = 2\mathrm{i}c_m + \mathrm{i}qrb_m + 2ra_m + 2sa_m + 2\mathrm{i}b_{m+1} + 2qa_{m+1} + \mathrm{i}qrc_{m-1}, \\ c_{mx} = -2\mathrm{i}c_{m+1} - \mathrm{i}qrc_m - 2ra_{m+1}, \\ c_{-1} = 0, \quad a_0 = 1, \quad b_0 = \mathrm{i}q, \quad c_0 = \mathrm{i}r. \end{cases} \quad (4\text{-}52)$$

设
$$\tilde{V}_+^{(n)} = \sum_{m=0}^n (a_m e_1(1+n-m) + b_m e_2(1+n-m) + c_m e_3(n-m)) = \lambda^n \tilde{V} - \tilde{V}_-^{(n)},$$

直接计算得

$$\begin{aligned} -\tilde{V}_{+x}^{(n)} + [\tilde{U}, \tilde{V}_+^{(n)}] =& 2sc_n e_1(0) + (-2\mathrm{i}b_{n+1} - 2qa_{n+1})e_2(1) + \mathrm{i}qrc_n e_2(0) \\ &+ (2ra_{n+1} + 2\mathrm{i}c_{n+1})e_3(0), \end{aligned} \quad (4\text{-}53)$$

取 $\tilde{V}^{(n)} = \tilde{V}_+^{(n)} + k_{n+1} e_1(0)$, 得

$$\begin{aligned} -\tilde{V}_x^{(n)} + [\tilde{U}, \tilde{V}^{(n)}] =& (2sc_n - k_{n+1,x})e_1(0) + (2qk_{n+1} - 2\mathrm{i}b_{n+1} - 2qa_{n+1})e_2(1) \\ &+ (\mathrm{i}qrc_n + 2rk_{n+1} + 2sk_{n+1})e_2(0) \\ &+ (2ra_{n+1} + 2\mathrm{i}c_{n+1} - 2rk_{n+1})e_3(0), \end{aligned} \quad (4\text{-}54)$$

则由广义的零曲率方程

$$\tilde{U}_t - \tilde{V}_x^{(n)} + [\tilde{U}, \tilde{V}^{(n)}] = 0, \quad (4\text{-}55)$$

得如下的 Lax 可积方程族

$$\begin{cases} q_t = qa_{n+1} + 2\mathrm{i}b_{n+1} - 2q\partial^{-1}sc_n, \\ r_t = -2\mathrm{i}c_{n+1} - ra_{n+1} + 2r\partial^{-1}sc_n, \\ s_t = -2r\partial^{-1}sc_n - 2s\partial^{-1}sc_n - ra_{n+1} - sa_{n+1} - \mathrm{i}qrc_n, \end{cases} \quad (4\text{-}56)$$

其中 $w_t = 4\mathrm{i}sc_n - 2\mathrm{i}k_{n+1,x}$, $k_{n+1} = \partial^{-1}sc_n + \dfrac{1}{2}a_{n+1}$ 是方程族 (4-56) 的约束条件.

基于李代数 B_2 构造如下两类新的扩展李代数 G_1 和 G_2.

第一类：$G_1 := \mathrm{span}\{g_1, g_2, g_3, g_4, g_5\}$，其中

$$\begin{cases} g_1 = \begin{pmatrix} 1 & 0 & 0 \\ 0 & -1 & 0 \\ 0 & 0 & 0 \end{pmatrix}, \quad g_2 = \begin{pmatrix} 0 & 0 & 0 \\ 1 & 0 & 0 \\ 0 & 0 & 0 \end{pmatrix}, \quad g_3 = \begin{pmatrix} 1 & -2 & 0 \\ 0 & 1 & 0 \\ 0 & 0 & 0 \end{pmatrix}, \\ g_4 = \begin{pmatrix} 0 & 0 & 0 \\ 0 & 0 & 1 \\ 0 & 0 & 0 \end{pmatrix}, \quad g_5 = \begin{pmatrix} 0 & 0 & 1 \\ 0 & 0 & 0 \\ 0 & 0 & 0 \end{pmatrix}, \quad M = \begin{pmatrix} 1 & 0 & 0 \\ 1 & 1 & 0 \\ 0 & 0 & 0 \end{pmatrix}. \end{cases} \quad (4\text{-}57)$$

相应的 loop 代数 $\tilde{G}_1$ 定义为 $\tilde{G}_1 = \mathrm{span}\{G_1(n) = G_1 \lambda^n\}$，其中

$$[g_1(n), g_2(m)] = -2g_2(m+n), \quad [g_1(n), g_3(m)] = 2(g_3(m+n) - g_2(m+n)),$$
$$[g_2(n), g_3(m)] = 2g_1(m+n), \quad [g_1(n), g_4(m)] = -2g_5(m+n) + g_4(m+n),$$
$$[g_1(n), g_5(m)] = -g_5(m+n) + g_4(m+n), \quad [g_2(n), g_4(m)] = 0,$$
$$[g_2(n), g_5(m)] = g_4(m+n), \quad [g_3(n), g_4(m)] = -2g_5(m+n) + g_4(m+n),$$
$$[g_3(n), g_5(m)] = -g_5(m+n) + g_4(m+n), \quad [g_4(n), g_5(m)] = 0.$$

记 $G_{11} = \mathrm{span}\{g_1, g_2, g_3\}$，$G_{12} = \mathrm{span}\{g_4, g_5\}$ 推导得

$$G_1 = G_{11} \oplus G_{12}, \quad G_{11} \cong B_2, \quad [G_{11}, G_{12}] \subseteq G_{12}. \quad (4\text{-}58)$$

第二类：$G_2 := \mathrm{span}\{f_1, f_2, f_3, f_4, f_5, f_6\}$，其中

$$f_1 = \begin{pmatrix} 1 & 0 & 0 & 0 \\ 0 & -1 & 0 & 0 \\ 0 & 0 & 1 & 0 \\ 0 & 0 & 0 & -1 \end{pmatrix}, \quad f_2 = \begin{pmatrix} 0 & 0 & 0 & 0 \\ 1 & 0 & 0 & 0 \\ 0 & 0 & 0 & 0 \\ 0 & 0 & 1 & 0 \end{pmatrix}, \quad f_3 = \begin{pmatrix} 1 & -2 & 0 & 0 \\ 0 & 1 & 0 & 0 \\ 0 & 0 & 1 & -2 \\ 0 & 0 & 0 & 1 \end{pmatrix},$$

$$f_4 = \begin{pmatrix} 0 & 0 & 1 & 0 \\ 0 & 0 & 0 & -1 \\ 0 & 0 & 0 & 0 \\ 0 & 0 & 0 & 0 \end{pmatrix}, \quad f_5 = \begin{pmatrix} 0 & 0 & 0 & 0 \\ 0 & 0 & 1 & 0 \\ 0 & 0 & 0 & 0 \\ 0 & 0 & 0 & 0 \end{pmatrix}, \quad f_6 = \begin{pmatrix} 0 & 0 & 1 & -2 \\ 0 & 0 & 0 & 1 \\ 0 & 0 & 0 & 0 \\ 0 & 0 & 0 & 0 \end{pmatrix},$$

$$M = \begin{pmatrix} 1 & 0 & 0 & 0 \\ 1 & 1 & 0 & 0 \\ 0 & 0 & 1 & 0 \\ 0 & 0 & 1 & 1 \end{pmatrix}.$$

4.4 一类 Lax 可积族及其扩展可积模型

相应的 loop 代数 $\tilde{G}_2$ 定义为 $\tilde{G}_2 = \text{span}\{G_2(n) = G_2\lambda^n\}$,其中

$[f_1(n), f_2(m)] = -2f_2(m+n), \quad [f_1(n), f_3(m)] = 2(f_3(m+n) - f_2(m+n)),$
$[f_1(n), f_4(m)] = 0, \quad [f_1(n), f_5(m)] = -2f_5(m+n),$
$[f_1(m), f_6(n)] = 2(f_6(m+n) - f_5(m+n)), \quad [f_2(n), f_3(m)] = 2f_1(m+n),$
$[f_2(n), f_4(m)] = 2f_5(m+n), \quad [f_2(n), f_5(m)] = 0, \quad [f_2(n), f_6(m)] = 2f_4(m+n),$
$[f_3(n), f_4(m)] = 2(f_5(m+n) - f_6(m+n)), \quad [f_3(n), f_5(m)] = -2f_4(m+n),$
$[f_3(n), f_6(m)] = [f_4(n), f_5(m)] = [f_4(n), f_6(m)] = [f_5(n), f_6(m)] = 0.$

记 $G_{21} = \text{span}\{f_1, f_2, f_3\}$,$G_{22} = \text{span}\{f_4, f_5, f_6\}$,则有

$$G_2 = G_{21} \oplus G_{22}, \quad G_{21} \cong B_2, \quad [G_{21}, G_{22}] \subseteq G_{22}. \tag{4-59}$$

下面利用 $\tilde{G}_1$ 和 $\tilde{G}_2$ 来推导可积族 (4-56) 的两类扩展可积模型.

第一种情况:考虑如下的等谱问题

$$\begin{aligned} \varphi_x &= \tilde{U}M\varphi, \\ \tilde{U} &= -ig_1(1) - \frac{1}{2}iwg_1(0) + qg_2(1) + rg_3(0) + sg_2(0) + pg_4(0) + hg_5(0), \end{aligned} \tag{4-60}$$

其中 q, r, s, p, h 是位势函数,且 $w = qr$.

令

$$\tilde{V} = \sum_{m \geq 0}\{a_mg_1(1-m) + b_mg_2(1-m) + c_mg_3(-m) + d_mg_4(-m) + f_mg_5(-m)\},$$

解广义的静态零曲率方程 $\tilde{V}_x = [\tilde{U}, \tilde{V}]$,得

$$\begin{cases} a_{mx} = 2qc_m - 2rb_m + 2sc_{m-1}, \\ b_{mx} = 2ic_m + iqrb_m + 2rb_m + 2sa_m + 2ib_{m+1} + 2qa_{m+1} + iqrc_{m-1}, \\ c_{mx} = -2ic_{m+1} - 2ra_{m+1} - iqrc_m, \\ d_{mx} = -\frac{1}{2}iqrd_m - \frac{1}{2}iqrf_m + rd_m + rf_m + sf_m - pc_m - hc_m - id_{m+1} - if_{m+1} \\ \qquad + qf_{m+1} - pa_{m+1} - ha_{m+1} - hb_{m+1}, \\ f_{mx} = iqrd_m + \frac{1}{2}iqrf_m - 2rd_m - rf_m + 2pc_m + hc_m \\ \qquad + 2id_{m+1} + if_{m+1} + 2pa_{m+1} + ha_{m+1}, \\ c_{-1} = 0, \quad a_0 = 1, \quad b_0 = iq, \quad c_0 = ir, \quad d_0 = ip, \quad f_0 = ih. \end{cases} \tag{4-61}$$

设

$$\tilde{V}_+^{(n)} = \sum_{m=0}^{n}(a_mg_1(1+n-m) + b_mg_2(1+n-m) + c_mg_3(n-m)$$

$$+ d_m g_4(n-m) + f_m g_5(n-m))$$
$$= \lambda^n \tilde{V} - \tilde{V}_{-}^{(n)},$$

可计算得

$$-\tilde{V}_{+x}^{(n)} + [\tilde{U}, \tilde{V}_{+}^{(n)}] = 2sc_n g_1(0) + (-2ib_{n+1} - 2qa_{n+1})g_2(1)$$
$$+ iqrc_n g_2(0) + (2ra_{n+1} + 2ic_{n+1})g_3(0)$$
$$+ (id_{n+1} + if_{n+1} - qf_{n+1} + pa_{n+1} + ha_{n+1} + hb_{n+1})g_4(0)$$
$$+ (-2id_{n+1} - if_{n+1} - 2pa_{n+1} - ha_{n+1})g_5(0),$$

取 $\tilde{V}^{(n)} = \tilde{V}_{+}^{(n)} + k_{n+1}g_1(0)$, 有

$$-\tilde{V}_x^{(n)} + [\tilde{U}, \tilde{V}^{(n)}] = (2sc_n - k_{n+1,x})g_1(0) + (-2ib_{n+1}$$
$$- 2qa_{n+1} + 2qk_{n+1})g_2(1)$$
$$+ (iqrc_n + 2rk_{n+1} + 2sk_{n+1})g_2(0)$$
$$+ (2ra_{n+1} + 2ic_{n+1} - 2rk_{n+1})g_3(0)$$
$$+ (id_{n+1} + if_{n+1} - qf_{n+1} + pa_{n+1}$$
$$+ ha_{n+1} + hb_{n+1} - hk_{n+1})g_4(0)$$
$$+ (-2id_{n+1} - if_{n+1} - 2pa_{n+1} - ha_{n+1} + hk_{n+1})g_5(0).$$

解广义的零曲率方程 $\tilde{U}_t - \tilde{V}_x^{(n)} + [\tilde{U}, \tilde{V}^{(n)}] = 0$, 得如下的 Lax 可积族

$$\begin{cases} q_t = qa_{n+1} + 2ib_{n+1} - 2q\partial^{-1}sc_n, \\ r_t = -2ic_{n+1} - ra_{n+1} + 2r\partial^{-1}sc_n, \\ s_t = -2r\partial^{-1}sc_n - 2s\partial^{-1}sc_n - ra_{n+1} - sa_{n+1} - iqrc_n, \\ p_t = -id_{n+1} - if_{n+1} + qf_{n+1} - pa_{n+1} - ha_{n+1} - \frac{1}{2}hb_{n+1} + h\partial^{-1}sc_n, \\ h_t = 2id_{n+1} + if_{n+1} + \frac{1}{2}ha_{n+1} + 2pa_{n+1} - h\partial^{-1}sc_n, \end{cases} \quad (4\text{-}62)$$

其中 $w_t = 4isc_n - 2ik_{n+1,x}, k_{n+1} = \partial^{-1}sc_n + \frac{1}{2}a_{n+1}$ 是方程族 (4-62) 的约束条件. 取 $p = h = 0$, 可积方程族 (4-62) 就约化为可积方程族 (4-56). 方程族 (4-62) 就是方程族 (4-56) 的一类扩展可积模型.

第二种情况: 考虑如下的等谱问题

$$\varphi_x = \tilde{U}M\varphi,$$
$$\tilde{U} = -if_1(1) - \frac{i}{2}wf_1(0) + qf_2(1) + rf_3(0) + sf_2(0) + pf_4(0) + hf_5(0) + gf_6(0),$$

4.4 一类 Lax 可积族及其扩展可积模型

其中 q, r, s, p, h, g 是位势函数, 且 $w = qr$.

取

$$\tilde{V} = \sum_{m \geq 0} \{a_m f_1(1-m) + b_m f_2(1-m) + c_m f_3(-m) + d_m f_4(-m) + f_m f_5(-m) + l_m f_6(-m)\}$$

解广义的静态零曲率方程 $\tilde{V}_x = [\tilde{U}, \tilde{V}]$, 得

$$\begin{cases} a_{mx} = 2qc_m - 2rb_m + 2sc_{m-1}, \\ b_{mx} = 2\mathrm{i}c_m + \mathrm{i}qrb_m + 2rb_m + 2sa_m + 2\mathrm{i}b_{m+1} + 2qa_{m+1} + \mathrm{i}qrc_{m-1}, \\ c_{mx} = -2\mathrm{i}c_{m+1} - 2ra_{m+1} - \mathrm{i}qrc_m, \\ d_{mx} = -2rf_m + 2sl_m + 2hc_m + 2ql_{m+1} - 2gb_{m+1}, \\ f_{mx} = \mathrm{i}qrf_m + \mathrm{i}qrl_m + 2rd_m + 2sd_m - 2pc_m + 2\mathrm{i}f_{m+1} + 2\mathrm{i}l_{m+1} \\ \qquad - 2pb_{m+1} + 2ha_{m+1} + 2qd_{m+1} + 2ga_{m+1}, \\ l_{mx} = -\mathrm{i}qrl_m - 2rd_m + 2pc_m - 2\mathrm{i}l_{m+1} - 2ga_{m+1}, \\ c_{-1} = 0, \quad a_0 = 1, \quad b_0 = \mathrm{i}q, \quad c_0 = \mathrm{i}r, \quad d_0 = \mathrm{i}p, \quad f_0 = \mathrm{i}h, \quad l_0 = \mathrm{i}g. \end{cases} \quad (4\text{-}63)$$

取

$$\begin{aligned}\tilde{V}_+^{(n)} &= \sum_{m=0}^{n}(a_m f_1(1+n-m) + b_m f_2(1+n-m) + c_m f_3(n-m) \\ &\quad + d_m f_4(n-m) + f_m f_5(n-m) + l_m f_6(n-m)) \\ &= \lambda^n \tilde{V} - \tilde{V}_-^{(n)},\end{aligned}$$

得

$$\begin{aligned}-\tilde{V}_{+x}^{(n)} + [\tilde{U}, \tilde{V}_+^{(n)}] &= 2sc_n f_1(0) + (-2\mathrm{i}b_{n+1} - 2qa_{n+1})f_2(1) \\ &\quad + \mathrm{i}qrc_n e_f(0) + (2ra_{n+1} + 2\mathrm{i}c_{n+1})f_3(0) \\ &\quad + (-2\mathrm{i}f_{n+1} - 2\mathrm{i}l_{n+1} + 2pb_{n+1} - 2ha_{n+1} \\ &\quad - 2qd_{n+1} - 2ga_{n+1})f_5(0) \\ &\quad + (2gb_{n+1} - 2ql_{n+1})f_4(0) + (2\mathrm{i}l_{n+1} + 2ga_{n+1})f_6(0).\end{aligned}$$

取 $\tilde{V}^{(n)} = \tilde{V}_+^{(n)} + k_{n+1} f_1(0)$, 于是, 有

$$\begin{aligned}-\tilde{V}_x^{(n)} + [\tilde{U}, \tilde{V}^{(n)}] &= (2sc_n - k_{n+1,x})f_1(0) + (-2\mathrm{i}b_{n+1} - 2qa_{n+1} + 2qk_{n+1})f_2(1) \\ &\quad + (\mathrm{i}qrc_n + 2rk_{n+1} + 2sk_{n+1})f_2(0) + (2gb_{n+1} - 2ql_{n+1})f_4(0) \\ &\quad + (-2\mathrm{i}f_{n+1} - 2\mathrm{i}l_{n+1} + 2pb_{n+1} - 2ha_{n+1} - 2qd_{n+1} - 2ga_{n+1} \\ &\quad + 2hk_{n+1} + 2gk_{n+1})f_5(0) + (2ra_{n+1} + 2\mathrm{i}c_{n+1} - 2rk_{n+1})f_3(0)\end{aligned}$$

$$+ (2\mathrm{i}l_{n+1} + 2ga_{n+1} - 2gk_{n+1})f_6(0).$$

由广义的零曲率方程 $\tilde{U}_t - \tilde{V}_x^{(n)} + [\tilde{U}, \tilde{V}^{(n)}] = 0$，得如下的 Lax 可积族

$$\begin{cases} q_t = qa_{n+1} + 2\mathrm{i}b_{n+1} - 2q\partial^{-1}sc_n, \\ r_t = -2\mathrm{i}c_{n+1} - ra_{n+1} + 2r\partial^{-1}sc_n, \\ s_t = -2r\partial^{-1}sc_n - 2s\partial^{-1}sc_n - ra_{n+1} - sa_{n+1} - \mathrm{i}qrc_n, \\ p_t = 2ql_{n+1} - 2gb_{n+1}, \\ h_t = 2qd_{n+1} + ga_{n+1} + 2\mathrm{i}f_{n+1} + 2\mathrm{i}l_{n+1} \\ \qquad - 2pb_{n+1} + ha_{n+1} - 2h\partial^{-1}sc_n - 2g\partial^{-1}sc_n, \\ g_t = -2\mathrm{i}l_{n+1} - ga_{n+1} + 2g\partial^{-1}sc_n, \end{cases} \quad (4\text{-}64)$$

其中 $w_t = 4\mathrm{i}sc_n - 2\mathrm{i}k_{n+1,x}$, $k_{n+1} = \partial^{-1}sc_n + \dfrac{1}{2}a_{n+1}$ 是方程族 (4-64) 的约束条件.

取 $p = h = g = 0$, 方程族 (4-64) 就约化为已知的方程族 (4-56). 方程族 (4-64) 就是方程族 (4-52) 的一类扩展可积模型.

从方程 (4-52) 和方程 (4-56), 得

$$\tilde{U}_{t_n} = \begin{pmatrix} q \\ r \\ s \end{pmatrix}_{t_n} = \begin{pmatrix} q & 2\mathrm{i} & -2q\partial^{-1}s \\ r & 0 & \partial + \mathrm{i}qr + 2r\partial^{-1}s \\ -s-r & 0 & -2r\partial^{-1}s - 2s\partial^{-1}s - \mathrm{i}qr \end{pmatrix} \begin{pmatrix} a_{n+1} \\ b_{n+1} \\ c_n \end{pmatrix}$$

$$= J \begin{pmatrix} a_{n+1} \\ b_{n+1} \\ c_n \end{pmatrix}. \quad (4\text{-}65)$$

容易验证 J 不是辛算子. 取 $n=1, s=0$, 由方程 (4-52), 得

$$\begin{cases} c_{-1} = 0, \quad a_0 = 1, \quad b_0 = \mathrm{i}q, \quad c_0 = \mathrm{i}r, \quad a_1 = -qr, \quad b_1 = \dfrac{1}{2}q_x - \dfrac{3}{2}\mathrm{i}q^2 r, \\ c_1 = -\dfrac{1}{2}r_x - \dfrac{3}{2}\mathrm{i}qr^2, \quad a_2 = \dfrac{\mathrm{i}}{2}r^2 + \dfrac{\mathrm{i}}{2}(rq_x - qr_x) + q^2 r^2 + 3\partial^{-1}[qrq_x r_x(q+r)], \\ b_2 = -\dfrac{\mathrm{i}}{4}q_{xx} - \dfrac{3}{2}q^2 r_x + \dfrac{r_x}{2} - \dfrac{9}{4}qrq_x + \dfrac{7}{4}\mathrm{i}q^3 r^2 \\ \qquad - \dfrac{q}{2}r^2 + \dfrac{q^2}{2}r_x + 3\mathrm{i}q\partial^{-1}[qrq_x r_x(q+r)], \\ c_2 = -\dfrac{\mathrm{i}}{4}r_{xx} + \dfrac{1}{2}r^2 q_x + \dfrac{9}{4}qrr_x + \dfrac{7}{4}\mathrm{i}q^2 r^3 - \dfrac{r^3}{2} + 3\mathrm{i}q\partial^{-1}[qrq_x r_x(q+r)]. \end{cases}$$

由方程 (4-56), 有

$$\begin{cases} q_{t_2} = \dfrac{q_{xx}}{2} + \dfrac{3}{2}qr^2 - \dfrac{5}{2}q^3 r^2 - 2\mathrm{i}qrq_x - \dfrac{5}{2}q^2 r_x + \mathrm{i}r_x - 3q\partial^{-1}[qrq_x r_x(q+r)], \\ r_{t_2} = -\dfrac{r_{xx}}{2} + \dfrac{5}{2}q^2 r^3 - \dfrac{3}{2}r^2 q_x + \dfrac{\mathrm{i}}{2}r^3 - 4\mathrm{i}qrr_x + 3q\partial^{-1}[qrq_x r_x(q+r)]. \end{cases}$$

4.5 一类多分量的 6 维 loop 代数及 BPT 方程族的可积耦合

本节以已有的一个李代数为基础, 通过线性组合得到了一个 6 维的李代数, 然后构造出相应的 loop 代数, 在此 loop 代数的基础上利用屠格式直接得到了 BPT 方程族的可积耦合.

取李代数 A_1 的一个子代数: $A_{11} = \mathrm{span}\{\bar{h}, e_+, e_-\}$, 其中

$$\bar{h} = \frac{1}{2}\begin{pmatrix} 1 & 0 \\ 0 & -1 \end{pmatrix}, \quad e_+ = \frac{1}{2}\begin{pmatrix} 0 & 1 \\ 1 & 0 \end{pmatrix}, \quad e_- = \frac{1}{2}\begin{pmatrix} 0 & 1 \\ -1 & 0 \end{pmatrix},$$

这里 span 表示张成的子空间, 换位运算为 $[\bar{h}, e_+] = e_-, [\bar{h}, e_-] = e_+, [e_-, e_+] = \bar{h}$.

设 $a = a_1\bar{h} + a_2 e_+ + a_3 e_-, b = b_1\bar{h} + b_2 e_+ + b_3 e_-$, 则利用李代数 A_{11} 有

$$[a,b]_1 = (a_3 b_2 - a_2 b_3)\bar{h} + (a_1 b_3 - a_3 b_1)e_+ + (a_1 b_2 - a_2 b_1)e_- \equiv \begin{pmatrix} a_3 b_2 - a_2 b_3 \\ a_1 b_3 - a_3 b_1 \\ a_1 b_2 - a_2 b_1 \end{pmatrix}.$$

令 $R^3 = \{X = (a_1, a_2, a_3)^{\mathrm{T}} | a_i$ 是纯量或函数 $i = 1, 2, 3\}$, 作映射

$$f: R^3 \to A_1 : X \to \begin{pmatrix} a_1 & a_2 \\ a_3 & -a_1 \end{pmatrix},$$

则可验证 f 是一个同构映射, 因此 R^3 是一个李代数, 换位运算为 $[a,b]_1$.

考虑线性空间 [54] $V^6 = \{X = (a_1, a_2, \cdots, a_6)^{\mathrm{T}} | a_i$ 是纯量或函数 $i = 1, 2, \cdots, 6\}$.
设 $c = a_4\bar{h} + a_5 e_+ + a_6 e_-, d = b_4\bar{h} + b_5 e_+ + b_6 e_-$, 在 V^6 中定义下面一个运算

$$\{a,b\}_1 = \begin{pmatrix} [a,b]_1 \\ [a,d]_1 + [c,b]_1 \end{pmatrix} = \begin{pmatrix} a_3 b_2 - a_2 b_3 \\ a_1 b_3 - a_3 b_1 \\ a_1 b_2 - a_2 b_1 \\ a_3 b_5 - a_5 b_3 + a_6 b_2 - a_2 b_6 \\ a_1 b_6 - a_6 b_1 + a_4 b_3 - a_3 b_4 \\ a_1 b_5 - a_5 b_1 + a_4 b_2 - a_2 b_4 \end{pmatrix}.$$

可直接验证

$$\{a,b\}_1 = -\{b,a\}_1, \quad \{\{a,b\}_1, c\}_1 + \{\{b,c\}_1, a\}_1 + \{\{c,a\}_1, b\}_1 = 0.$$

因此, V^6 在 $\{a,b\}_1$ 下构成李代数.

若设 $\{a(m), b(n)\}_1 = \{a,b\}_1 \lambda^{n+m}$, 则得到一个相应的 loop 代数. 为应用方便, 可定义 V^6 的一组基, 使得 V^6 在 $\{a,b\}_1$ 下的李代数与所得李代数等价. 比如, 令

$$e_1 = \{1,0,0,0,0,0\}^{\mathrm{T}}, e_2 = \{0,1,0,0,0,0\}^{\mathrm{T}}, \cdots, e_6 = \{0,0,0,0,0,1\}^{\mathrm{T}},$$

定义它们的换位运算为

$$[e_1,e_2] = e_3, \quad [e_1,e_3] = e_2, \quad [e_2,e_3] = -e_1, \quad [e_3,e_5] = [e_6,e_2] = e_4,$$
$$[e_1,e_6] = [e_4,e_3] = e_5, \quad [e_1,e_5] = [e_4,e_2] = e_6, \quad [e_1,e_4] = [e_2,e_5] = [e_3,e_6] =$$
$$[e_4,e_5] = [e_4,e_6] = [e_5,e_6] = 0, \quad [e_j,e_j] = 0, \quad j = 1,2,\cdots,6.$$

取 $\bar{a} = \sum_{i=1}^{6} a_i e_i, \bar{b} = \sum_{i=1}^{6} b_i e_i$, 则

$$[\bar{a},\bar{b}] = (a_3 b_2 - a_2 b_3)\, e_1 + (a_1 b_3 - a_3 b_1) e_2 + (a_1 b_2 - a_2 b_1) e_3$$
$$+ (a_3 b_5 - a_5 b_3 + a_6 b_2 - a_2 b_6)\, e_4 + (a_1 b_6 - a_6 b_1 + a_4 b_3 - a_3 b_4)\, e_5$$
$$+ (a_1 b_5 - a_5 b_1 + a_4 b_2 - a_2 b_4)\, e_6 = \{a,b\}_1.$$

由此可见, 利用 $\{e_i\}_{i=1}^{6}$ 对应的 loop 代数设计的等谱问题与 $\{a,b\}_1$ 是一样的.

考虑下面的等谱问题[54]

$$\begin{cases} \varphi_x = [U,\varphi], \quad \lambda_t = 0, \\ U = (2\lambda + s\lambda^{-1}, q, r\lambda^{-1}, u_3\lambda^{-1}, u_1, u_2\lambda^{-1})^{\mathrm{T}} \\ \quad = 2e_1(1) + qe_2(0) + re_3(-1) + se_1(-1) + u_1 e_5(0) + u_2 e_6(-1) + u_3 e_4(-1), \\ \mathrm{rank}(U) = \mathrm{rank}(\lambda) = \mathrm{rank}(\partial) = \mathrm{rank}(e_1(1)) = \mathrm{rank}(q) = \mathrm{rank}(u_1) = 1, \\ \mathrm{rank}(r) = \mathrm{rank}(s) = \mathrm{rank}(u_2) = \mathrm{rank}(u_3) = 2. \end{cases}$$

令

$$V = \sum_{m \geqslant 0} (a_m, b_m, c_m, d_m, f_m, g_m)^{\mathrm{T}} \lambda^{-m},$$

解静态零曲率方程

$$V_x = [U,V] \tag{4-66}$$

得递推关系

$$a_{mx} = -qc_m + rb_{m-1}, \quad b_{mx} = 2c_{m+1} - ra_{m-1} + sc_{m-1},$$
$$c_{mx} = 2b_{m+1} - qa_m + sb_{m-1}, \quad d_{mx} = -qg_m + rf_{m-1} - u_1 c_m + u_2 b_{m-1},$$
$$f_{mx} = 2g_{m+1} - rd_{m-1} + sg_{m-1} - u_2 a_{m-1} + u_3 c_{m-1},$$

4.5 一类多分量的 6 维 loop 代数及 BPT 方程族的可积耦合

$$g_{mx} = 2f_{m+1} - qd_m + sf_{m-1} - u_1 a_m + u_3 b_{m-1},$$
$$a_0 = 2\beta = \text{const} \neq 0, \quad b_0 = c_0 = d_0 = f_0 = g_0 = 0,$$
$$a_{2k+1} = b_{2k} = c_{2k+1} = d_{2k+1} = f_{2k} = g_{2k+1} = 0,$$
$$a_1 = c_1 = d_1 = g_1 = 0, \quad b_1 = \beta q, \quad f_1 = \beta u_1,$$
$$\text{rank}(a_m) = \text{rank}(b_m) = \text{rank}(c_m) = \text{rank}(d_m) = \text{rank}(f_m) = \text{rank}(g_m) = m,$$
$$\text{rank}(V) = 0.$$

记

$$V_+^{(n)} = \sum_{m=0}^n (a_m, b_m, c_m, d_m, f_m, g_m)^\mathrm{T} \lambda^{n-m}, \quad V_-^{(n)} = \lambda^n V - V_+^{(n)},$$

则式 (4-66) 可写成

$$-V_{+x}^{(n)} + \left[U, V_+^{(n)}\right] = V_{-x}^{(n)} - \left[U, V_-^{(n)}\right], \tag{4-67}$$

式 (4-67) 左端所含基元的阶数 (deg)$\geqslant -1$, 右端阶数 (deg)$\leqslant 0$, 于是

$$\begin{aligned}
-V_{+x}^{(n)} + [U, V_+^{(n)}] = & -2c_{n+1} e_2(0) + sb_n e_3(-1) + rb_n e_1(-1) - 2g_{n+1} e_5(0) + sf_n e_6(-1) \\
& + (rf_n + u_2 b_n) e_4(-1) + (b_{n+1x} - 2c_{n+2}) e_2(-1) - 2b_{n+1} e_3(0) \\
& + (f_{n+1x} - 2g_{n+2}) e_5(-1) - 2f_{n+1} e_6(0),
\end{aligned}$$

取 $n = 2m - 1$ 时,

$$-V_{+x}^{(n)} + [U, V_+^{(n)}] = (rb_n \lambda^{-1}, -2c_{n+1}, sb_n \lambda^{-1}, (rf_n + u_2 b_n)\lambda^{-1}, -2g_{n+1}, sf_n \lambda^{-1})^\mathrm{T} \tag{4-68}$$

令 $V^{(n)} = V_+^{(n)}, \Delta_n = 0$, 则由零曲率方程

$$U_t - V_x^{(n)} + \left[U, V^{(n)}\right] = 0$$

确定可积系

$$u_t = \begin{pmatrix} q \\ r \\ s \\ u_1 \\ u_2 \\ u_3 \end{pmatrix}_t = \begin{pmatrix} 2c_{2m} \\ -sb_{2m-1} \\ -rb_{2m-1} \\ 2g_{2m} \\ -sf_{2m-1} - u_3 b_{2m-1} \\ -rf_{2m-1} - u_2 b_{2m-1} \end{pmatrix}$$

$$= \begin{pmatrix} 0 & -2 & 0 & 0 & 0 & 0 \\ 2 & \partial & -q & 0 & 0 & 0 \\ 0 & q & -\partial & 0 & 0 & 0 \\ 0 & 0 & 0 & 0 & -2 & 0 \\ 0 & 0 & -u_1 & 2 & \partial & -q \\ 0 & u_1 & 0 & 0 & q & -\partial \end{pmatrix} \begin{pmatrix} b_{2m+1} \\ -c_{2m} \\ a_{2m} \\ f_{2m+1} \\ -g_{2m} \\ d_{2m} \end{pmatrix} = J \begin{pmatrix} b_{2m+1} \\ -c_{2m} \\ a_{2m} \\ f_{2m+1} \\ -g_{2m} \\ d_{2m} \end{pmatrix}. \tag{4-69}$$

由上面的递推式得

$$\begin{pmatrix} b_{2m+1} \\ -c_{2m} \\ a_{2m} \\ f_{2m+1} \\ -g_{2m} \\ d_{2m} \end{pmatrix} = \frac{1}{4} \begin{pmatrix} L_{11} & L_{12} & L_{13} & 0 & 0 & 0 \\ L_{21} & L_{22} & L_{23} & 0 & 0 & 0 \\ L_{31} & L_{32} & L_{33} & 0 & 0 & 0 \\ L_{41} & L_{42} & L_{43} & L_{11} & L_{12} & L_{13} \\ L_{51} & L_{52} & L_{53} & L_{21} & L_{22} & L_{23} \\ L_{61} & L_{62} & L_{63} & L_{31} & L_{32} & L_{33} \end{pmatrix} \begin{pmatrix} b_{2m-1} \\ -c_{2m-2} \\ a_{2m-2} \\ f_{2m-1} \\ -g_{2m-2} \\ d_{2m-2} \end{pmatrix} = L \begin{pmatrix} b_{2m-1} \\ -c_{2m-2} \\ a_{2m-2} \\ f_{2m-1} \\ -g_{2m-2} \\ d_{2m-2} \end{pmatrix},$$

其中

$$L_{11} = \partial^2 - 2s - q\partial^{-1}q\partial + 2q\partial^{-1}r, \quad L_{12} = \partial s - q\partial^{-1}qs,$$
$$L_{13} = \partial r - q\partial^{-1}qr, \quad L_{21} = -2\partial, \quad L_{22} = -2s, \quad L_{23} = -2r,$$
$$L_{31} = -2\partial^{-1}q\partial + 4\partial^{-1}r, \quad L_{32} = -2\partial^{-1}qs, \quad L_{33} = -2\partial^{-1}qr,$$
$$L_{41} = -2u_3 + 2q\partial^{-1}u_2 - q\partial^{-1}u_1\partial - u_1\partial^{-1}q\partial + 2u_1\partial^{-1}r,$$
$$L_{42} = \partial u_3 - q\partial^{-1}qu_3 - q\partial^{-1}u_1s - u_1\partial^{-1}qs,$$
$$L_{43} = \partial u_2 - q\partial^{-1}qu_2 - q\partial^{-1}u_1r - u_1\partial^{-1}qr,$$
$$L_{51} = 0, \quad L_{52} = -2u_3, \quad L_{53} = -2u_2, \quad L_{61} = 4\partial^{-1}u_2 - 2\partial^{-1}u_1\partial,$$
$$L_{62} = -2\partial^{-1}qu_3 - 2\partial^{-1}u_1s, \quad L_{63} = -2\partial^{-1}qu_2 - 2\partial^{-1}u_1r.$$

式 (4-69) 又可以写成

$$u_t = \begin{pmatrix} q \\ r \\ s \\ u_1 \\ u_2 \\ u_3 \end{pmatrix}_t = JL^m \begin{pmatrix} \beta q \\ 0 \\ 2\beta \\ \beta u_1 \\ 0 \\ 0 \end{pmatrix}, \tag{4-70}$$

在式 (4-70) 中, 取 $u_1 = u_2 = u_3 = 0$, 则式 (4-70) 约化为 BPT 方程族

$$u_t = \begin{pmatrix} q \\ r \\ s \end{pmatrix}_t = \begin{pmatrix} 2c_{2m} \\ -sb_{2m-1} \\ -rb_{2m-1} \end{pmatrix} = J_1 L_1^m \begin{pmatrix} \beta q \\ 0 \\ 2\beta \end{pmatrix}, \tag{4-71}$$

其中
$$J_1 = \begin{pmatrix} 0 & -2 & 0 \\ 2 & \partial & -q \\ 0 & q & -\partial \end{pmatrix},$$

$$L_1 = \frac{1}{4}\begin{pmatrix} \partial^2 - 2s - q\partial^{-1}q\partial + 2q\partial^{-1}r & \partial s - q\partial^{-1}qs & \partial r - q\partial^{-1}qr \\ -2\partial & -2s & -2r \\ -2\partial^{-1}q\partial + 4\partial^{-1}r & -2\partial^{-1}qs & -2\partial^{-1}qr \end{pmatrix}.$$

由可积耦合的定义知, 式 (4-70) 是式 (4-71) 的可积耦合. 此方法具有广泛的应用性, 可通过构造不同的 loop 代数, 然后建立恰当的等谱问题来获得一大批可积耦合.

近来, 周子翔引入了如下的 Lax 对[54]

$$\begin{cases} \phi_y = A\phi_x + U\phi, \\ \phi_t = B\phi_x + V\phi, \quad \lambda_t = 0 \end{cases} \quad (4\text{-}72)$$

由相容性条件得到

$$\begin{cases} U_t - V_y + [U,V] + AV_x - BU_x = 0, \\ [A,V] = [B,U], \end{cases} \quad (4\text{-}73)$$

其中 $A = \text{diag}\{a_1, a_2, \cdots, a_n\}, B = \text{diag}\{b_1, b_2, \cdots, b_n\}$, 借助屠格式和广义的零曲率方程 (4-73) 可以得到 (2+1) 维可积族.

首先, 构造线性空间 G

$$G = \text{span}\{e_1, e_2, e_3, e_4, e_5\}, \quad (4\text{-}74)$$

其换位运算为

$$[e_1,e_2] = 2e_2, \quad [e_1,e_3] = -2e_3, \quad [e_2,e_3] = e_1, \quad [e_1,e_4] = e_4, \quad [e_1,e_5] = -e_5,$$
$$[e_2,e_4] = 0, \quad [e_2,e_5] = e_4, \quad [e_3,e_4] = e_5, \quad [e_3,e_5] = [e_4,e_5] = 0. \quad (4\text{-}75)$$

定义运算

$$[a,b] = ab - ba. \quad (4\text{-}76)$$

易证运算 (4-75) 和运算 (4-76) 满足 Jacobi 恒等式, 因此式 (4-74) 构成一个李代数.

定义

$$e_i(n) = e_i \otimes \lambda^n \equiv e_i\lambda^n, \quad i = 1, 2, \cdots, 5.$$

记
$$\tilde{G} = \text{span}\{e_1(n), e_2(n), e_3(n), e_4(n), e_5(n)\},$$

则换位运算为

$$\begin{aligned}
&[e_1(m), e_2(n)] = 2e_2(m+n), \quad [e_1(m), e_3(n)] = -2e_3(m+n),\\
&[e_1(m), e_4(n)] = e_4(m+n), \quad [e_1(m), e_5(n)] = -e_5(m+n),\\
&[e_2(m), e_3(n)] = e_2(m+n), \quad [e_2(m), e_4(n)] = 0,\\
&[e_2(m), e_5(n)] = e_4(m+n), \quad [e_3(m), e_4(n)] = e_5(m+n), \quad [e_3(m), e_5(n)] = 0,\\
&[e_4(m), e_5(n)] = 0, \quad \deg(e_i(n)) = n, \quad i = 1, 2, 3, 4, 5.
\end{aligned} \tag{4-77}$$

因此, 换位运算为式 (4-77) 的 $\tilde{G}$ 构成 loop 代数.

考虑等谱问题

$$\begin{cases} \phi_y = \phi_x + U\phi,\\ U = -\dfrac{1}{2}e_1(1) + \dfrac{1}{2}(q-r)e_1(0) + qe_2(0) + re_3(0), \end{cases}$$

设

$$V = \sum_{m \geqslant 0}(a_m e_1(-m) + b_m e_2(-m) + c_m e_3(-m)),$$

解静态零曲率方程

$$V_y - V_x = [U, V], \tag{4-78}$$

得递推关系

$$\begin{cases}
a_{my} = a_{mx} + qc_m - rb_m,\\
b_{m+1} = b_{mx} - b_{my} + (q-r)b_m - 2qa_m,\\
c_{m+1} = c_{mx} - b_{my} + (q-r)c_m - 2ra_m,\\
a_0 = -\alpha \neq 0, \quad b_0 = c_0 = 0, \quad a_1 = 0, \quad b_1 = 2q\alpha, \quad c_1 = 2r\alpha.
\end{cases} \tag{4-79}$$

记

$$\begin{cases} V_+^{(n)} = \sum\limits_{m=0}^{n}(a_m e_1(n-m) + b_m e_2(n-m) + c_m e_3(n-m)),\\ V_-^{(n)} = \lambda^n V - V_+^{(n)}, \end{cases}$$

则方程 (4-78) 化为

$$V_{+x}^{(n)} - V_{+y}^{(n)} + [U, V_+^{(n)}] = V_{-y}^{(n)} - V_{-x}^{(n)} + [U, V_-^{(n)}],$$

易知上式左端阶数 $\geqslant 0$, 右端阶数 $\leqslant 0$, 故两端阶数都是 0. 据此可得

$$V_{+x}^{(n)} - V_{+y}^{(n)} + [U, V_+^{(n)}] = b_{n+1}e_2(0) - c_{n+1}e_3(0).$$

4.5 一类多分量的 6 维 loop 代数及 BPT 方程族的可积耦合

取
$$V^{(n)} = V^{(n)}_+ + \Delta_n, \quad \Delta_n = -\frac{1}{2}(c_n - b_n + 2a_n)e_1(0),$$

计算得
$$V^{(n)}_{+x} - V^{(n)}_{+y} + [U, V^{(n)}_+] = \left[\frac{1}{2}(c_n - b_n + 2a_n)_y - \frac{1}{2}(c_n - b_n + 2a_n)_x\right]e_1(0)$$
$$+ (b_{n+1} + q(c_n - b_n + 2a_n))e_2(0)$$
$$- (c_{n+1} + r(c_n - b_n + 2a_n))e_3(0),$$

则由零曲率方程
$$U_t - U_x + V^{(n)}_x - V^{(n)}_y + [U, V^{(n)}] = 0 \tag{4-80}$$

确定可积系
$$\begin{pmatrix} q \\ r \end{pmatrix}_t = \begin{pmatrix} q \\ r \end{pmatrix}_x + \begin{pmatrix} -b_{n+1} - q(c_n - b_n + 2a_n) \\ c_{n+1} + r(c_n - b_n + 2a_n) \end{pmatrix}. \tag{4-81}$$

记
$$\bar{b}_n = b_n - a_n, \quad \bar{c}_n = c_n + a_n,$$

则
$$\begin{pmatrix} q \\ r \end{pmatrix}_t = \begin{pmatrix} \partial_x & 0 \\ 0 & \partial_x \end{pmatrix} \begin{pmatrix} q \\ r \end{pmatrix} + \begin{pmatrix} 0 & \partial_y - \partial_x \\ \partial_y - \partial_x & 0 \end{pmatrix} \begin{pmatrix} \bar{c}_n \\ \bar{b}_n \end{pmatrix}$$
$$= J_1 \begin{pmatrix} q \\ r \end{pmatrix} + J_2 \begin{pmatrix} \bar{c}_n \\ \bar{b}_n \end{pmatrix}. \tag{4-82}$$

由式 (4-79), 得递推算子 L
$$\begin{pmatrix} \bar{c}_{n+1} \\ \bar{b}_{n+1} \end{pmatrix} = L \begin{pmatrix} \bar{c}_n \\ \bar{b}_n \end{pmatrix}, \tag{4-83}$$

其中
$$L = \begin{pmatrix} \partial_y - \partial_x - r + (\partial_y - \partial_x)^{-1}q(\partial_y - \partial_x) & r + (\partial_y - \partial_x)^{-1}r(\partial_y - \partial_x) \\ -q - (\partial_y - \partial_x)^{-1}q(\partial_y - \partial_x) & \partial_y - \partial_x + q - (\partial_y - \partial_x)^{-1}q(\partial_y - \partial_x) \end{pmatrix},$$

所以, 式 (4-82) 可写成
$$\begin{pmatrix} q \\ r \end{pmatrix}_t = J_1 \begin{pmatrix} q \\ r \end{pmatrix} + J_2 L^{n-1} \begin{pmatrix} 2\alpha r \\ 2\alpha q \end{pmatrix}$$

如果取 $\partial_x = \partial_x^{-1} = 0$, 上式即化为 Levi 族, 则称式 (4-83) 为广义 (2+1) 维 Levi 族.

下面研究广义 (2+1) 维 Levi 族 (4-83) 的扩展可积模型.

考虑等谱问题
$$\varphi_y = \varphi_x + U\varphi,$$
$$U = -\frac{1}{2}e_1(1) + \frac{1}{2}(u_1 - u_2)e_1(0) + u_1 e_2(0) + u_2 e_3(0) + u_3 e_4(0) + u_4 e_5(0).$$

设
$$V = \sum_{m \geqslant 0}(a_m e_1(-m) + b_m e_2(-m) + c_m e_3(-m) + d_m e_4(-m) + f_m e_5(-m)),$$

解静态零曲率方程
$$V_x = [U, V]$$

得递推关系
$$\begin{cases} a_{my} = a_{mx} + u_1 c_m - u_2 b_m, \\ b_{m+1} = b_{mx} - b_{my} + (u_1 - u_2)b_m - 2u_1 a_m, \\ c_{m+1} = c_{mx} - b_{my} + (u_1 - u_2)c_m - 2u_2 a_m, \\ d_{m+1} = 2(d_{mx} - d_{my}) + (u_1 - u_2)c_m + 2u_1 f_m - 2u_3 a_m - 2u_4 b_m, \\ f_{m+1} = 2(f_{mx} - f_{my}) + (u_1 - u_2)f_m - 2u_2 d_m + 2u_3 c_m - 2u_4 a_m, \\ a_0 = -\alpha \neq 0, \quad b_0 = c_0 = d_0 = f_0 = 0, \quad a_1 = 0, \quad b_1 = 2u_1\alpha, \\ c_1 = 2u_2\alpha, \quad d_1 = 2u_3\alpha, \quad f_1 = 2u_4\alpha. \end{cases} \quad (4\text{-}84)$$

同理, 有
$$V_{+x}^{(n)} - V_{+y}^{(n)} + [U, V_+^{(n)}] = b_{n+1}e_2(0) - c_{n+1}e_3(0) + \frac{1}{2}d_{n+1}e_4(0) - \frac{1}{2}f_{n+1}e_5(0).$$

取
$$V^{(n)} = V_+^{(n)} + \Delta_n, \quad \Delta_n = -\frac{1}{2}(c_n - b_n + 2a_n)e_1(0),$$

则
$$\begin{aligned} V_{+x}^{(n)} - V_{+y}^{(n)} + [U, V_+^{(n)}] = &\left[\frac{1}{2}(c_n - b_n + 2a_n)_y - \frac{1}{2}(c_n - b_n + 2a_n)_x\right]e_1(0) \\ &+ (b_{n+1} + u_1(c_n - b_n + 2a_n))e_2(0) \\ &- (c_{n+1} + u_2(c_n - b_n + 2a_n))e_3(0) \\ &+ \frac{1}{2}(d_{n+1} + u_3(c_n - b_n + 2a_n))e_4(0) \\ &- \frac{1}{2}(f_{n+1} + u_4(c_n - b_n + 2a_n))e_5(0). \end{aligned}$$

4.5 一类多分量的 6 维 loop 代数及 BPT 方程族的可积耦合

记
$$\bar{b}_n = b_n - a_n, \quad \bar{c}_n = c_n + a_n,$$

则由零曲率方程 (4-80) 确定可积系

$$\begin{pmatrix} u_1 \\ u_2 \\ u_3 \\ u_4 \end{pmatrix}_t = \begin{pmatrix} \partial_x & 0 & 0 & 0 \\ 0 & \partial_x & 0 & 0 \\ 0 & 0 & \partial_x & 0 \\ 0 & 0 & 0 & \partial_x \end{pmatrix} \begin{pmatrix} u_1 \\ u_2 \\ u_3 \\ u_4 \end{pmatrix} + \begin{pmatrix} -b_{n+1} - u_1(c_n - b_n + 2a_n) \\ c_{n+1} + u_2(c_n - b_n + 2a_n) \\ -\dfrac{1}{2}(d_{n+1} + u_3(c_n - b_n + 2a_n)) \\ \dfrac{1}{2}(f_{n+1} + u_4(c_n - b_n + 2a_n)) \end{pmatrix}$$

$$= \tilde{J}_1 \begin{pmatrix} u_1 \\ u_2 \\ u_3 \\ u_4 \end{pmatrix} + \begin{pmatrix} 0 & \partial_y - \partial_x & 0 & 0 \\ \partial_y - \partial_x & 0 & 0 & 0 \\ -\dfrac{1}{2}u_3 & \dfrac{1}{2}u_3 & 0 & -\dfrac{1}{2} \\ \dfrac{1}{2}u_4 & -\dfrac{1}{2}u_4 & \dfrac{1}{2} & 0 \end{pmatrix} \begin{pmatrix} \bar{c}_n \\ \bar{b}_n \\ f_{n+1} \\ d_{n+1} \end{pmatrix}$$

$$= \tilde{J}_1 \begin{pmatrix} u_1 \\ u_2 \\ u_3 \\ u_4 \end{pmatrix} + \tilde{J}_2 \begin{pmatrix} \bar{c}_n \\ \bar{b}_n \\ f_{n+1} \\ d_{n+1} \end{pmatrix}, \tag{4-85}$$

由递推关系式 (4-84) 可得递推算子 $\tilde{L}$

$$\begin{pmatrix} \bar{c}_n \\ \bar{b}_n \\ f_{n+1} \\ d_{n+1} \end{pmatrix} = \begin{pmatrix} A & B & 0 & 0 \\ C & D & 0 & 0 \\ E & F & 2(\partial_y - \partial_x) + u_1 - u_2 & -2u_2 \\ G & H & 2u_1 & 2(\partial_y - \partial_x) + u_1 - u_2 \end{pmatrix} \begin{pmatrix} \bar{c}_{n-1} \\ \bar{b}_{n-1} \\ f_n \\ d_n \end{pmatrix}$$

$$= \tilde{L} \begin{pmatrix} \bar{c}_{n-1} \\ \bar{b}_{n-1} \\ f_n \\ d_n \end{pmatrix},$$

其中,

$$A = \partial_y - \partial_x - u_2 + (\partial_y - \partial_x)^{-1} u_1 (\partial_y - \partial_x), \quad B = u_2 + (\partial_y - \partial_x)^{-1} u_2 (\partial_y - \partial_x),$$
$$C = -u_1 - (\partial_y - \partial_x)^{-1} u_1 (\partial_y - \partial_x), \quad D = \partial_x - \partial_y + u_1 - (\partial_y - \partial_x)^{-1} u_2 (\partial_y - \partial_x)$$
$$E = 2u_3(\partial_y - \partial_x) - 2u_2 u_3 - 2u_4 (\partial_y - \partial_x)^{-1} u_1 (\partial_y - \partial_x),$$
$$F = 2u_2 u_3 - 2u_4 (\partial_y - \partial_x)^{-1} u_2 (\partial_y - \partial_x), \quad G = 2u_1 u_4 - 2u_3 (\partial_y - \partial_x)^{-1} u_1 (\partial_y - \partial_x),$$
$$H = 2u_4(\partial_y - \partial_x) - 2u_1 u_4 - 2u_3 (\partial_y - \partial_x)^{-1} u_2 (\partial_y - \partial_x),$$

所以, 可积系统 (4-85) 可写成

$$\begin{pmatrix} u_1 \\ u_2 \\ u_3 \\ u_4 \end{pmatrix}_t = \tilde{J}_1 \begin{pmatrix} u_1 \\ u_2 \\ u_3 \\ u_4 \end{pmatrix} + \tilde{J}_2 \tilde{L}^{n-1} \begin{pmatrix} 2\alpha u_1 \\ 2\alpha u_2 \\ 2\alpha u_4(u_1 - u_2) + 4\alpha(u_{4y} - u_{4x}) \\ 2\alpha u_3(u_1 - u_2) + 4\alpha(u_{3x} - u_{3y}) \end{pmatrix}. \quad (4\text{-}86)$$

当 $u_3 = u_4 = 0$, $u_1 = q$, $u_2 = r$ 时, 式 (4-86) 化为 Levi 族. 因此, 称可积族 (4-86) 为 (2+1) 维广义 Levi 族的扩展可积模型.

当 $u_3 = u_4 = 0$, $u_1 = q$, $u_2 = r, \partial_x = \partial_x^{-1} = 0$ 时, 式 (4-86) 化为非线性方程

$$\begin{cases} q_t = -2\alpha q_{xx} + 4\alpha q q_x - 4\alpha (qr)_x, \\ r_t = 2\alpha r_{xx} - 4\alpha r r_x + 4\alpha (qr)_x; \end{cases}$$

当 $q = r$ 时, 上式约化为 Burgers 方程

$$r_t = 2\alpha r_{xx} + 4\alpha r r_x.$$

4.6 矩阵李代数的特征数及方程族的可积耦合

屠规彰在文献 [34] 中利用下面两个李代数获得了许多经典可积族

$$A_{11} = \text{span}\{h, e, f\}, \quad (4\text{-}87)$$

其中

$$h = \begin{pmatrix} 1 & 0 \\ 0 & -1 \end{pmatrix}, \quad e = \begin{pmatrix} 0 & 1 \\ 0 & 0 \end{pmatrix}, \quad f = \begin{pmatrix} 0 & 0 \\ 1 & 0 \end{pmatrix};$$

$$A_{12} = \text{span}\{\bar{h}, e_\pm\}, \quad (4\text{-}88)$$

其中

$$\bar{h} = \frac{1}{2} \begin{pmatrix} 1 & 0 \\ 0 & -1 \end{pmatrix}, \quad e_\pm = \frac{1}{2} \begin{pmatrix} 0 & 1 \\ \pm 1 & 0 \end{pmatrix}.$$

近来, 发现有许多耦合系统不能得出其 Hamilton 结构. 下面的李代数就属于这种情形.

$$A_{21} = \text{span}\{p_i\}_{i=1}^5, \quad (4\text{-}89)$$

4.6 矩阵李代数的特征数及方程族的可积耦合

其中

$$p_1 = \begin{pmatrix} 1 & 0 & 0 \\ 0 & -1 & 0 \\ 0 & 0 & 0 \end{pmatrix}, \quad p_2 = \begin{pmatrix} 0 & 1 & 0 \\ 0 & 0 & 0 \\ 0 & 0 & 0 \end{pmatrix}, \quad p_3 = \begin{pmatrix} 0 & 0 & 0 \\ 1 & 0 & 0 \\ 0 & 0 & 0 \end{pmatrix},$$

$$p_4 = \begin{pmatrix} 0 & 0 & 1 \\ 0 & 0 & 0 \\ 0 & 0 & 0 \end{pmatrix}, \quad p_5 = \begin{pmatrix} 0 & 0 & 0 \\ 0 & 0 & 1 \\ 0 & 0 & 0 \end{pmatrix},$$

其换位关系为

$$[p_1, p_2] = 2p_2, \quad [p_1, p_3] = -2p_3, \quad [p_2, p_3] = p_1, \quad [p_1, p_4] = p_4, \quad [p_1, p_5] = -p_5,$$
$$[p_2, p_4] = 0, \quad [p_2, p_5] = p_4, \quad [p_3, p_4] = p_5, \quad [p_3, p_5] = [p_4, p_5] = 0,$$

以及

$$A_{22} = \mathrm{span}\{g_i\}_{i=1}^5, \tag{4-90}$$

其中

$$g_1 = \frac{1}{2}\begin{pmatrix} 1 & 0 & 0 \\ 0 & -1 & 0 \\ 0 & 0 & 0 \end{pmatrix}, \quad g_2 = \frac{1}{2}\begin{pmatrix} 0 & 1 & 0 \\ 1 & 0 & 0 \\ 0 & 0 & 0 \end{pmatrix}, \quad g_3 = \frac{1}{2}\begin{pmatrix} 0 & 1 & 0 \\ -1 & 0 & 0 \\ 0 & 0 & 0 \end{pmatrix},$$

$$g_4 = \begin{pmatrix} 0 & 0 & 1 \\ 0 & 0 & 0 \\ 0 & 0 & 0 \end{pmatrix}, \quad g_5 = \begin{pmatrix} 0 & 0 & 0 \\ 0 & 0 & 1 \\ 0 & 0 & 0 \end{pmatrix},$$

其换位关系为

$$[g_1, g_2] = g_3, \quad [g_1, g_3] = g_2, \quad [g_2, g_3] = -g_1, \quad [g_1, g_4] = \frac{1}{2}g_5, \quad [g_1, g_5] = \frac{1}{2}g_4,$$
$$[g_2, g_4] = \frac{1}{2}g_4, \quad [g_3, g_4] = \frac{1}{2}g_5, \quad [g_2, g_5] = -\frac{1}{2}g_5, \quad [g_3, g_5] = -\frac{1}{2}g_4, \quad [g_4, g_5] = 0.$$

下面引入李代数特征数的定义对李代数进行分类,说明哪些李代数对于生成的可积耦合系统,利用二次型恒等式决定其 Hamilton 结构.

我们知道等谱问题

$$\begin{cases} \varphi_x = U\varphi, \\ \varphi_t = V\varphi \end{cases}$$

的相容性条件等价于零曲率方程

$$U_t - V_x + [U, V] = 0.$$

为了推演孤子可积系统, 必须先求出相应的静态零曲率方程的解 V

$$V_x = [U, V], \tag{4-91}$$

这是关于 V 的线性矩阵方程, 因此如果假设 Z 与 V 都是式 (4-91) 的解, 那么它们一定是线性相关的, 故表示为

$$Z = \gamma V, \tag{4-92}$$

其中 γ 是常数, 我们把这里的常数 γ 称作特征数.

在文献 [32] 中, 取

$$Z = [W, V] - \frac{\partial V}{\partial \lambda} \equiv [W, V] - V_\lambda, \tag{4-93}$$

其中矩阵 W 满足

$$W_x = U_\lambda + [U, W]. \tag{4-94}$$

利用式 (4-92), 直接计算可以验证式 (4-93) 和式 (4-94) 满足静态零曲率方程 (4-91). 文献 [56] 中得到了向量李代数情形下对应的常数 γ 的计算公式. 下面针对能产生可积耦合系统的矩阵李代数的特征数展开讨论.

考虑李代数

$$s\mu(4)_1 = \mathrm{span}\{T_i\}_{i=1}^6, \tag{4-95}$$

其中

$$T_1 = \begin{pmatrix} 1 & 0 & 0 & 0 \\ 0 & -1 & 0 & 0 \\ 0 & 0 & 1 & 0 \\ 0 & 0 & 0 & -1 \end{pmatrix}, \quad T_2 = \begin{pmatrix} 0 & 1 & 0 & 0 \\ 0 & 0 & 0 & 0 \\ 0 & 0 & 0 & 1 \\ 0 & 0 & 0 & 0 \end{pmatrix}, \quad T_3 = \begin{pmatrix} 0 & 0 & 0 & 0 \\ 1 & 0 & 0 & 0 \\ 0 & 0 & 0 & 0 \\ 0 & 0 & 1 & 0 \end{pmatrix},$$

$$T_4 = \begin{pmatrix} 0 & 0 & 1 & 0 \\ 0 & 0 & 0 & -1 \\ 0 & 0 & 0 & 0 \\ 0 & 0 & 0 & 0 \end{pmatrix}, \quad T_5 = \begin{pmatrix} 0 & 0 & 0 & 1 \\ 0 & 0 & 0 & 0 \\ 0 & 0 & 0 & 0 \\ 0 & 0 & 0 & 0 \end{pmatrix}, \quad T_6 = \begin{pmatrix} 0 & 0 & 0 & 0 \\ 0 & 0 & 1 & 0 \\ 0 & 0 & 0 & 0 \\ 0 & 0 & 0 & 0 \end{pmatrix},$$

$[T_1, T_2] = 2T_2, \quad [T_1, T_3] = -2T_3, \quad [T_2, T_3] = T_1, \quad [T_1, T_4] = 0, \quad [T_1, T_5] = 2T_5,$
$[T_2, T_5] = 0, \quad [T_2, T_6] = T_4, \quad [T_3, T_4] = 2T_6, \quad [T_3, T_5] = -T_4, \quad [T_1, T_6] = -2T_6,$
$[T_3, T_6] = [T_4, T_5] = [T_4, T_6] = [T_5, T_6] = 0.$

利用李代数, 建立如下形式的等谱问题

$$U = \sum_{i=1}^{6} u_i T_i, \quad V = aT_1 + bT_2 + cT_3 + dT_4 + eT_5 + fT_6, \tag{4-96}$$

式 (4-91) 通过下面递推关系给出解 V

$$\begin{cases} a_x = u_2 c - u_3 b, & b_x = 2u_1 b - 2u_2 a, \\ c_x = -2u_1 c + 2u_3 a, \\ d_x = u_2 f - u_3 e + u_5 c - u_6 b, \\ e_x = 2u_1 e - 2u_2 d + 2u_4 b - 2u_5 a, \\ f_x = -2u_1 f + 2u_3 d - 2u_4 c + 2u_6 a. \end{cases} \quad (4\text{-}97)$$

由于
$$b_x c + b c_x = -2u_2 ac + 2u_3 ab, \quad -2aa_x = -2u_2 ac + 2u_3 ab,$$

所以有
$$b_x c + b c_x + 2aa_x = 0.$$

记 $P_1 = a^2 + bc$,则 $P_{1,x} = 0$.

因
$$ce_x + bf_x = 2u_1 ce - 2u_2 cd - 2u_5 ca - 2u_1 fb + 2u_3 bd + 2u_6 ab,$$
$$c_x e + b_x f = -2u_1 ce + 2u_3 ae + 2u_1 bf - 2u_2 af,$$

故
$$(ce + bf)_x + 2ad_x = -2u_2 cd + 2u_3 bd = -2a_x d, \quad (ce + bf + 2ad)_x = 0.$$

再记 $P_2 = ce + bf + 2ad$,有 $P_{2,x} = 0$.

取 $W = \sum_{i=1}^{6} w_i T_i$ 从式 (4-92)~式 (4-94) 可得出

$$\begin{cases} a_\lambda + \gamma a = w_2 c - w_3 b, \\ b_\lambda + \gamma b = 2w_1 b - 2w_2 a, \\ c_\lambda + \gamma c = -2w_1 c + 2w_3 a, \\ d_\lambda + \gamma d = w_2 f - w_3 e + w_5 c - w_6 b, \\ e_\lambda + \gamma e = 2w_1 e - 2w_2 d + 2w_4 b - 2w_5 a, \\ f_\lambda + \gamma f = -2w_1 f + 2w_3 d - 2w_4 c + 2w_6 a. \end{cases} \quad (4\text{-}98)$$

又由于
$$2aa_\lambda + cb_\lambda + c_\lambda b = -2\gamma(a^2 + bc),$$

所以有
$$\frac{\mathrm{d}P_1}{\mathrm{d}\lambda} = -2\gamma P_1, \quad \gamma_{11} \equiv \gamma = -\frac{1}{2\lambda}\ln|P_1|. \quad (4\text{-}99)$$

从式 (4-98) 我们有

$$(ce + bf + 2ad)_\lambda = -2\gamma(ce + bf + 2ad),$$

即 $\dfrac{\mathrm{d}P_2}{\mathrm{d}\lambda} = -2\gamma P_2$, 故

$$\gamma_{12} \equiv \gamma = -\frac{1}{2\lambda} \ln |P_2|, \tag{4-100}$$

其中 $P_2 = ce + bf + 2da$.

由于李代数 (4-95) 可以分解为 G_1 与 G_2 两个李代数的直和, 即

$$s\mu(4)_1 = G_1 \oplus G_2, \quad [G_1, G_2] \subset G_2, \quad G_1 \cong A_{11}, \tag{4-101}$$

那么式 (4-99) 与式 (4-100) 分别是相应于李代数 G_1 和 G_2 的特征数. 又因为 $G_1 \cong A_{11}$, 所以李代数 G_1 和 A_{11} 有相同的特征数, 李代数 (4-95) 的特征数是 γ_{12}.

考虑李代数

$$s\mu(4)_2 = \mathrm{span}\{f_i\}_{i=1}^{6}, \tag{4-102}$$

其中

$$f_1 = \frac{1}{2}\begin{pmatrix} 1 & 0 & 0 & 0 \\ 0 & -1 & 0 & 0 \\ 0 & 0 & 1 & 0 \\ 0 & 0 & 0 & -1 \end{pmatrix}, \quad f_2 = \frac{1}{2}\begin{pmatrix} 0 & 1 & 0 & 0 \\ -1 & 0 & 0 & 0 \\ 0 & 0 & 0 & 1 \\ 0 & 0 & -1 & 0 \end{pmatrix},$$

$$f_3 = \frac{1}{2}\begin{pmatrix} 0 & 1 & 0 & 0 \\ 1 & 0 & 0 & 0 \\ 0 & 0 & 0 & 1 \\ 0 & 0 & 1 & 0 \end{pmatrix}, \quad f_4 = \frac{1}{2}\begin{pmatrix} 0 & 0 & 1 & 0 \\ 0 & 0 & 0 & -1 \\ 0 & 0 & 0 & 0 \\ 0 & 0 & 0 & 0 \end{pmatrix},$$

$$f_5 = \frac{1}{2}\begin{pmatrix} 0 & 0 & 0 & 1 \\ 0 & 0 & 1 & 0 \\ 0 & 0 & 0 & 0 \\ 0 & 0 & 0 & 0 \end{pmatrix}, \quad f_6 = \frac{1}{2}\begin{pmatrix} 0 & 0 & 0 & 1 \\ 0 & 0 & -1 & 0 \\ 0 & 0 & 0 & 0 \\ 0 & 0 & 0 & 0 \end{pmatrix},$$

$[f_1, f_2] = f_3,\quad [f_1, f_3] = f_2,\quad [f_2, f_3] = f_1,\quad [f_1, f_4] = 0,\quad [f_1, f_5] = f_6,$
$[f_1, f_6] = f_5,\quad [f_2, f_4] = -f_5,\quad [f_2, f_5] = f_4,\quad [f_2, f_6] = 0,\quad [f_3, f_4] = -f_6,$
$[f_3, f_5] = 0,\quad [f_3, f_6] = -f_4,\quad [f_4, f_5] = [f_4, f_6] = [f_5, f_6] = 0.$

通过李代数 (4-102) 建立 Lax 对

$$\begin{cases} U = \displaystyle\sum_{i=1}^{6} u_i f_i, \\ V = af_1 + bf_2 + cf_3 + df_4 + ef_5 + hf_6, \end{cases}$$

4.6 矩阵李代数的特征数及方程族的可积耦合

有

$$\begin{cases} a_x = u_2 c - u_3 b, & b_x = u_1 c - u_3 a, & c_x = u_1 b - u_2 a, \\ d_x = u_2 e - u_3 h - u_5 b + u_6 c, \\ e_x = u_1 h - u_2 d + u_4 b - u_6 a, \\ h_x = u_1 e - u_3 d + u_4 c - u_5 a. \end{cases} \quad (4\text{-}103)$$

记 $P_3 = b^2 - a^2 - c^2$, $P_4 = ce + ad - bh$, 从李代数 (4-102) 可以得出 $P_{3,x} = P_{4,x} = 0$.

令 $W = \sum\limits_{i=1}^{6} w_i f_i$, 再利用式 (4-92)~ 式 (4-94) 得出

$$\begin{cases} a_\lambda + \gamma a = w_2 c - w_3 b, \\ b_\lambda + \gamma b = -w_3 a + w_1 c, \\ c_\lambda + \gamma c = w_1 b - w_2 a, \\ d_\lambda + \gamma d = w_2 e - w_3 h - w_5 b + w_6 c, \\ e_\lambda + \gamma e = w_1 h - w_2 d + w_4 b - w_6 a, \\ h_\lambda + \gamma h = w_1 e - w_3 d + w_4 c - w_5 a, \end{cases} \quad (4\text{-}104)$$

直接计算, 有

$$bb_\lambda - aa_\lambda - cc_\lambda + \gamma(b^2 - a^2 - c^2) = 0,$$

$$\frac{\mathrm{d}P_3}{\mathrm{d}\lambda} = -2\gamma P_3, \quad \gamma_{21} \equiv \gamma = -\frac{1}{2\lambda} \ln|P_3|.$$

同样地, 可以得出

$$\frac{\mathrm{d}P_4}{\mathrm{d}\lambda} = -2\gamma P_4, \quad \gamma_{22} = -\frac{1}{2\lambda} \ln|P_4|.$$

从李代数 (4-95) 和李代数 (4-102) 发现这两个李代数确实不同. 因此, 利用特征数可以区分产生可积耦合系统的李代数. 为了说明特征数在李代数中的作用, 下面引入两个比李代数 (4-95) 和李代数 (4-102) 更复杂的李代数.

情形 1 考虑李代数[56]

$$s\mu(6)_1 = \mathrm{span}\{\tilde{T}_i\}_{i=1}^{9}, \quad (4\text{-}105)$$

其中

$$\tilde{T}_1 = \begin{pmatrix} 1 & 0 & 0 & 0 & 0 & 0 \\ 0 & -1 & 0 & 0 & 0 & 0 \\ 0 & 0 & 1 & 0 & 0 & 0 \\ 0 & 0 & 0 & -1 & 0 & 0 \\ 0 & 0 & 0 & 0 & 1 & 0 \\ 0 & 0 & 0 & 0 & 0 & -1 \end{pmatrix}, \quad \tilde{T}_2 = \begin{pmatrix} 0 & 1 & 0 & 0 & 0 & 0 \\ 0 & 0 & 0 & 0 & 0 & 0 \\ 0 & 0 & 0 & 1 & 0 & 0 \\ 0 & 0 & 0 & 0 & 0 & 0 \\ 0 & 0 & 0 & 0 & 0 & 1 \\ 0 & 0 & 0 & 0 & 0 & 0 \end{pmatrix},$$

$$\tilde{T}_3 = \begin{pmatrix} 0 & 0 & 0 & 0 & 0 & 0 \\ 1 & 0 & 0 & 0 & 0 & 0 \\ 0 & 0 & 0 & 0 & 0 & 0 \\ 0 & 0 & 1 & 0 & 0 & 0 \\ 0 & 0 & 0 & 0 & 0 & 0 \\ 0 & 0 & 0 & 0 & 1 & 0 \end{pmatrix}, \quad \tilde{T}_4 = \begin{pmatrix} 0 & 0 & 1 & 0 & 0 & 0 \\ 0 & 0 & 0 & -1 & 0 & 0 \\ 0 & 0 & 0 & 0 & 1 & 0 \\ 0 & 0 & 0 & 0 & 0 & -1 \\ 0 & 0 & 0 & 0 & 0 & 0 \\ 0 & 0 & 0 & 0 & 0 & 0 \end{pmatrix},$$

$$\tilde{T}_5 = \begin{pmatrix} 0 & 0 & 0 & 1 & 0 & 0 \\ 0 & 0 & 0 & 0 & 0 & 0 \\ 0 & 0 & 0 & 0 & 0 & 1 \\ 0 & 0 & 0 & 0 & 0 & 0 \\ 0 & 0 & 0 & 0 & 0 & 0 \\ 0 & 0 & 0 & 0 & 0 & 0 \end{pmatrix}, \quad \tilde{T}_6 = \begin{pmatrix} 0 & 0 & 0 & 0 & 0 & 0 \\ 0 & 0 & 1 & 0 & 0 & 0 \\ 0 & 0 & 0 & 0 & 0 & 0 \\ 0 & 0 & 0 & 0 & 1 & 0 \\ 0 & 0 & 0 & 0 & 0 & 0 \\ 0 & 0 & 0 & 0 & 0 & 0 \end{pmatrix},$$

$$\tilde{T}_7 = \begin{pmatrix} 0 & 0 & 0 & 0 & 1 & 0 \\ 0 & 0 & 0 & 0 & 0 & -1 \\ 0 & 0 & 0 & 0 & 0 & 0 \\ 0 & 0 & 0 & 0 & 0 & 0 \\ 0 & 0 & 0 & 0 & 0 & 0 \\ 0 & 0 & 0 & 0 & 0 & 0 \end{pmatrix}, \quad \tilde{T}_8 = \begin{pmatrix} 0 & 0 & 0 & 0 & 0 & 1 \\ 0 & 0 & 0 & 0 & 0 & 0 \\ 0 & 0 & 0 & 0 & 0 & 0 \\ 0 & 0 & 0 & 0 & 0 & 0 \\ 0 & 0 & 0 & 0 & 0 & 0 \\ 0 & 0 & 0 & 0 & 0 & 0 \end{pmatrix},$$

$$\tilde{T}_9 = \begin{pmatrix} 0 & 0 & 0 & 0 & 0 & 0 \\ 0 & 0 & 0 & 0 & 1 & 0 \\ 0 & 0 & 0 & 0 & 0 & 0 \\ 0 & 0 & 0 & 0 & 0 & 0 \\ 0 & 0 & 0 & 0 & 0 & 0 \\ 0 & 0 & 0 & 0 & 0 & 0 \end{pmatrix},$$

换位运算为

$[\tilde{T}_1, \tilde{T}_2] = 2\tilde{T}_2, \quad [\tilde{T}_1, \tilde{T}_3] = -2\tilde{T}_3, \quad [\tilde{T}_2, \tilde{T}_3] = \tilde{T}_1, \quad [\tilde{T}_1, \tilde{T}_4] = 0, \quad [\tilde{T}_1, \tilde{T}_5] = 2\tilde{T}_5,$
$[\tilde{T}_1, \tilde{T}_6] = -2\tilde{T}_6, \quad [\tilde{T}_1, \tilde{T}_7] = 0, \quad [\tilde{T}_1, \tilde{T}_8] = 2\tilde{T}_8, \quad [\tilde{T}_1, \tilde{T}_9] = -2\tilde{T}_9, \quad [\tilde{T}_2, \tilde{T}_5] = 0,$
$[\tilde{T}_2, \tilde{T}_4] = -2\tilde{T}_5, \quad [\tilde{T}_2, \tilde{T}_6] = \tilde{T}_4, \quad [\tilde{T}_2, \tilde{T}_7] = -2\tilde{T}_8, \quad [\tilde{T}_2, \tilde{T}_8] = 0, \quad [\tilde{T}_2, \tilde{T}_9] = \tilde{T}_7,$
$[\tilde{T}_3, \tilde{T}_4] = 2\tilde{T}_6, \quad [\tilde{T}_3, \tilde{T}_5] = -\tilde{T}_4, \quad [\tilde{T}_3, \tilde{T}_6] = 0, \quad [\tilde{T}_3, \tilde{T}_7] = 2\tilde{T}_9, \quad [\tilde{T}_3, \tilde{T}_8] = -\tilde{T}_7,$
$[\tilde{T}_3, \tilde{T}_9] = 0, \quad [\tilde{T}_4, \tilde{T}_5] = 2\tilde{T}_8, \quad [\tilde{T}_4, \tilde{T}_6] = -2\tilde{T}_9, \quad [\tilde{T}_5, \tilde{T}_6] = \tilde{T}_7,$
$[\tilde{T}_5 \tilde{T}_7] = [\tilde{T}_5, \tilde{T}_8] = [\tilde{T}_4, \tilde{T}_7] = [\tilde{T}_4, \tilde{T}_8] = [\tilde{T}_4, \tilde{T}_9] = [\tilde{T}_5, \tilde{T}_9] = [\tilde{T}_6, \tilde{T}_7]$
$\quad = [\tilde{T}_6, \tilde{T}_8] = [\tilde{T}_8, \tilde{T}_9] = 0,$
$[\tilde{T}_6, \tilde{T}_9] = [\tilde{T}_7, \tilde{T}_8] = [\tilde{T}_7, \tilde{T}_9] = 0.$

4.6 矩阵李代数的特征数及方程族的可积耦合

取 Lax 对

$$\begin{cases} U = \sum_{i=1}^{9} u_i \tilde{T}_i, \\ V = a\tilde{T}_1 + b\tilde{T}_2 + c\tilde{T}_3 + d\tilde{T}_4 + e\tilde{T}_5 + f\tilde{T}_6 + g\tilde{T}_7 + h\tilde{T}_8 + w\tilde{T}_9, \end{cases}$$

利用递推式表达解 V

$$\begin{aligned} &a_x = u_2 c - u_3 b, \quad b_x = 2u_1 b - 2u_2 a, \\ &c_x = -2u_1 c + 2u_3 a, \quad d_x = u_2 f - u_3 e + u_5 c - u_6 b, \\ &e_x = 2u_1 e - 2u_2 d + 2u_4 b - 2u_5 a, \\ &f_x = -2u_1 f + 2u_3 d - 2u_4 c + 2u_6 a, \\ &g_x = u_2 w - u_3 h + u_5 f - u_6 e + u_8 c - u_9 b, \\ &h_x = 2u_1 h - 2u_2 g - 2u_5 d + 2u_4 e + 2u_7 b - 2u_8 a, \\ &w_x = -2u_1 w + 2u_3 g - 2u_4 f + 2u_6 d - 2u_7 c + 2u_9 a, \end{aligned} \quad (4\text{-}106)$$

记 $P_1 = a^2 + bc$. 由于

$$ce_x + bf_x = 2u_1 ce - 2u_2 cd - 2u_5 ac - 2u_1 bf + 2u_3 bd + 2u_6 ab,$$
$$ec_x + b_x f = -2u_1 ce + 2u_3 ae + 2u_1 bf - 2u_2 af,$$

因此

$$(ce + bf)_x = -2u_2 cd - 2u_5 ac + 2u_3 bd + 2u_6 ab + 2u_3 ae - 2u_2 af.$$

又由

$$2da_x + 2ad_x = 2u_2 cd - 2u_3 bd - 2u_2 af - 2u_3 ae + 2u_5 ac - 2u_6 ab,$$

得出 $(ce + bf + 2ad)_x = 0$, 推出 $P_{2,x} = 0$, 这与前面李代数 (4-95) 是一致的. 从方程 (4-106) 有

$$\begin{aligned} ch_x + bw_x ={}& 2u_1 ch - 2u_2 cg - 2u_5 cd + 2u_4 ce - 2u_8 ac - 2u_1 wb \\ &+ 2u_3 gb - 2u_4 bf + 2u_6 bd + 2u_9 ab, \end{aligned}$$
$$c_x h + b_x w = -2u_1 ch + 2u_3 ah + 2u_1 bw - 2u_2 aw,$$

因此

$$\begin{aligned} (ch + bw)_x ={}& -2u_2 cg - 2u_5 cd + 2u_4 ce - 2u_8 ac + 2u_3 gb - 2u_4 bf + 2u_6 bd \\ &+ 2u_9 ab + 2u_3 ah - 2u_2 aw. \end{aligned}$$

因为

$$2a_x g = 2u_2 gc - 2u_3 bg,$$
$$2ag_x = 2u_2 aw - 2u_3 ah + 2u_5 af - 2u_6 ae + 2u_8 ac - 2u_9 ab,$$

故
$$(ch + bw + 2ag)_x = 2u_5af - 2u_5cd + 2u_6bd - 2u_6ae + 2u_4ce - 2u_4bf.$$
又
$$ef_x + e_xf = 2u_3de - 2u_4ce + 2u_6ae - 2u_2df + 2u_4bf - 2u_5af.$$
所以
$$(ch + bw + 2ag + ef)_x = 2u_3de - 2u_2df - 2u_5cd + 2u_6bd = -2dd_x.$$

记 $P_5 = ch + bw + 2ag + ef + d^2$, 那么 $P_{5,x} = 0$.

由方程 (4-92)~方程 (4-94) 得出
$$\begin{aligned}
a_\lambda + \gamma a &= w_2c - w_3b, \\
b_\lambda + \gamma b &= 2w_1b - 2w_2a, \\
c_\lambda + \gamma c &= -2w_1c + 2w_3a, \\
d_\lambda + \gamma d &= w_2f - w_3e + w_5c - w_6b, \\
e_\lambda + \gamma e &= 2w_1e - 2w_2d + 2w_4b - 2w_5a, \\
f_\lambda + \gamma f &= -2w_1f + 2w_3d - 2w_4c + 2w_6a, \\
g_\lambda + \gamma g &= w_2w - w_3h + w_5f - w_6e + w_8c - w_9b, \\
h_\lambda + \gamma h &= 2w_1h - 2w_2g - 2w_5d + 2w_4e + 2w_7b - 2w_8a, \\
w_\lambda + \gamma w &= -2w_1w + 2w_3g - 2w_4f + 2w_6d - 2w_7c + 2w_9a.
\end{aligned}$$

由此得出
$$\gamma_{31} = \gamma_{11}, \quad \gamma_{32} = \gamma_{12}, \quad \gamma_{33} = -\frac{1}{2\lambda}\ln|P_5|.$$

由于李代数 (4-102) 是李代数 (4-95) 的推广, 不仅得到 γ_{11}, γ_{12}, 也能得到 γ_{33}. 特征数 γ_{33} 描述李代数 (4-102) 的特征. 然而, 下面的李代数不具有这一性质.

情形 2 考虑李代数[56]
$$s\mu(6)_2 = \text{span}\{h_i\}_{i=1}^9, \tag{4-107}$$

其中
$$h_1 = \frac{1}{2}\begin{pmatrix} 1 & 0 & 0 & 0 & 0 & 0 \\ 0 & -1 & 0 & 0 & 0 & 0 \\ 0 & 0 & 1 & 0 & 0 & 0 \\ 0 & 0 & 0 & -1 & 0 & 0 \\ 0 & 0 & 0 & 0 & 1 & 0 \\ 0 & 0 & 0 & 0 & 0 & -1 \end{pmatrix}, \quad h_2 = \frac{1}{2}\begin{pmatrix} 0 & 1 & 0 & 0 & 0 & 0 \\ -1 & 0 & 0 & 0 & 0 & 0 \\ 0 & 0 & 0 & 1 & 0 & 0 \\ 0 & 0 & -1 & 0 & 0 & 0 \\ 0 & 0 & 0 & 0 & 0 & 1 \\ 0 & 0 & 0 & 0 & -1 & 0 \end{pmatrix},$$

$$h_3 = \frac{1}{2}\begin{pmatrix} 0 & 1 & 0 & 0 & 0 & 0 \\ 1 & 0 & 0 & 0 & 0 & 0 \\ 0 & 0 & 0 & 1 & 0 & 0 \\ 0 & 0 & 1 & 0 & 0 & 0 \\ 0 & 0 & 0 & 0 & 0 & 1 \\ 0 & 0 & 0 & 0 & 1 & 0 \end{pmatrix}, \quad h_4 = \frac{1}{2}\begin{pmatrix} 0 & 0 & 1 & 0 & 0 & 0 \\ 0 & 0 & 0 & -1 & 0 & 0 \\ 0 & 0 & 0 & 0 & 1 & 0 \\ 0 & 0 & 0 & 0 & 0 & -1 \\ 0 & 0 & 0 & 0 & 0 & 0 \\ 0 & 0 & 0 & 0 & 0 & 0 \end{pmatrix},$$

$$h_5 = \frac{1}{2}\begin{pmatrix} 0 & 0 & 0 & 1 & 0 & 0 \\ 0 & 0 & 1 & 0 & 0 & 0 \\ 0 & 0 & 0 & 0 & 0 & 1 \\ 0 & 0 & 0 & 0 & 1 & 0 \\ 0 & 0 & 0 & 0 & 0 & 0 \\ 0 & 0 & 0 & 0 & 0 & 0 \end{pmatrix}, \quad h_6 = \frac{1}{2}\begin{pmatrix} 0 & 0 & 0 & -1 & 0 & 0 \\ 0 & 0 & 1 & 0 & 0 & 0 \\ 0 & 0 & 0 & 0 & 0 & -1 \\ 0 & 0 & 0 & 0 & 1 & 0 \\ 0 & 0 & 0 & 0 & 0 & 0 \\ 0 & 0 & 0 & 0 & 0 & 0 \end{pmatrix},$$

$$h_7 = \frac{1}{2}\begin{pmatrix} 0 & 0 & 0 & 0 & 0 & 1 \\ 0 & 0 & 0 & 0 & -1 & 0 \\ 0 & 0 & 0 & 0 & 0 & 0 \\ 0 & 0 & 0 & 0 & 0 & 0 \\ 0 & 0 & 0 & 0 & 0 & 0 \\ 0 & 0 & 0 & 0 & 0 & 0 \end{pmatrix}, \quad h_8 = \frac{1}{2}\begin{pmatrix} 0 & 0 & 0 & 0 & 0 & 1 \\ 0 & 0 & 0 & 0 & 1 & 0 \\ 0 & 0 & 0 & 0 & 0 & 0 \\ 0 & 0 & 0 & 0 & 0 & 0 \\ 0 & 0 & 0 & 0 & 0 & 0 \\ 0 & 0 & 0 & 0 & 0 & 0 \end{pmatrix},$$

$$h_9 = \frac{1}{2}\begin{pmatrix} 0 & 0 & 0 & 0 & 1 & 0 \\ 0 & 0 & 0 & 0 & 0 & -1 \\ 0 & 0 & 0 & 0 & 0 & 0 \\ 0 & 0 & 0 & 0 & 0 & 0 \\ 0 & 0 & 0 & 0 & 0 & 0 \\ 0 & 0 & 0 & 0 & 0 & 0 \end{pmatrix},$$

$[h_1, h_2] = h_3, \quad [h_1, h_3] = h_2, \quad [h_2, h_3] = h_1, \quad [h_1, h_4] = 0, \quad [h_1, h_5] = -h_6,$
$[h_1, h_6] = -h_5, \quad [h_1, h_7] = h_8, \quad [h_1, h_8] = h_7, \quad [h_1, h_9] = 0, \quad [h_2, h_4] = -h_5,$
$[h_2, h_5] = h_4, \quad [h_2, h_6] = [h_2, h_7] = 0, \quad [h_2, h_8] = h_9, \quad [h_2, h_9] = -h_8,$
$[h_3, h_4] = h_6, \quad [h_3, h_5] = 0, \quad [h_3, h_6] = h_4, \quad [h_3, h_7] = -h_9, \quad [h_3, h_8] = 0,$
$[h_3, h_9] = -h_7, \quad [h_4, h_5] = h_7, \quad [h_4, h_6] = -h_8, \quad [h_4, h_7] = [h_4, h_8] = [h_4, h_9] = 0,$
$[h_5, h_6] = h_9, \quad [h_5, h_7] = [h_5, h_8] = 0,$
$[h_5, h_9] = [h_6, h_7] = [h_6, h_8] = [h_6, h_9] = [h_7, h_8] = [h_7, h_9] = [h_8, h_9] = 0.$

利用李代数 (4-107) 设计 Lax 对

$$U = \sum_{i=1}^{9} u_i h_i, \quad V = ah_1 + bh_2 + ch_3 + dh_4 + eh_5 + fh_6 + gh_7 + jh_8 + kh_9,$$

解方程有
$$\begin{cases} a_x = u_2c - u_3b, & b_x = u_1c - u_3a, & c_x = u_1b - u_2a, \\ d_x = u_2e + u_3f - u_5b - u_6c, \\ e_x = -u_1f - u_2d + u_4b + u_6a, \\ f_x = -u_1e + u_3d - u_4c + u_5a, \\ g_x = u_1j - u_3k + u_4e - u_5d - u_8a + u_9c, \\ j_x = u_1g - u_2k - u_4f + u_6d - u_7a + u_9b, \\ k_x = u_2j - u_3g + u_5f - u_6e + u_7c - u_8b. \end{cases} \quad (4\text{-}108)$$

由此得出
$$bb_x - cc_x = aa_x, \quad (b^2 - a^2 - c^2)_x = 0,$$
即 $P_{3,x} = 0$.

从
$$ad_x + ce_x = u_2ae + u_3af - u_5ab - u_1fc - u_2cd + u_4bc, a_xd + c_xe$$
$$= u_2cd - u_3bd + u_1be - u_2ae,$$

可以得出
$$(ad + ce)_x = u_3af - u-5ab - u_1fc + u_4bc - u_3bd + u_1be.$$

又从
$$b_xf + f_xb = u_1cf - u_3af - u_1be + u_3bd - u_4bc + u_5ab,$$

得出
$$(bf + ad + ce)_x = 0.$$

记 $P_6 = bf + ad + ce$,则 $P_{6,x} = 0$. 很容易看出 P_6 与 P_4 是不同的.

又由方程 (4-108) 得出
$$cj_x + ak_x = u_1gc - u_2kc - u_4fc + u_6dc + u_9bc$$
$$+ u_2aj - u_3ag + u_5af - u_6ae - u_8ab,$$
$$c_xj + a_xk = u_1bj - u_2aj + u_2ck - u_3bk,$$

即
$$(cj + ak)_x = u_1gc - u_4fc + u_6cd + u_9bc - u_3ag + u_5af - u_6ae - u_8ab + u_1bj - u_3bk.$$

同样地,由
$$-b_xg - g_xb = -u_1gc + u_3ag - u_1jb + u_3bk - u_4be + u_5bd + u_8ab - u_9bc,$$

4.6 矩阵李代数的特征数及方程族的可积耦合

得出
$$(cj + ak - bg)_x = -u_4 fc + u_6 cd + u_5 af - u_6 ae - u_4 be + u_5 bd.$$

由
$$-ff_x + ee_x + (cj + ak - bg)_x = u_6 dc + u_5 bd - u_3 df - u_2 de$$
$$= -(u_2 e + u_3 f - u_5 b - u_6 c)d = -d_x d,$$

得出
$$\left(cj + ak - bg - \frac{1}{2}f^2 + \frac{1}{2}(d^2 + e^2)\right)_x = 0.$$

记
$$P_7 = \frac{1}{2}(d^2 + e^2 - f^2) + ak + cj - bg,$$

则 $P_{7,x} = 0$. 很显然, P_7 不同于 P_5.

假设 $W = \sum_{i=1}^{9} w_i h_i$, 由式 (4-92)~式 (4-94) 得出

$$V_\lambda + \gamma V = [W, V], \tag{4-109}$$

即
$$a_\lambda + \gamma a = w_2 c - w_3 b, \quad b_\lambda + \gamma b = w_1 c - w_3 a,$$
$$c_\lambda + \gamma c = w_1 b - w_2 a, \quad d_\lambda + \gamma d = w_2 e + w_3 f - w_5 b - w_6 c,$$
$$e_\lambda + \gamma e = -w_1 f - w_2 d + w_4 b + w_6 a,$$
$$f_\lambda + \gamma f = -w_1 e + w_3 d - w_4 c + w_5 a,$$
$$g_\lambda + \gamma g = w_1 j - w_3 k + w_4 e - w_5 d - w_8 a + w_9 c,$$
$$j_\lambda + \gamma j = w_1 g - w_2 k - w_4 f + w_6 d - w_7 a + w_9 b,$$
$$k_\lambda + \gamma k = w_2 j - w_3 g + w_5 f - w_6 e + w_7 c - w_8 b.$$

由此得出
$$\gamma_{41} = \gamma_{21}, \quad \gamma_{42} = -\frac{1}{2\lambda}\ln|P_6|, \quad \gamma_{43} = -\frac{1}{2\lambda}\ln|P_7|. \tag{4-110}$$

由此可以断定, 李代数 (4-107) 不完全是李代数 (4-103) 的扩展.

从上面分析可以看出特征数可以更具体地描述李代数的不同, 它们也表达出在各种李代数中静态零曲率方程解的显式关系.

在李代数 (4-89) 和方程 (4-90) 中, 由于不能消掉方程 (4-99) 中的势函数, 所以不能获得相应的特征数. 是否存在不具有特征数的李代数? 目前尚不能确定. 我们发现, 利用李代数 (4-89)、李代数 (4-90) 获得的可积耦合系统不能通过二次型恒等式获得 Hamilton 结构, 然而利用李代数 $s\mu(4)_i, s\mu(6)_i (i = 1, 2)$ 得到的可积耦合系统能通过二次型恒等式获得 Hamilton 结构. 这些问题值得进一步研究.

4.7 可逆线性变换与李代数

李代数在数学物理领域有着非常重要的作用. 例如, 利用李代数 $s\mu(2)$ 可以描述自旋电子学中的相关信息. 在数学上, 利用李代数和相应的各种 loop 代数在零曲率方程的框架下可以生成演化方程的孤子可积族. 下面利用可逆线性变换构造一类李代数来推演孤子方程的可积耦合. 特别地, 从李代数分类的角度又构造了一类新的李代数, 然后利用线性变换, 得到其他的李代数.

设 G 是一个 n 维李代数, 其基底为 $T_1, T_2, \cdots, T_n$. 假设 A 是一个 $n \times n$ 可逆矩阵, 在 G 上存在一个可逆线性变换, 使得

$$\delta: G \to G, \quad h_i = \sum_{j=1}^{n} a_{ij} T_j, \quad i = 1, 2, \cdots, n, \quad A = (a_{ij})_{n \times n}, \tag{4-111}$$

那么称变换 (4-110) 是可逆线性变换.

特别地, 如果 A 表达的形式如下

$$A = \begin{pmatrix} A_1 & & & \\ & A_2 & & \\ & & \ddots & \\ & & & A_m \end{pmatrix}, \tag{4-112}$$

其中 $A_i = (1)$ 或 $A_i = \begin{pmatrix} 1 & \pm 1 \\ 1 & \mp 1 \end{pmatrix}, 1 \leqslant i \leqslant m$, 那么 $h_1, h_2, \cdots, h_n$ 是线性无关的, 于是猜想它们可以作为李代数 G 的一组基, 其换位运算与李代数 $T_1, T_2, \cdots, T_n$ 的换位运算不同. 下面通过例子来说明对这样的矩阵 A, 结论成立.

例 1 考虑李代数 A_3 的子代数[57]

$$s\mu(4)_1 = \mathrm{span}\{T_i\}_{i=1}^{6}, \tag{4-113}$$

其中

$$T_1 = \begin{pmatrix} 1 & 0 & 0 & 0 \\ 0 & -1 & 0 & 0 \\ 0 & 0 & 1 & 0 \\ 0 & 0 & 0 & -1 \end{pmatrix}, \quad T_2 = \begin{pmatrix} 0 & 1 & 0 & 0 \\ 0 & 0 & 0 & 0 \\ 0 & 0 & 0 & 1 \\ 0 & 0 & 0 & 0 \end{pmatrix}, \quad T_3 = \begin{pmatrix} 0 & 0 & 0 & 0 \\ 1 & 0 & 0 & 0 \\ 0 & 0 & 0 & 0 \\ 0 & 0 & 1 & 0 \end{pmatrix},$$

$$T_4 = \begin{pmatrix} 0 & 0 & 1 & 0 \\ 0 & 0 & 0 & -1 \\ 0 & 0 & 0 & 0 \\ 0 & 0 & 0 & 0 \end{pmatrix}, \quad T_5 = \begin{pmatrix} 0 & 0 & 0 & 1 \\ 0 & 0 & 0 & 0 \\ 0 & 0 & 0 & 0 \\ 0 & 0 & 0 & 0 \end{pmatrix}, \quad T_6 = \begin{pmatrix} 0 & 0 & 0 & 0 \\ 0 & 0 & 1 & 0 \\ 0 & 0 & 0 & 0 \\ 0 & 0 & 0 & 0 \end{pmatrix},$$

4.7 可逆线性变换与李代数

其换位运算为

$$[T_1,T_2]=2T_2, \quad [T_1,T_3]=-2T_3, \quad [T_2,T_3]=T_1, \quad [T_1,T_4]=0, \quad [T_1,T_5]=2T_5,$$
$$[T_1,T_6]=-2T_6, \quad [T_2,T_4]=-2T_5, \quad [T_2,T_5]=0, \quad [T_2,T_6]=T_4, \quad [T_3,T_4]=2T_6,$$
$$[T_3,T_5]=-T_4, \quad [T_3,T_6]=[T_4,T_5]=[T_4,T_6]=[T_5,T_6]=0.$$
(4-114)

令

$$F=\begin{pmatrix}f_1\\ \vdots\\ f_6\end{pmatrix}=A_1T=\frac{1}{2}\begin{pmatrix}1 & 0 & 0 & 0 & 0 & 0\\ 0 & 1 & -1 & 0 & 0 & 0\\ 0 & 1 & 1 & 0 & 0 & 0\\ 0 & 0 & 0 & 1 & 0 & 0\\ 0 & 0 & 0 & 0 & 1 & 1\\ 0 & 0 & 0 & 0 & 1 & -1\end{pmatrix}\begin{pmatrix}T_1\\ \vdots\\ T_6\end{pmatrix}, \quad (4\text{-}115)$$

那么有

$$f_1=\frac{1}{2}\begin{pmatrix}1 & 0 & 0 & 0\\ 0 & -1 & 0 & 0\\ 0 & 0 & 1 & 0\\ 0 & 0 & 0 & -1\end{pmatrix}, \quad f_2=\frac{1}{2}\begin{pmatrix}0 & 1 & 0 & 0\\ -1 & 0 & 0 & 0\\ 0 & 0 & 0 & 1\\ 0 & 0 & -1 & 0\end{pmatrix},$$

$$f_3=\frac{1}{2}\begin{pmatrix}0 & 1 & 0 & 0\\ 1 & 0 & 0 & 0\\ 0 & 0 & 0 & 1\\ 0 & 0 & 1 & 0\end{pmatrix}, \quad f_4=\frac{1}{2}\begin{pmatrix}0 & 0 & 1 & 0\\ 0 & 0 & 0 & -1\\ 0 & 0 & 0 & 0\\ 0 & 0 & 0 & 0\end{pmatrix},$$

$$f_5=\frac{1}{2}\begin{pmatrix}0 & 0 & 0 & 1\\ 0 & 0 & 1 & 0\\ 0 & 0 & 0 & 0\\ 0 & 0 & 0 & 0\end{pmatrix}, \quad f_6=\frac{1}{2}\begin{pmatrix}0 & 0 & 0 & 1\\ 0 & 0 & -1 & 0\\ 0 & 0 & 0 & 0\\ 0 & 0 & 0 & 0\end{pmatrix},$$

$$[f_1,f_2]=f_3, \quad [f_1,f_3]=f_2, \quad [f_2,f_3]=f_1, \quad [f_1,f_4]=0, \quad [f_1,f_5]=f_6,$$
$$[f_1,f_6]=f_5, \quad [f_2,f_4]=-f_5, \quad [f_2,f_5]=f_4, \quad [f_2,f_6]=0, \quad [f_3,f_4]=-f_6,$$
$$[f_3,f_5]=0, \quad [f_3,f_6]=-f_4, \quad [f_4,f_5]=[f_4,f_6]=[f_5,f_6]=0.$$

记 $s\mu(4)_2=\text{span}\{f_i\}_{i=1}^{6}$，显然式 (4-115) 是李代数 A_3 中从李代数 $s\mu(4)_1$ 到 $s\mu(4)_2$ 的同构映射。事实上，李代数 $s\mu(4)_2$ 与李代数 $s\mu(4)_1$ 的确拥有各种变换关系。

例 2 考虑李代数 A_2 的子代数[57]

$$s\mu(3)_1=\text{span}\{w_i\}_{i=1}^{5}, \quad (4\text{-}116)$$

其中

$$w_1 = \begin{pmatrix} 1 & 0 & 0 \\ 0 & -1 & 0 \\ 0 & 0 & 0 \end{pmatrix}, \quad w_2 = \begin{pmatrix} 0 & 1 & 0 \\ 0 & 0 & 0 \\ 0 & 0 & 0 \end{pmatrix}, \quad w_3 = \begin{pmatrix} 0 & 0 & 0 \\ 1 & 0 & 0 \\ 0 & 0 & 0 \end{pmatrix},$$

$$w_4 = \begin{pmatrix} 0 & 0 & 1 \\ 0 & 0 & 0 \\ 0 & 0 & 0 \end{pmatrix}, \quad w_5 = \begin{pmatrix} 0 & 0 & 0 \\ 0 & 0 & 1 \\ 0 & 0 & 0 \end{pmatrix},$$

$[w_1, w_2] = 2w_2, \quad [w_1, w_3] = -2w_3, \quad [w_2, w_3] = w_1, \quad [w_1, w_4] = w_4,$
$[w_1, w_5] = -w_5, \quad [w_2, w_4] = 0, \quad [w_2, w_5] = w_4,$
$[w_3, w_4] = w_5, \quad [w_3, w_5] = [w_4, w_5] = 0.$

如果令

$$\begin{pmatrix} g_1 \\ g_2 \\ g_3 \\ g_4 \\ g_5 \end{pmatrix} = A_2 \begin{pmatrix} w_1 \\ w_2 \\ w_3 \\ w_4 \\ w_5 \end{pmatrix} = \begin{pmatrix} \frac{1}{2} & 0 & 0 & 0 & 0 \\ 0 & \frac{1}{2} & \frac{1}{2} & 0 & 0 \\ 0 & \frac{1}{2} & -\frac{1}{2} & 0 & 0 \\ 0 & 0 & 0 & 1 & 0 \\ 0 & 0 & 0 & 0 & 1 \end{pmatrix} \begin{pmatrix} w_1 \\ w_2 \\ w_3 \\ w_4 \\ w_5 \end{pmatrix}. \tag{4-117}$$

显然 $|A_2| \neq 0$. 因此方程 (4-117) 是 A_2 中的可逆线性变换, 容易得出

$$g_1 = \frac{1}{2}\begin{pmatrix} 1 & 0 & 0 \\ 0 & -1 & 0 \\ 0 & 0 & 0 \end{pmatrix}, \quad g_2 = \frac{1}{2}\begin{pmatrix} 0 & 1 & 0 \\ 1 & 0 & 0 \\ 0 & 0 & 0 \end{pmatrix}, \quad g_3 = \frac{1}{2}\begin{pmatrix} 0 & 1 & 0 \\ -1 & 0 & 0 \\ 0 & 0 & 0 \end{pmatrix},$$

$$g_4 = \begin{pmatrix} 0 & 0 & 1 \\ 0 & 0 & 0 \\ 0 & 0 & 0 \end{pmatrix}, \quad g_5 = \begin{pmatrix} 0 & 0 & 0 \\ 0 & 0 & 1 \\ 0 & 0 & 0 \end{pmatrix},$$

$[g_1, g_2] = g_3, \quad [g_1, g_3] = g_2, \quad [g_2, g_3] = -g_1, \quad [g_1, g_4] = \frac{1}{2}g_5, \quad [g_1, g_5] = \frac{1}{2}g_4,$
$[g_2, g_4] = \frac{1}{2}g_4, \quad [g_3, g_4] = \frac{1}{2}g_5, \quad [g_2, g_5] = -\frac{1}{2}g_5, \quad [g_3, g_5] = -\frac{1}{2}g_4, \quad [g_4, g_5] = 0.$

记 $s\mu(3)_2 = \text{span}\{g_i\}_{i=1}^5$, 那么显然 $s\mu(3)_1$ 与 $s\mu(3)_2$ 是不同的.

例 3 考虑李代数 A_5 的子代数

$$s\mu(6)_1 = \text{span}\{\tilde{T}_i\}_{i=1}^9, \tag{4-118}$$

其中

$$\tilde{T}_1 = \begin{pmatrix} 1 & 0 & 0 & 0 & 0 & 0 \\ 0 & -1 & 0 & 0 & 0 & 0 \\ 0 & 0 & 1 & 0 & 0 & 0 \\ 0 & 0 & 0 & -1 & 0 & 0 \\ 0 & 0 & 0 & 0 & 1 & 0 \\ 0 & 0 & 0 & 0 & 0 & -1 \end{pmatrix}, \quad \tilde{T}_2 = \begin{pmatrix} 0 & 1 & 0 & 0 & 0 & 0 \\ 0 & 0 & 0 & 0 & 0 & 0 \\ 0 & 0 & 0 & 1 & 0 & 0 \\ 0 & 0 & 0 & 0 & 0 & 0 \\ 0 & 0 & 0 & 0 & 0 & 1 \\ 0 & 0 & 0 & 0 & 0 & 0 \end{pmatrix},$$

$$\tilde{T}_3 = \begin{pmatrix} 0 & 0 & 0 & 0 & 0 & 0 \\ 1 & 0 & 0 & 0 & 0 & 0 \\ 0 & 0 & 0 & 0 & 0 & 0 \\ 0 & 0 & 1 & 0 & 0 & 0 \\ 0 & 0 & 0 & 0 & 0 & 0 \\ 0 & 0 & 0 & 0 & 1 & 0 \end{pmatrix}, \quad \tilde{T}_4 = \begin{pmatrix} 0 & 0 & 1 & 0 & 0 & 0 \\ 0 & 0 & 0 & -1 & 0 & 0 \\ 0 & 0 & 0 & 0 & 1 & 0 \\ 0 & 0 & 0 & 0 & 0 & -1 \\ 0 & 0 & 0 & 0 & 0 & 0 \\ 0 & 0 & 0 & 0 & 0 & 0 \end{pmatrix},$$

$$\tilde{T}_5 = \begin{pmatrix} 0 & 0 & 0 & 1 & 0 & 0 \\ 0 & 0 & 0 & 0 & 0 & 0 \\ 0 & 0 & 0 & 0 & 0 & 1 \\ 0 & 0 & 0 & 0 & 0 & 0 \\ 0 & 0 & 0 & 0 & 0 & 0 \\ 0 & 0 & 0 & 0 & 0 & 0 \end{pmatrix}, \quad \tilde{T}_6 = \begin{pmatrix} 0 & 0 & 0 & 0 & 0 & 0 \\ 0 & 0 & 1 & 0 & 0 & 0 \\ 0 & 0 & 0 & 0 & 0 & 0 \\ 0 & 0 & 0 & 0 & 1 & 0 \\ 0 & 0 & 0 & 0 & 0 & 0 \\ 0 & 0 & 0 & 0 & 0 & 0 \end{pmatrix},$$

$$\tilde{T}_7 = \begin{pmatrix} 0 & 0 & 0 & 0 & 1 & 0 \\ 0 & 0 & 0 & 0 & 0 & -1 \\ 0 & 0 & 0 & 0 & 0 & 0 \\ 0 & 0 & 0 & 0 & 0 & 0 \\ 0 & 0 & 0 & 0 & 0 & 0 \\ 0 & 0 & 0 & 0 & 0 & 0 \end{pmatrix}, \quad \tilde{T}_8 = \begin{pmatrix} 0 & 0 & 0 & 0 & 0 & 1 \\ 0 & 0 & 0 & 0 & 0 & 0 \\ 0 & 0 & 0 & 0 & 0 & 0 \\ 0 & 0 & 0 & 0 & 0 & 0 \\ 0 & 0 & 0 & 0 & 0 & 0 \\ 0 & 0 & 0 & 0 & 0 & 0 \end{pmatrix},$$

$$\tilde{T}_9 = \begin{pmatrix} 0 & 0 & 0 & 0 & 0 & 0 \\ 0 & 0 & 0 & 0 & 1 & 0 \\ 0 & 0 & 0 & 0 & 0 & 0 \\ 0 & 0 & 0 & 0 & 0 & 0 \\ 0 & 0 & 0 & 0 & 0 & 0 \\ 0 & 0 & 0 & 0 & 0 & 0 \end{pmatrix}.$$

设
$$H = \begin{pmatrix} h_1 \\ \vdots \\ h_6 \\ h_9 \\ h_7 \\ h_8 \end{pmatrix} = A_3 \tilde{T}, \quad \tilde{T} = (\tilde{T}_1, \cdots, \tilde{T}_6, \tilde{T}_9, \tilde{T}_7, \tilde{T}_8)^{\mathrm{T}},$$

$$A_3 = \frac{1}{2} \begin{pmatrix} 1 & 0 & 0 & 0 & 0 & 0 & 0 & 0 & 0 \\ 0 & 1 & -1 & 0 & 0 & 0 & 0 & 0 & 0 \\ 0 & 1 & 1 & 0 & 0 & 0 & 0 & 0 & 0 \\ 0 & 0 & 0 & 1 & 0 & 0 & 0 & 0 & 0 \\ 0 & 0 & 0 & 0 & 1 & 1 & 0 & 0 & 0 \\ 0 & 0 & 0 & 0 & -1 & 1 & 0 & 0 & 0 \\ 0 & 0 & 0 & 0 & 0 & 0 & 1 & 0 & 0 \\ 0 & 0 & 0 & 0 & 0 & 0 & 0 & 1 & -1 \\ 0 & 0 & 0 & 0 & 0 & 0 & 0 & 1 & 1 \end{pmatrix},$$

那么, 有

$$h_1 = \frac{1}{2} \begin{pmatrix} 1 & 0 & 0 & 0 & 0 & 0 \\ 0 & -1 & 0 & 0 & 0 & 0 \\ 0 & 0 & 1 & 0 & 0 & 0 \\ 0 & 0 & 0 & -1 & 0 & 0 \\ 0 & 0 & 0 & 0 & 1 & 0 \\ 0 & 0 & 0 & 0 & 0 & -1 \end{pmatrix}, \quad h_2 = \frac{1}{2} \begin{pmatrix} 0 & 1 & 0 & 0 & 0 & 0 \\ -1 & 0 & 0 & 0 & 0 & 0 \\ 0 & 0 & 0 & 1 & 0 & 0 \\ 0 & 0 & -1 & 0 & 0 & 0 \\ 0 & 0 & 0 & 0 & 0 & 1 \\ 0 & 0 & 0 & 0 & -1 & 0 \end{pmatrix},$$

$$h_3 = \frac{1}{2} \begin{pmatrix} 0 & 1 & 0 & 0 & 0 & 0 \\ 1 & 0 & 0 & 0 & 0 & 0 \\ 0 & 0 & 0 & 1 & 0 & 0 \\ 0 & 0 & 1 & 0 & 0 & 0 \\ 0 & 0 & 0 & 0 & 0 & 1 \\ 0 & 0 & 0 & 0 & 1 & 0 \end{pmatrix}, \quad h_4 = \frac{1}{2} \begin{pmatrix} 0 & 0 & 1 & 0 & 0 & 0 \\ 0 & 0 & 0 & -1 & 0 & 0 \\ 0 & 0 & 0 & 0 & 1 & 0 \\ 0 & 0 & 0 & 0 & 0 & -1 \\ 0 & 0 & 0 & 0 & 0 & 0 \\ 0 & 0 & 0 & 0 & 0 & 0 \end{pmatrix},$$

4.7 可逆线性变换与李代数

$$h_5 = \frac{1}{2}\begin{pmatrix} 0 & 0 & 0 & 1 & 0 & 0 \\ 0 & 0 & 1 & 0 & 0 & 0 \\ 0 & 0 & 0 & 0 & 0 & 1 \\ 0 & 0 & 0 & 0 & 1 & 0 \\ 0 & 0 & 0 & 0 & 0 & 0 \\ 0 & 0 & 0 & 0 & 0 & 0 \end{pmatrix}, \quad h_6 = \frac{1}{2}\begin{pmatrix} 0 & 0 & 0 & -1 & 0 & 0 \\ 0 & 0 & 1 & 0 & 0 & 0 \\ 0 & 0 & 0 & 0 & 0 & -1 \\ 0 & 0 & 0 & 0 & 1 & 0 \\ 0 & 0 & 0 & 0 & 0 & 0 \\ 0 & 0 & 0 & 0 & 0 & 0 \end{pmatrix},$$

$$h_7 = \frac{1}{2}\begin{pmatrix} 0 & 0 & 0 & 0 & 0 & 1 \\ 0 & 0 & 0 & 0 & -1 & 0 \\ 0 & 0 & 0 & 0 & 0 & 0 \\ 0 & 0 & 0 & 0 & 0 & 0 \\ 0 & 0 & 0 & 0 & 0 & 0 \\ 0 & 0 & 0 & 0 & 0 & 0 \end{pmatrix}, \quad h_8 = \frac{1}{2}\begin{pmatrix} 0 & 0 & 0 & 0 & 0 & 1 \\ 0 & 0 & 0 & 0 & 1 & 0 \\ 0 & 0 & 0 & 0 & 0 & 0 \\ 0 & 0 & 0 & 0 & 0 & 0 \\ 0 & 0 & 0 & 0 & 0 & 0 \\ 0 & 0 & 0 & 0 & 0 & 0 \end{pmatrix},$$

$$h_9 = \frac{1}{2}\begin{pmatrix} 0 & 0 & 0 & 0 & 1 & 0 \\ 0 & 0 & 0 & 0 & 0 & -1 \\ 0 & 0 & 0 & 0 & 0 & 0 \\ 0 & 0 & 0 & 0 & 0 & 0 \\ 0 & 0 & 0 & 0 & 0 & 0 \end{pmatrix},$$

$[h_1,h_2]=h_3, \quad [h_1,h_3]=h_2, \quad [h_2,h_3]=h_1, \quad [h_1,h_4]=0, \quad [h_1,h_5]=-h_6,$
$[h_1,h_6]=-h_5, \quad [h_1,h_7]=h_8, \quad [h_1,h_8]=h_7, \quad [h_1,h_9]=0, \quad [h_2,h_4]=-h_5,$
$[h_2,h_5]=h_4, \quad [h_3,h_5]=0, \quad [h_2,h_6]=[h_2,h_7]=0, \quad [h_2,h_8]=h_9,$
$[h_2,h_9]=-h_8, \quad [h_3,h_4]=h_6, \quad [h_3,h_6]=h_4, \quad [h_3,h_7]=-h_9, \quad [h_3,h_8]=0,$
$[h_3,h_9]=-h_7, \quad [h_4,h_5]=h_7, \quad [h_4,h_6]=-h_8, \quad [h_5,h_6]=h_9,$
$[h_4,h_7]=[h_4,h_8]=[h_4,h_9]=0,$
$[h_5,h_7]=[h_5,h_8]=[h_5,h_9]=[h_6,h_7]=[h_6,h_8]=0,$
$[h_6,h_9]=[h_7,h_8]=[h_7,h_9]=[h_8,h_9]=0.$

记 $s\mu(6)_2 = \text{span}\{h_i\}_{i=1}^9$, 那么 $s\mu(6)_1$ 与 $s\mu(6)_2$ 是不同的.

对于本节例 1, 设

$$G = s\mu(4)_1, \quad G_1 = \text{span}\{T_1, T_2, T_3\}, \quad G_2 = \text{span}\{T_4, T_5, T_6\},$$

则满足

$$G = G_1 \oplus G_2, \quad G_1 \cong G_2, \quad [G_1, G_2] \subset G_2.$$

根据 G_1, 可以建立零曲率方程

$$U_t - V_x^{(n)} + [U, V^{(n)}] = 0,$$

并由相容性推出等谱问题的 Lax 对

$$\varphi_x = U\varphi, \quad \varphi_t = V^{(n)}\varphi.$$

同样地, 借助子代数 G_2 获得零曲率方程

$$U_{1t} - V_{1x}^{(n)} + [U_1, V_1^{(n)}] = 0,$$

及其相应的 Lax 对

$$\phi_x = U_1\phi, \quad \phi_t = V_1^{(n)}\phi.$$

于是, 下面的方程构成了可积耦合

$$\begin{cases} U_t - V_x^{(n)} + [U, V^{(n)}] = 0, \\ U_{1t} - V_{1x}^{(n)} + [U_1, V_1^{(n)}] = 0. \end{cases}$$

由李代数的构造特性可以看出, 建立可积耦合系统的 Hamilton 结构, 首先转化为建立矩阵李代数 G 和列向量李代数 R^n 之间的同构, 其次再利用二次型恒等式得到 Hamilton 结构. 例如, 在李代数 $s\mu(6)_1$ 中任取

$$a = \sum_{i=1}^{9} a_i \tilde{T}_i, \quad b = \sum_{i=1}^{9} b_i \tilde{T}_i \in s\mu(6)_1,$$

根据 $\tilde{T}_i (i = 1, 2, \cdots, 9)$ 的换位关系, 定义

$$[a, b]_1^{\mathrm{T}} = (a_1, \cdots, a_9) R_1(b), \tag{4-119}$$

其中

$$R_1(b) = \begin{pmatrix} 0 & 2b_2 & -2b_3 & 0 & 2b_5 & -2b_6 & 0 & 2b_8 & -2b_9 \\ b_3 & -2b_1 & 0 & b_6 & -2b_4 & 0 & b_9 & -2b_7 & 0 \\ -b_2 & 0 & 2b_1 & -b_5 & 0 & 2b_4 & -b_8 & 0 & 2b_7 \\ 0 & 0 & 0 & 0 & 2b_2 & -2b_3 & 0 & 2b_5 & -2b_6 \\ 0 & 0 & 0 & b_3 & -2b_1 & 0 & b_6 & -2b_4 & 0 \\ 0 & 0 & 0 & -b_2 & 0 & 2b_1 & -b_5 & 0 & 2b_4 \\ 0 & 0 & 0 & 0 & 0 & 0 & 0 & 2b_2 & -2b_3 \\ 0 & 0 & 0 & 0 & 0 & 0 & b_3 & -2b_1 & 0 \\ 0 & 0 & 0 & 0 & 0 & 0 & -b_2 & 0 & 2b_1 \end{pmatrix}.$$

4.7 可逆线性变换与李代数

很容易证明 R^9 在换位关系 $[a,b]_1$ 下构成一个李代数.

定义泛函
$$\{a,b\} = a^{\mathrm{T}} F b,$$

其中 $a,b \in \tilde{s}\mu(6)_1$, F 满足

$$R_1(b)F = -(R_1(b)F)^{\mathrm{T}}, \quad F = F^{\mathrm{T}}.$$

根据方程 (4-105) 直接计算求出

$$F = \begin{pmatrix} 2 & 0 & 0 & 2 & 0 & 0 & 2 & 0 & 0 \\ 0 & 0 & 1 & 0 & 0 & 1 & 0 & 0 & 1 \\ 0 & 1 & 0 & 0 & 1 & 0 & 0 & 1 & 0 \\ 2 & 0 & 0 & 2 & 0 & 0 & 0 & 0 & 0 \\ 0 & 0 & 1 & 0 & 0 & 1 & 0 & 0 & 0 \\ 0 & 1 & 0 & 0 & 1 & 0 & 0 & 0 & 0 \\ 2 & 0 & 0 & 0 & 0 & 0 & 0 & 0 & 0 \\ 0 & 0 & 1 & 0 & 0 & 0 & 0 & 0 & 0 \\ 0 & 1 & 0 & 0 & 0 & 0 & 0 & 0 & 0 \end{pmatrix}.$$

同样地, 对于李代数 $s\mu(6)_2$, 取

$$a = \sum_{i=1}^{9} a_i h_i, \quad b = \sum_{i=1}^{9} b_i h_i,$$

有

$$R_2(b) = \begin{pmatrix} 0 & b_3 & b_2 & 0 & -b_6 & -b_5 & b_8 & b_7 & 0 \\ b_3 & 0 & -b_1 & b_5 & -b_4 & 0 & 0 & -b_9 & b_8 \\ -b_2 & -b_1 & 0 & b_6 & 0 & b_4 & -b_9 & 0 & -b_7 \\ 0 & 0 & 0 & 0 & b_2 & -b_3 & b_5 & -b_6 & 0 \\ 0 & 0 & 0 & -b_2 & 0 & b_1 & -b_4 & 0 & b_6 \\ 0 & 0 & 0 & -b_3 & b_1 & 0 & 0 & b_4 & -b_6 \\ 0 & 0 & 0 & 0 & 0 & 0 & 0 & -b_1 & b_3 \\ 0 & 0 & 0 & 0 & 0 & 0 & -b_1 & 0 & -b_2 \\ 0 & 0 & 0 & 0 & 0 & 0 & b_3 & b_2 & 0 \end{pmatrix}.$$

$$\bar{F} = \begin{pmatrix} 1 & 0 & 0 & 1 & 0 & 0 & 0 & 0 & -1 \\ 0 & -1 & 0 & 0 & 0 & 1 & 1 & 0 & 0 \\ 0 & 0 & 1 & 0 & 1 & 0 & 0 & -1 & 0 \\ 1 & 0 & 0 & -1 & 0 & 0 & 0 & 0 & 0 \\ 0 & 0 & 1 & 0 & -1 & 0 & 0 & 0 & 0 \\ 0 & 1 & 0 & 0 & 0 & 1 & 0 & 0 & 0 \\ 0 & 1 & 0 & 0 & 0 & 0 & 0 & 0 & 0 \\ 0 & 0 & -1 & 0 & 0 & 0 & 0 & 0 & 0 \\ -1 & 0 & 0 & 0 & 0 & 0 & 0 & 0 & 0 \end{pmatrix}.$$

常数对称矩阵 $\bar{F}$ 满足

$$R_2(b)\bar{F} = -(R_2(b)\bar{F})^{\mathrm{T}}.$$

下面我们再给出由李代数构造 loop 代数的几种方法. 为叙述方便, 举例说明. 对于李代数 $s\mu(6)_1$, 其最简单的 loop 代数为

$$\tilde{s}\mu(6)_{11} = \mathrm{span}\{\tilde{T}_i(n)\}_{i=1}^9, \quad \tilde{T}_i(n) = \tilde{T}_i\lambda^n, \quad n = 0, \pm 1, \pm 2, \cdots, \tag{4-120}$$

其换位运算为

$$[\tilde{T}_i(m), \tilde{T}_j(n)] = [\tilde{T}_i, \tilde{T}_j]\lambda^{m+n}, \quad i \neq j, \quad m, n \in \mathbf{Z}.$$

事实上, 李代数 $s\mu(6)_1$ 的其他 loop 代数可以根据 λ 的幂次形式 $\lambda^{2n}, \lambda^{2n+1}$ 给出.

$$\tilde{s}\mu(6)_{12} = \mathrm{span}\{\tilde{T}_i(n)\}_{i=1}^9,$$

其中

$\tilde{T}_1(n) = \tilde{T}_1\lambda^{2n}, \quad \tilde{T}_2(n) = \tilde{T}_2\lambda^{2n+1}, \quad \tilde{T}_3(n) = \tilde{T}_3\lambda^{2n+1}, \quad \tilde{T}_4(n) = \tilde{T}_4\lambda^{2n},$
$\tilde{T}_5(n) = \tilde{T}_5\lambda^{2n+1}, \quad \tilde{T}_6(n) = \tilde{T}_6\lambda^{2n+1}, \quad \tilde{T}_7(n) = \tilde{T}_7\lambda^{2n}, \quad \tilde{T}_8(n) = \tilde{T}_8\lambda^{2n+1},$
$\tilde{T}_9(n) = \tilde{T}_9\lambda^{2n+1}, \quad [\tilde{T}_1(m), \tilde{T}_2(n)] = 2\tilde{T}_2(m+n), \quad [\tilde{T}_1(m), \tilde{T}_3(n)] = -2\tilde{T}_3(m+n),$
$[\tilde{T}_2(m), \tilde{T}_5(n)] = 0, \quad [\tilde{T}_1(m), \tilde{T}_4(n)] = 0, \quad [\tilde{T}_1(m), \tilde{T}_5(n)] = 2\tilde{T}_5(m+n),$
$[\tilde{T}_1(m), \tilde{T}_6(n)] = -2\tilde{T}_6(m+n), \quad [\tilde{T}_1(m), \tilde{T}_7(n)] = 0, \quad [\tilde{T}_1(m), \tilde{T}_8(n)] = 2\tilde{T}_8(m+n),$
$[\tilde{T}_1(m), \tilde{T}_9(n)] = -2\tilde{T}_9(m+n), \quad [\tilde{T}_2(m), \tilde{T}_4(n)] = -2\tilde{T}_5(m+n),$
$[\tilde{T}_2, \tilde{T}_6(n)] = \tilde{T}_4(m+n+1), \quad [\tilde{T}_6(m), \tilde{T}_8(n)] = 0, \quad [\tilde{T}_2(m), \tilde{T}_7(n)] = -2\tilde{T}_8(m+n),$
$[\tilde{T}_2(m), \tilde{T}_8(n)] = 0, \quad [\tilde{T}_2(m), \tilde{T}_9(n)] = \tilde{T}_7(m+n+1),$
$[\tilde{T}_3(m), \tilde{T}_4(n)] = 2\tilde{T}_6(m+n), \quad [\tilde{T}_3(m), \tilde{T}_5(n)] = -\tilde{T}_4(m+n+1),$

4.7 可逆线性变换与李代数

$$[\tilde{T}_3(m),\tilde{T}_6(n)] = 0, \quad [\tilde{T}_3(m),\tilde{T}_7(n)] = 2\tilde{T}_9(m+n),$$
$$[\tilde{T}_3(m),\tilde{T}_8(n)] = -\tilde{T}_7(m+n+1), \quad [\tilde{T}_3(m),\tilde{T}_9(n)] = 0,$$
$$[\tilde{T}_4(m),\tilde{T}_5(n)] = 2\tilde{T}_8(m+n), \quad [\tilde{T}_2(m),\tilde{T}_3(n)] = \tilde{T}_1(m+n+1),$$
$$[\tilde{T}_6(m),\tilde{T}_7(n)] = 0, \quad [\tilde{T}_4(m),\tilde{T}_6(n)] = -2\tilde{T}_9(m+n),$$
$$[\tilde{T}_4(m),\tilde{T}_7(n)] = [\tilde{T}_4(m),\tilde{T}_8(n)] = [\tilde{T}_4(m),\tilde{T}_9(n)] = 0,$$
$$[\tilde{T}_5(m),\tilde{T}_6(n)] = \tilde{T}_7(m+n+1),$$
$$[\tilde{T}_5(m),\tilde{T}_7(n)] = [\tilde{T}_5(m),\tilde{T}_8(n)] = [\tilde{T}_5(m),\tilde{T}_9(n)] = 0,$$
$$[\tilde{T}_6(m),\tilde{T}_9(n)] = [\tilde{T}_7(m),\tilde{T}_8(n)] = [\tilde{T}_7(m),\tilde{T}_9(n)] = [\tilde{T}_8(m),\tilde{T}_9(n)] = 0, \quad m,n \in \mathbf{Z}.$$

将李代数 (4-118) 推广为更一般的 loop 代数[57]

$$\tilde{s}\mu(6)_{13} = \text{span}\{\tilde{T}_i(j,m)\}_{i=1}^9, \quad \tilde{T}_i(j,m) = \tilde{T}_i \lambda^{2n+j}, \quad j=0,1.$$

相应的换位运算为

$$[\tilde{T}_1(i,m),\tilde{T}_2(j,n)] = \begin{cases} 2\tilde{T}_2(i+j,m+n), & i+j \leqslant 1, \\ 2\tilde{T}_2(i+j-2,m+n+1), & i+j=2, \end{cases}$$

$$[\tilde{T}_1(i,m),\tilde{T}_3(j,n)] = \begin{cases} -2\tilde{T}_3(i+j,m+n), & i+j \leqslant 1, \\ -2\tilde{T}_3(i+j-2,m+n+1), & i+j=2, \end{cases}$$

$$[\tilde{T}_2(i,m),\tilde{T}_3(j,n)] = \begin{cases} \tilde{T}_1(i+j,m+n), & i+j \leqslant 1, \\ \tilde{T}_1(i+j-2,m+n+1), & i+j=2, \end{cases}$$

$$[\tilde{T}_1(i,m),\tilde{T}_4(j,n)] = 0,$$

$$[\tilde{T}_1(i,m),\tilde{T}_5(j,n)] = \begin{cases} 2\tilde{T}_5(i+j,m+n), & i+j \leqslant 1, \\ 2\tilde{T}_5(i+j-2,m+n+1), & i+j=2, \end{cases}$$

$$[\tilde{T}_1(i,m),\tilde{T}_6(j,n)] = \begin{cases} -2\tilde{T}_6(i+j,m+n), & i+j \leqslant 1, \\ -2\tilde{T}_6(i+j-2,m+n+1), & i+j=2, \end{cases}$$

$$[\tilde{T}_1(i,m),\tilde{T}_7(j,n)] = 0,$$

$$[\tilde{T}_1(i,m),\tilde{T}_8(j,n)] = \begin{cases} 2\tilde{T}_8(i+j,m+n), & i+j \leqslant 1, \\ 2\tilde{T}_8(i+j-2,m+n+1), & i+j=2, \end{cases}$$

$$[\tilde{T}_1(i,m),\tilde{T}_9(j,n)] = \begin{cases} -2\tilde{T}_9(i+j,m+n), & i+j \leqslant 1, \\ -2\tilde{T}_9(i+j-2,m+n+1), & i+j=2, \end{cases}$$

$$[\tilde{T}_2(i,m),\tilde{T}_5(j,n)] = 0,$$

$$[\tilde{T}_2(i,m),\tilde{T}_4(j,n)] = \begin{cases} -2\tilde{T}_5(i+j,m+n), & i+j \leqslant 1, \\ -2\tilde{T}_5(i+j-2,m+n+1), & i+j=2, \end{cases}$$

$$[\tilde{T}_2(i,m),\tilde{T}_6(j,n)] = \begin{cases} \tilde{T}_4(i+j,m+n), & i+j \leqslant 1, \\ \tilde{T}_4(i+j-2,m+n+1), & i+j = 2, \end{cases}$$

$$[\tilde{T}_2(i,m),\tilde{T}_7(j,n)] = \begin{cases} -2\tilde{T}_8(i+j,m+n), & i+j \leqslant 1, \\ -2\tilde{T}_8(i+j-2,m+n+1), & i+j = 2, \end{cases}$$

$$[\tilde{T}_2(i,m),\tilde{T}_8(j,n)] = 0,$$

$$[\tilde{T}_2(i,m),\tilde{T}_9(j,n)] = \begin{cases} \tilde{T}_7(i+j,m+n), & i+j \leqslant 1, \\ \tilde{T}_7(i+j-2,m+n+1), & i+j = 2, \end{cases}$$

$$[\tilde{T}_3(i,m),\tilde{T}_4(j,n)] = \begin{cases} 2\tilde{T}_6(i+j,m+n), & i+j \leqslant 1, \\ 2\tilde{T}_6(i+j-2,m+n+1), & i+j = 2, \end{cases}$$

$$[\tilde{T}_3(i,m),\tilde{T}_5(j,n)] = \begin{cases} -\tilde{T}_4(i+j,m+n), & i+j \leqslant 1, \\ -\tilde{T}_4(i+j-2,m+n+1), & i+j = 2, \end{cases}$$

$$[\tilde{T}_3(i,m),\tilde{T}_6(j,n)] = 0,$$

$$[\tilde{T}_3(i,m),\tilde{T}_7(j,n)] = \begin{cases} 2\tilde{T}_9(i+j,m+n), & i+j \leqslant 1, \\ 2\tilde{T}_9(i+j-2,m+n+1), & i+j = 2, \end{cases}$$

$$[\tilde{T}_3(i,m),\tilde{T}_8(j,n)] = \begin{cases} -\tilde{T}_7(i+j,m+n), & i+j \leqslant 1, \\ -\tilde{T}_7(i+j-2,m+n+1), & i+j = 2, \end{cases}$$

$$[\tilde{T}_3(i,m),\tilde{T}_9(j,n)] = 0,$$

$$[\tilde{T}_4(i,m),\tilde{T}_5(j,n)] = \begin{cases} 2\tilde{T}_8(i+j,m+n), & i+j \leqslant 1, \\ 2\tilde{T}_8(i+j-2,m+n+1), & i+j = 2, \end{cases}$$

$$[\tilde{T}_4(i,m),\tilde{T}_6(j,n)] = \begin{cases} -2\tilde{T}_9(i+j,m+n), & i+j \leqslant 1, \\ -2\tilde{T}_9(i+j-2,m+n+1), & i+j = 2, \end{cases}$$

$$[\tilde{T}_4(i,m),\tilde{T}_7(j,n)] = [\tilde{T}_4(i,m),\tilde{T}_8(j,n)] = [\tilde{T}_4(i,m),\tilde{T}_9(j,n)] = 0,$$

$$[\tilde{T}_5(i,m),\tilde{T}_6(j,n)] = \begin{cases} \tilde{T}_7(i+j,m+n), & i+j \leqslant 1, \\ \tilde{T}_7(i+j-2,m+n+1), & i+j = 2, \end{cases}$$

$$[\tilde{T}_5(i,m),\tilde{T}_7(j,n)] = [\tilde{T}_5(i,m),\tilde{T}_8(j,n)] = [\tilde{T}_5(i,m),\tilde{T}_9(j,n)] = 0,$$

$$[\tilde{T}_6(i,m),\tilde{T}_7(j,n)] = [\tilde{T}_6(i,m),\tilde{T}_8(j,n)] = [\tilde{T}_6(i,m),\tilde{T}_9(j,n)] = 0,$$

$$[\tilde{T}_7(i,m),\tilde{T}_8(j,n)] = [\tilde{T}_7(i,m),\tilde{T}_9(j,n)] = [\tilde{T}_8(i,m),\tilde{T}_9(j,n)] = 0.$$

李代数 (4-118) 的另外一个常用的 loop 代数为

$$\tilde{s}\mu(6)_{14} = \text{span}\{\tilde{T}_i(j,n)\}_{i=1}^9, \quad j = 0,1,2, \quad \tilde{T}_i(j,n) = \tilde{T}_i \lambda^{3n+j}, \quad i = 1,2,\cdots,9.$$

4.7 可逆线性变换与李代数

其换位运算定义为

$$[\tilde{T}_k(i,m), \tilde{T}_l(j,n)] = \begin{cases} [\tilde{T}_k, \tilde{T}_l](i+j, m+n), & i+j < 3, \\ [\tilde{T}_k, \tilde{T}_l](i+j-3, m+n+1), & i+j \geqslant 3, \end{cases}$$

譬如,

$$[\tilde{T}_1(i,m), \tilde{T}_2(j,n)] = \begin{cases} 2\tilde{T}_2(i+j, m+n), & i+j < 3, \\ 2\tilde{T}_2(i+j-3, m+n+1), & i+j \geqslant 3. \end{cases}$$

一般来说, 李代数 (4-118) 的 loop 代数可由下面给出

$$\tilde{s}\mu(6)_{15} = \text{span}\{T_i(j,n)\}_{i=1}^9,$$

其中

$$\tilde{T}_i(j,n) = \tilde{T}_i \lambda^{Nn+j}, \quad j = 0, 1, 2, \cdots, N-1,$$

N 是任意自然数, 换位运算为

$$[\tilde{T}_k(i,m), \tilde{T}_l(j,n)] = \begin{cases} [\tilde{T}_k, \tilde{T}_l](i+j, m+n), & i+j < N, m, n \in \mathbf{Z} \\ [\tilde{T}_k, \tilde{T}_l](i+j-N, m+n+1), & i+j \geqslant N. \end{cases}$$

对于李代数 $s\mu(6)_2$, 其最简单的 loop 代数为

$$\tilde{s}\mu(6)_{21} = \text{span}\{h_i(n)\}_{i=1}^9, \quad h_i(n) = h_i \lambda^n, \tag{4-121}$$

换位运算为

$$[h_i(m), h_j(n)] = [h_i, h_j]\lambda^{m+n}, \quad 1 \leqslant k, l \leqslant 9.$$

类似可以得到相应于李代数 $\tilde{s}\mu(6)_{1i}(i=2,3,4,5)$ 的 loop 代数 $\tilde{s}\mu(6)_{22}, \tilde{s}\mu(6)_{23}, \tilde{s}\mu(6)_{24}, \tilde{s}\mu(6)_{25}$.

下面给出由李代数

$$s\mu(3)_i, \quad s\mu(4)_i, \quad s\mu(6)_i \ (i=1,2)$$

分别产生的谱矩阵

$$U = \begin{pmatrix} U_{2\times 2} & U_1 \\ 0 & 0 \end{pmatrix}, \quad U_1 = (a,b)^{\text{T}},$$

$$U = \begin{pmatrix} U_{2\times 2} & U_1 \\ 0 & U_{2\times 2} \end{pmatrix}, \quad U_1 = \begin{pmatrix} a & b \\ c & d \end{pmatrix}, \tag{4-122}$$

$$U = \begin{pmatrix} U & U_1 & U_2 \\ 0 & U & U_1 \\ 0 & 0 & U \end{pmatrix}, \tag{4-123}$$

其中 $U_i(i=1,2)$ 是 2×2 矩阵.

马文秀在文献 [28] 中给出式 (4-122) 和式 (4-123) 的一般情形.

$$U=\begin{pmatrix} U & U_{a_1} & U_{a_2} \\ 0 & U & U_{a_3} \\ 0 & 0 & 0 \end{pmatrix}, \tag{4-124}$$

$$U=\begin{pmatrix} U & U_{a_1} & \cdots & U_{a_v} \\ 0 & U & \ddots & \vdots \\ \vdots & \ddots & \ddots & U_{a_1} \\ 0 & \cdots & 0 & U \end{pmatrix}, \tag{4-125}$$

$$U=\begin{pmatrix} U & U_{a_1} & U_{a_2} \\ 0 & U & U_{a_3} \\ 0 & 0 & U_{a_4} \end{pmatrix}. \tag{4-126}$$

根据谱矩阵 (4-125) 和谱矩阵 (4-126) 可以构造李代数, 如取

$$e_1=\begin{pmatrix} 1 & 0 & 0 & 0 & 0 \\ 0 & -1 & 0 & 0 & 0 \\ 0 & 0 & 1 & 0 & 0 \\ 0 & 0 & 0 & -1 & 0 \\ 0 & 0 & 0 & 0 & 0 \end{pmatrix}, \quad e_2=\begin{pmatrix} 0 & 1 & 0 & 0 & 0 \\ 0 & 0 & 0 & 0 & 0 \\ 0 & 0 & 0 & 1 & 0 \\ 0 & 0 & 0 & 0 & 0 \\ 0 & 0 & 0 & 0 & 0 \end{pmatrix},$$

$$e_3=\begin{pmatrix} 0 & 0 & 0 & 0 & 0 \\ 1 & 0 & 0 & 0 & 0 \\ 0 & 0 & 0 & 0 & 0 \\ 0 & 0 & 1 & 0 & 0 \\ 0 & 0 & 0 & 0 & 0 \end{pmatrix}, \quad e_4=\begin{pmatrix} 0 & 0 & 1 & 0 & 0 \\ 0 & 0 & 0 & -1 & 0 \\ 0 & 0 & 0 & 0 & 0 \\ 0 & 0 & 0 & 0 & 0 \\ 0 & 0 & 0 & 0 & 0 \end{pmatrix},$$

$$e_5=\begin{pmatrix} 0 & 0 & 0 & 1 & 0 \\ 0 & 0 & 0 & 0 & 0 \\ 0 & 0 & 0 & 0 & 0 \\ 0 & 0 & 0 & 0 & 0 \\ 0 & 0 & 0 & 0 & 0 \end{pmatrix}, \quad e_6=\begin{pmatrix} 0 & 0 & 0 & 0 & 0 \\ 0 & 0 & 1 & 0 & 0 \\ 0 & 0 & 0 & 0 & 0 \\ 0 & 0 & 0 & 0 & 0 \\ 0 & 0 & 0 & 0 & 0 \end{pmatrix},$$

4.7 可逆线性变换与李代数

$$e_7 = \begin{pmatrix} 0 & 0 & 0 & 0 & 1 \\ 0 & 0 & 0 & 0 & 0 \\ 0 & 0 & 0 & 0 & 0 \\ 0 & 0 & 0 & 0 & 0 \\ 0 & 0 & 0 & 0 & 0 \end{pmatrix}, \quad e_8 = \begin{pmatrix} 0 & 0 & 0 & 0 & 0 \\ 0 & 0 & 0 & 0 & 1 \\ 0 & 0 & 0 & 0 & 0 \\ 0 & 0 & 0 & 0 & 0 \\ 0 & 0 & 0 & 0 & 0 \end{pmatrix},$$

$$e_9 = \begin{pmatrix} 0 & 0 & 0 & 0 & 0 \\ 0 & 0 & 0 & 0 & 0 \\ 0 & 0 & 0 & 0 & 1 \\ 0 & 0 & 0 & 0 & 0 \\ 0 & 0 & 0 & 0 & 0 \end{pmatrix}, \quad e_{10} = \begin{pmatrix} 0 & 0 & 0 & 0 & 0 \\ 0 & 0 & 0 & 0 & 0 \\ 0 & 0 & 0 & 0 & 0 \\ 0 & 0 & 0 & 0 & 1 \\ 0 & 0 & 0 & 0 & 0 \end{pmatrix},$$

且有

$[e_1, e_2] = 2e_2, \quad [e_1, e_3] = -2e_3, \quad [e_2, e_3] = e_1, \quad [e_1, e_4] = 0, \quad [e_1, e_5] = 2e_5,$

$[e_1, e_6] = -2e_6, \quad [e_2, e_4] = -2e_5, \quad [e_2, e_5] = 0, \quad [e_2, e_6] = e_4, \quad [e_3, e_4] = 2e_6,$

$[e_3, e_5] = -e_4, \quad [e_3, e_6] = 0, \quad [e_4, e_5] = [e_4, e_6] = [e_5, e_6] = 0, \quad [e_1, e_7] = e_7,$

$[e_1, e_8] = -e_8, \quad [e_1, e_9] = e_9, \quad [e_1, e_{10}] = -e_{10}, \quad [e_2, e_7] = 0, \quad [e_2, e_8] = e_7,$

$[e_2, e_9] = 0, \quad [e_2, e_{10}] = e_9, \quad [e_3, e_7] = e_8, \quad [e_3, e_8] = 0, \quad [e_3, e_9] = e_{10},$

$[e_3, e_{10}] = [e_4, e_7] = [e_4, e_8] = 0, \quad [e_4, e_9] = e_7, \quad [e_4, e_{10}] = -e_8,$

$[e_5, e_7] = [e_5, e_8] = [e_5, e_9] = 0, \quad [e_5, e_{10}] = e_7, \quad [e_6, e_7] = [e_6, e_8] = 0,$

$[e_6, e_9] = e_8, \quad [e_6, e_{10}] = 0, \quad [e_i, e_j] = 0 \ (7 \leqslant i, j \leqslant 10).$

令

$$U = ae_1 + be_2 + ce_3 + de_4 + ee_5 + fe_6 + ge_7 + he_8 + ke_9 + we_{10},$$

则

$$U = \begin{pmatrix} a & b & d & e & g \\ c & -a & f & -d & h \\ 0 & 0 & a & b & k \\ 0 & 0 & c & -a & w \\ 0 & 0 & 0 & 0 & 0 \end{pmatrix}. \tag{4-127}$$

作线性变换:

$$\delta: \mathrm{span}\{e_i\}_{i=1}^{10} \to \mathrm{span}\{w_i\}_{i=1}^{10},$$

$$\begin{pmatrix} w_1 \\ w_2 \\ \vdots \\ w_{10} \end{pmatrix} = \frac{1}{2} \begin{pmatrix} 1 & 0 & 0 & 0 & 0 & 0 & 0 & 0 & 0 & 0 \\ 0 & 1 & -1 & 0 & 0 & 0 & 0 & 0 & 0 & 0 \\ 0 & 1 & 1 & 0 & 0 & 0 & 0 & 0 & 0 & 0 \\ 0 & 0 & 0 & 1 & 0 & 0 & 0 & 0 & 0 & 0 \\ 0 & 0 & 0 & 0 & 1 & 1 & 0 & 0 & 0 & 0 \\ 0 & 0 & 0 & 0 & 1 & -1 & 0 & 0 & 0 & 0 \\ 0 & 0 & 0 & 0 & 0 & 0 & 2 & 0 & 0 & 0 \\ 0 & 0 & 0 & 0 & 0 & 0 & 0 & 2 & 0 & 0 \\ 0 & 0 & 0 & 0 & 0 & 0 & 0 & 0 & 2 & 0 \\ 0 & 0 & 0 & 0 & 0 & 0 & 0 & 0 & 0 & 2 \end{pmatrix} \begin{pmatrix} e_1 \\ e_2 \\ \vdots \\ e_{10} \end{pmatrix}, \quad (4\text{-}128)$$

有

$$w_1 = \frac{1}{2}e_1, \quad w_2 = \frac{1}{2}(e_2 - e_3), \quad w_3 = \frac{1}{2}(e_2 + e_3), \quad w_4 = e_4, \quad w_5 = \frac{1}{2}(e_5 + e_6),$$
$$w_6 = \frac{1}{2}(e_5 - e_6), \quad w_7 = e_7, \quad w_8 = e_8, \quad w_9 = e_9, \quad w_{10} = e_{10}.$$

容易看出 $\mathrm{span}\{w_i\}_{i=1}^{10}$ 也是一个不同于 $\mathrm{span}\{e_i\}_{i=1}^{10}$ 的李代数. 若令

$$U = \sum_{i=1}^{10} a_i e_i = \frac{1}{2} \begin{pmatrix} a_1 & a_2 + a_3 & a_4 & a_5 + a_6 & 2a_7 \\ -a_2 + a_3 & -a_1 & -a_5 - a_6 & -a_4 & 2a_8 \\ 0 & 0 & a_1 & a_2 + a_3 & 2a_9 \\ 0 & 0 & -a_2 + a_3 & -a_1 & 2a_{10} \\ 0 & 0 & 0 & 0 & 0 \end{pmatrix}, \quad (4\text{-}129)$$

那么矩阵 (4-127) 和矩阵 (4-128) 是矩阵 (4-129) 的特殊情况, 在可积耦合的生成方面有着广泛的应用.

下面, 构造谱矩阵是矩阵 (4-126) 形式的李代数.

首先, 考虑一个简单情况. 令

$$p_1 = \begin{pmatrix} 1 & 0 & 0 \\ 0 & -1 & 0 \\ 0 & 0 & 0 \end{pmatrix}, \quad p_2 = \begin{pmatrix} 0 & 1 & 0 \\ 0 & 0 & 0 \\ 0 & 0 & 0 \end{pmatrix}, \quad p_3 = \begin{pmatrix} 0 & 0 & 0 \\ 1 & 0 & 0 \\ 0 & 0 & 0 \end{pmatrix},$$

$$p_4 = \begin{pmatrix} 0 & 0 & 1 \\ 0 & 0 & 0 \\ 0 & 0 & 0 \end{pmatrix}, \quad p_5 = \begin{pmatrix} 0 & 0 & 0 \\ 0 & 0 & 1 \\ 0 & 0 & 0 \end{pmatrix}, \quad p_6 = \begin{pmatrix} 0 & 0 & 0 \\ 0 & 0 & 0 \\ 0 & 0 & 1 \end{pmatrix},$$

4.7 可逆线性变换与李代数

则有

$[p_1, p_2] = 2p_2,\quad [p_1, p_3] = -2p_3,\quad [p_1, p_4] = p_4,\quad [p_1, p_5] = -p_5,\quad [p_1, p_6] = 0,$
$[p_2, p_3] = p_1,\quad [p_2, p_4] = 0,\quad [p_2, p_5] = p_4,\quad [p_2, p_6] = 0,\quad [p_3, p_4] = p_5,$
$[p_3, p_5] = [p_3, p_6] = [p_4, p_5] = 0,\quad [p_4, p_6] = p_4,\quad [p_5, p_6] = p_5.$

设 $U = \sum_{i=1}^{6} a_i p_i$, 则有

$$U = \begin{pmatrix} a_1 & a_2 & a_4 \\ a_3 & -a_1 & a_5 \\ 0 & 0 & a_6 \end{pmatrix}. \tag{4-130}$$

作线性变换:

$$\delta: \mathrm{span}\{p_i\}_{i=1}^{6} \to \mathrm{span}\{q_i\}_{i=1}^{6},$$

$$\begin{pmatrix} q_1 \\ q_2 \\ q_3 \\ q_4 \\ q_5 \\ q_6 \end{pmatrix} = \frac{1}{2} \begin{pmatrix} 1 & 0 & 0 & 0 & 0 & 0 \\ 0 & 1 & 1 & 0 & 0 & 0 \\ 0 & 0 & -1 & 0 & 0 & 0 \\ 0 & 0 & 0 & 2 & 0 & 0 \\ 0 & 0 & 0 & 0 & 2 & 0 \\ 0 & 0 & 0 & 0 & 0 & 2 \end{pmatrix} \begin{pmatrix} p_1 \\ p_2 \\ p_3 \\ p_4 \\ p_5 \\ p_6 \end{pmatrix},$$

则 $\mathrm{span}\{q_i\}_{i=1}^{6}$ 是李代数, 其换位运算为

$[q_1, q_2] = q_3,\quad [q_1, q_3] = q_2,\quad [q_2, q_3] = -q_1,\quad [q_1, q_4] = \frac{1}{2}q_4,\quad [q_1, q_5] = -\frac{1}{2}q_5,$
$[q_1, q_6] = 0,\quad [q_2, q_4] = \frac{1}{2}q_5,\quad [q_2, q_5] = \frac{1}{2}q_4,\quad [q_2, q_6] = 0,\quad [q_3, q_4] = -\frac{1}{2}q_5,$
$[q_3, q_5] = \frac{1}{2}q_4,\quad [q_3, q_6] = 0,\quad [q_4, q_5] = 0,\quad [q_4, q_6] = \frac{1}{2}q_4,\quad [q_5, q_6] = \frac{1}{2}q_5.$

如果设 $U = \sum_{i=1}^{6} b_i q_i$, 则有

$$U = \frac{1}{2} \begin{pmatrix} b_1 & b_2 + b_3 & b_4 \\ b_2 - b_3 & -b_1 & b_5 \\ 0 & 0 & b_6 \end{pmatrix}. \tag{4-131}$$

很明显矩阵 (4-130) 和矩阵 (4-131) 是同一种类型的矩阵, 都是矩阵 (4-126) 的特殊情况.

接着考虑矩阵 (4-126) 更复杂的情况. 李代数 A_5 的子代数有两组特殊的基底.

设
$$\bar{A}_5 = \text{span}\{v_i\}_{i=1}^{6}, \tag{4-132}$$

其中

$$v_1 = \begin{pmatrix} 1 & 0 & 0 & 0 & 0 & 0 \\ 0 & -1 & 0 & 0 & 0 & 0 \\ 0 & 0 & 1 & 0 & 0 & 0 \\ 0 & 0 & 0 & -1 & 0 & 0 \\ 0 & 0 & 0 & 0 & 0 & 0 \\ 0 & 0 & 0 & 0 & 0 & 0 \end{pmatrix}, \quad v_2 = \begin{pmatrix} 0 & 0 & 0 & 0 & 0 & 0 \\ 0 & 0 & 0 & 0 & 0 & 0 \\ 0 & 0 & 0 & 0 & 0 & 0 \\ 0 & 0 & 0 & 0 & 0 & 0 \\ 0 & 0 & 0 & 0 & 0 & 1 \\ 0 & 0 & 0 & 0 & 0 & 0 \end{pmatrix},$$

$$v_3 = \begin{pmatrix} 0 & 0 & 0 & 0 & 0 & 0 \\ 0 & 0 & 0 & 0 & 0 & 0 \\ 0 & 0 & 0 & 0 & 0 & 0 \\ 0 & 0 & 0 & 0 & 0 & 0 \\ 0 & 0 & 0 & 0 & 0 & 0 \\ 0 & 0 & 0 & 0 & 1 & 0 \end{pmatrix}, \quad v_4 = \begin{pmatrix} 0 & 1 & 0 & 0 & 0 & 0 \\ 0 & 0 & 0 & 0 & 0 & 0 \\ 0 & 0 & 0 & 1 & 0 & 0 \\ 0 & 0 & 0 & 0 & 0 & 0 \\ 0 & 0 & 0 & 0 & 0 & 0 \\ 0 & 0 & 0 & 0 & 0 & 0 \end{pmatrix},$$

$$v_5 = \begin{pmatrix} 0 & 0 & 0 & 0 & 0 & 0 \\ 1 & 0 & 0 & 0 & 0 & 0 \\ 0 & 0 & 0 & 0 & 0 & 0 \\ 0 & 0 & 1 & 0 & 0 & 0 \\ 0 & 0 & 0 & 0 & 0 & 0 \\ 0 & 0 & 0 & 0 & 0 & 0 \end{pmatrix}, \quad v_6 = \begin{pmatrix} 0 & 0 & 0 & 0 & 0 & 0 \\ 0 & 0 & 0 & 0 & 0 & 0 \\ 0 & 0 & 0 & 0 & 0 & 0 \\ 0 & 0 & 0 & 0 & 0 & 0 \\ 0 & 0 & 0 & 0 & 1 & 0 \\ 0 & 0 & 0 & 0 & 0 & -1 \end{pmatrix};$$

$[v_1, v_2] = 0$, $[v_2, v_3] = v_6$, $[v_1, v_3] = 0$, $[v_1, v_4] = 2v_4$, $[v_1, v_5] = -2v_5$,
$[v_1, v_6] = 0$, $[v_2, v_4] = [v_2, v_5] = 0$, $[v_2, v_6] = -2v_2$, $[v_3, v_4] = [v_3, v_5] = 0$,
$[v_3, v_6] = -2v_3$, $[v_4, v_5] = v_1$, $[v_4, v_6] = [v_5, v_6] = 0$.

若令 $U = \sum\limits_{i=1}^{6} a_i v_i$, 则有

$$U = \begin{pmatrix} a_1 & a_4 & 0 & 0 & 0 & 0 \\ a_5 & -a_1 & 0 & 0 & 0 & 0 \\ 0 & 0 & a_1 & a_4 & 0 & 0 \\ 0 & 0 & a_5 & -a_1 & 0 & 0 \\ 0 & 0 & 0 & 0 & a_6 & a_2 \\ 0 & 0 & 0 & 0 & a_3 & -a_6 \end{pmatrix},$$

4.7 可逆线性变换与李代数

这是矩阵 (4-125) 的特殊情况. 下面扩展李代数 (4-132) 为两个更高维的李代数.

情形 1 设

$$v_7 = \begin{pmatrix} 0 & 0 & 0 & 0 & 0 & 1 \\ 0 & 0 & 0 & 0 & 0 & 0 \\ 0 & 0 & 0 & 0 & 0 & 0 \\ 0 & 0 & 0 & 0 & 0 & 0 \\ 0 & 0 & 0 & 0 & 0 & 0 \\ 0 & 0 & 0 & 0 & 0 & 0 \end{pmatrix}, \quad v_8 = \begin{pmatrix} 0 & 0 & 0 & 0 & 0 & 0 \\ 0 & 0 & 0 & 0 & 0 & 1 \\ 0 & 0 & 0 & 0 & 0 & 0 \\ 0 & 0 & 0 & 0 & 0 & 0 \\ 0 & 0 & 0 & 0 & 0 & 0 \\ 0 & 0 & 0 & 0 & 0 & 0 \end{pmatrix},$$

$$v_9 = \begin{pmatrix} 0 & 0 & 0 & 0 & 0 & 0 \\ 0 & 0 & 0 & 0 & 1 & 0 \\ 0 & 0 & 0 & 0 & 0 & 0 \\ 0 & 0 & 0 & 0 & 0 & 0 \\ 0 & 0 & 0 & 0 & 0 & 0 \\ 0 & 0 & 0 & 0 & 0 & 0 \end{pmatrix}, \quad v_{10} = \begin{pmatrix} 0 & 0 & 0 & 0 & 1 & 0 \\ 0 & 0 & 0 & 0 & 0 & 0 \\ 0 & 0 & 0 & 0 & 0 & 0 \\ 0 & 0 & 0 & 0 & 0 & 0 \\ 0 & 0 & 0 & 0 & 0 & 0 \\ 0 & 0 & 0 & 0 & 0 & 0 \end{pmatrix},$$

则 $\text{span}\{v_i\}_{i=1}^{10} =: A_{51}$ 构成一个李代数, 其中

$[v_1, v_7] = v_7, \quad [v_2, v_7] = [v_4, v_7] = 0, \quad [v_3, v_7] = -v_{10}, \quad [v_5, v_7] = v_8, \quad [v_6, v_7] = v_7,$
$[v_1, v_8] = -v_8, \quad [v_2, v_8] = 0, \quad [v_3, v_8] = -v_9, \quad [v_4, v_8] = v_7, \quad [v_5, v_8] = 0,$
$[v_6, v_8] = v_8, \quad [v_7, v_8] = 0, \quad [v_1, v_9] = -v_9, \quad [v_2, v_9] = -v_8, \quad [v_3, v_9] = 0,$
$[v_4, v_9] = v_{10}, \quad [v_5, v_9] = 0, \quad [v_6, v_9] = -v_9, \quad [v_7, v_9] = [v_8, v_9] = 0,$
$[v_1, v_{10}] = v_{10}, \quad [v_2, v_{10}] = -v_7, \quad [v_3, v_{10}] = 0, \quad [v_4, v_{10}] = 0,$
$[v_5, v_{10}] = v_9, \quad [v_6, v_{10}] = -v_{10}, \quad [v_7, v_{10}] = [v_8, v_{10}] = [v_9, v_{10}] = 0.$

设 $U = \sum\limits_{i=1}^{10} a_i v_i$, 则有

$$U = \begin{pmatrix} a_1 & a_4 & 0 & 0 & a_{10} & a_7 \\ a_5 & -a_1 & 0 & 0 & a_9 & a_8 \\ 0 & 0 & a_1 & a_4 & 0 & 0 \\ 0 & 0 & a_5 & -a_1 & 0 & 0 \\ 0 & 0 & 0 & 0 & a_6 & a_2 \\ 0 & 0 & 0 & 0 & a_3 & -a_6 \end{pmatrix}.$$

情形 2 设

$$v_{11} = \begin{pmatrix} 0 & 0 & 0 & 0 & 0 & 0 \\ 0 & 0 & 0 & 0 & 0 & 0 \\ 0 & 0 & 0 & 0 & 1 & 0 \\ 0 & 0 & 0 & 0 & 0 & 0 \\ 0 & 0 & 0 & 0 & 0 & 0 \\ 0 & 0 & 0 & 0 & 0 & 0 \end{pmatrix}, \quad v_{12} = \begin{pmatrix} 0 & 0 & 0 & 0 & 0 & 0 \\ 0 & 0 & 0 & 0 & 0 & 0 \\ 0 & 0 & 0 & 0 & 0 & 0 \\ 0 & 0 & 0 & 0 & 0 & 1 \\ 0 & 0 & 0 & 0 & 0 & 0 \\ 0 & 0 & 0 & 0 & 0 & 0 \end{pmatrix},$$

$$v_{13} = \begin{pmatrix} 0 & 0 & 0 & 0 & 0 & 0 \\ 0 & 0 & 0 & 0 & 0 & 0 \\ 0 & 0 & 0 & 0 & 0 & 1 \\ 0 & 0 & 0 & 0 & 0 & 0 \\ 0 & 0 & 0 & 0 & 0 & 0 \\ 0 & 0 & 0 & 0 & 0 & 0 \end{pmatrix}, \quad v_{14} = \begin{pmatrix} 0 & 0 & 0 & 0 & 0 & 0 \\ 0 & 0 & 0 & 0 & 0 & 0 \\ 0 & 0 & 0 & 0 & 0 & 0 \\ 0 & 0 & 0 & 0 & 1 & 0 \\ 0 & 0 & 0 & 0 & 0 & 0 \\ 0 & 0 & 0 & 0 & 0 & 0 \end{pmatrix},$$

则 $\mathrm{span}\{v_1, v_2, v_3, v_4, v_5, v_6, v_{11}, v_{12}, v_{13}, v_{14}\} =: A_{52}$ 也是一个李代数, 其中

$[v_1, v_{11}] = v_{11}, \quad [v_2, v_{11}] = -v_{13}, \quad [v_3, v_{11}] = [v_4, v_{11}] = 0, \quad [v_5, v_{11}] = v_{14},$
$[v_6, v_{11}] = -v_{11}, \quad [v_1, v_{12}] = -v_{12}, \quad [v_2, v_{12}] = 0, \quad [v_3, v_{12}] = -v_{14},$
$[v_4, v_{12}] = v_{13}, \quad [v_5, v_{12}] = 0, \quad [v_6, v_{12}] = v_{12}, \quad [v_{11}, v_{12}] = 0, \quad [v_1, v_{13}] = v_{13},$
$[v_2, v_{13}] = 0, \quad [v_3, v_{13}] = -v_{11}, \quad [v_4, v_{13}] = 0, \quad [v_5, v_{13}] = v_{12}, \quad [v_6, v_{13}] = v_{13},$
$[v_1, v_{14}] = -v_{14}, \quad [v_2, v_{14}] = -v_{12}, \quad [v_3, v_{14}] = 0, \quad [v_4, v_{14}] = v_{11}, \quad [v_5, v_{14}] = 0,$
$[v_6, v_{14}] = -v_{14}, \quad [v_{11}, v_{13}] = [v_{11}, v_{14}] = [v_{12}, v_{14}] = [v_{13}, v_{14}] = 0,$

相应的谱矩阵表达为

$$U = \begin{pmatrix} a_1 & a_4 & 0 & 0 & 0 & 0 \\ a_5 & -a_1 & 0 & 0 & 0 & 0 \\ 0 & 0 & a_1 & a_4 & a_{11} & a_{13} \\ 0 & 0 & a_5 & -a_1 & a_{14} & a_{12} \\ 0 & 0 & 0 & 0 & a_6 & a_2 \\ 0 & 0 & 0 & 0 & a_3 & -a_6 \end{pmatrix}.$$

由许多形式为矩阵 (4-125) 和矩阵 (4-126) 的谱矩阵构成李代数. 李代数 $\bar{A}_5, A_{51}$ 和 A_{52} 的半直和仍然是一个李代数, 相应的谱矩阵为矩阵 (4-126). 类似于矩阵 (4-128) 利用线性变换,$\bar{A}_5, A_{51}$ 和 A_{52} 也可以生成李代数.

李翊神[7] 从自对偶 Yang 方程得出了下列 Lax 对

$$\begin{cases} \phi_x = M\phi, \\ \phi_t = P(\lambda)\phi_y + N\phi, \end{cases}$$

其相容性条件为 (2+1) 维偏微分方程族

$$M_t - N_x + [M, N] - P(\lambda)M_y = 0, \tag{4-133}$$

其中 $P(\lambda) = \alpha_0 + \alpha_1\lambda + \cdots$，$\lambda$ 是谱参数. 若令 $P(\lambda) = 0$，则方程族 (4-132) 约化为标准零曲率方程

$$M_t - N_x + [M, N] = 0. \tag{4-134}$$

下面取 loop 代数 (4-120) 和 (4-121) 为例来推演方程族 (4-133) 的一些解.

例 4 考虑谱问题

$$\begin{cases} \phi_x = M\phi, \\ M = \mathrm{i}\tilde{T}_1(1) - \mathrm{i}qr\tilde{T}_1(0) + q\tilde{T}_2(0) + r\tilde{T}_3(0) + u_1\tilde{T}_5(0) + u_2\tilde{T}_6(0) + u_3\tilde{T}_8(0) + u_4\tilde{T}_9(0). \end{cases}$$

令 $N = \sum_{m \geqslant 0} \left(\sum_{i=1}^{9} a_{im}\tilde{T}_i(-m) \right)$，则由零曲率方程

$$N_x = [M, N],$$

得出 $a_{im}(i = 1, 2, \cdots, 9)$ 的解

$$\begin{cases} a_{1mx} = qa_{3m} - ra_{2m}, \\ 2\mathrm{i}a_{2,m+1} = a_{2mx} + 2\mathrm{i}qra_{2m} + 2qa_{1m}, \\ 2\mathrm{i}a_{3,m+1} = -a_{3mx} + 2\mathrm{i}qra_{3m} + 2ra_{1m}, \\ a_{4mx} = qa_{6m} - ra_{5m} + u_1a_{3m} - u_2a_{2m}, \\ 2\mathrm{i}a_{5,m+1} = a_{5mx} + 2\mathrm{i}qra_{5m} + 2qa_{4m} + 2u_1a_{1m}, \\ 2\mathrm{i}a_{6,m+1} = -a_{6mx} + 2\mathrm{i}qra_{6m} + 2ra_{4m} + 2u_2a_{1m}, \\ a_{7mx} = qa_{9m} - ra_{8m} + u_1a_{6m} - u_2a_{5m} + u_3a_{3m} - u_4a_{2m}, \\ 2\mathrm{i}a_{8,m+1} = a_{8mx} + 2\mathrm{i}qra_{8m} + 2qa_{7m} + 2u_1a_{4m} + 2u_3a_{1m}, \\ 2\mathrm{i}a_{9,m+1} = -a_{9mx} + 2\mathrm{i}qra_{9m} + 2ra_{7m} + 2u_2a_{4m} + 2u_4a_{1m}. \end{cases} \tag{4-135}$$

情形 1 取

$$N_+^{(n)} = \sum_{m=0}^{n} \left(\sum_{i=1}^{9} a_{im}\tilde{T}_i(n-m) \right) = \lambda^n N - N_-^{(n)},$$

直接计算得

$$-N_{+x}^{(n)} + [M, N_+^{(n)}] = -2\mathrm{i}a_{2,n+1}\tilde{T}_2(0) + 2\mathrm{i}a_{3,n+1}\tilde{T}_3(0) - 2\mathrm{i}a_{5,n+1}\tilde{T}_5(0) + 2\mathrm{i}a_{6,n+1}\tilde{T}_6(0)$$
$$- 2\mathrm{i}a_{8,n+1}\tilde{T}_8(0) + 2\mathrm{i}a_{9,n+1}\tilde{T}_9(0).$$

记 $N^{(n)} = N_+^{(n)}$, 那么 (2+1) 维偏微分系统

$$M_t - N_x^{(n)} + [M, N^{(n)}] - M_y = 0. \tag{4-136}$$

关于 M 表达为

$$u_t = \begin{pmatrix} q \\ r \\ u_1 \\ u_2 \\ u_3 \\ u_4 \end{pmatrix}_t = 2\mathrm{i} \begin{pmatrix} a_{2,n+1} \\ -a_{3,n+1} \\ a_{5,n+1} \\ -a_{6,n+1} \\ a_{8,n+1} \\ -a_{9,n+1} \end{pmatrix} + \begin{pmatrix} q \\ r \\ u_1 \\ u_2 \\ u_3 \\ u_4 \end{pmatrix}_y, \tag{4-137}$$

$$(qr)_t = (qr)_y.$$

由此很容易得出

$$(qr)_t = -2\mathrm{i}r a_{2,n+1} - 2\mathrm{i}q a_{3,n+1} + (qr)_y.$$

于是得到下列 (2+1) 维孤立子可积系统

$$\tilde{u}_z =: \begin{pmatrix} q \\ r \\ u_1 \\ u_2 \\ u_3 \\ u_4 \end{pmatrix}_{t-y} = 2\mathrm{i} \begin{pmatrix} a_{2,n+1} \\ -a_{3,n+1} \\ a_{5,n+1} \\ -a_{6,n+1} \\ a_{8,n+1} \\ -a_{9,n+1} \end{pmatrix}, \tag{4-138}$$

这是一个 (2+1) 维扩展 AKNS 方程族.

情形 2 取

$$N^{(n)} = N_+^{(n)} - 2a_{1,n+1}\tilde{T}_1(0),$$

那么由系统 (4-136) 得出下列的解

$$\tilde{u}_z =: \begin{pmatrix} q \\ r \\ u_1 \\ u_2 \\ u_3 \\ u_4 \end{pmatrix}_{t-y} = \begin{pmatrix} 2\mathrm{i}a_{2,n+1} - 4q a_{1,n+1} \\ -2\mathrm{i}a_{3,n+1} + 4r a_{1,n+1} \\ 2\mathrm{i}a_{5,n+1} - 4u_1 a_{1,n+1} \\ -2\mathrm{i}a_{6,n+1} + 4u_2 a_{1,n+1} \\ 2\mathrm{i}a_{8,n+1} - 4u_3 a_{1,n+1} \\ -2\mathrm{i}a_{9,n+1} + 4u_4 a_{1,n+1} \end{pmatrix}, \tag{4-139}$$

$$(qr)_{t-y} = -2\mathrm{i}a_{1,n+1x}.$$

4.7 可逆线性变换与李代数

下面推导系统 (4-138) 的 Hamilton 表达.

考虑 loop 代数

$$\tilde{R}^9 = \mathrm{span}\{c(n) = c\lambda^n, \quad c \in R^9\},$$

其换位算子

$$[X(m), Y(n)]_1 = [X, Y]_1 \lambda^{m+n}, \quad X, Y \in R^9.$$

设

$$\begin{cases} \psi_x = \bar{M}\psi, \quad \bar{M} = (\mathrm{i}\lambda - \mathrm{i}qr, q, r, 0, u_1, u_2, 0, u_3, u_4)^{\mathrm{T}}, \\ \psi_t = \bar{N}^{(n)}\psi + \psi_y, \\ \bar{N}^{(n)} = \sum_{m=0}^{n}(a_{1m}, a_{2m}, \cdots, a_{9m})^{\mathrm{T}}\lambda^{n-m} - (2a_{1,n+1}, 0, 0, 0, 0, 0, 0, 0, 0)^{\mathrm{T}}. \end{cases} \quad (4\text{-}140)$$

由零曲率方程

$$\bar{M}_t - \bar{N}_x^{(n)} + [\bar{M}, \bar{N}^{(n)}] - \bar{M}_y = 0$$

也可以得出系统 (4-137), 表示为

$$\tilde{u}_z = \begin{pmatrix} q \\ r \\ u_1 \\ u_2 \\ u_3 \\ u_4 \end{pmatrix}_{t-y} = 2\mathrm{i} \begin{pmatrix} 0 & 0 & 0 & 0 & 0 & 1 \\ 0 & 0 & 0 & 0 & -1 & 0 \\ 0 & 0 & 0 & 1 & 0 & -1 \\ 0 & 0 & -1 & 0 & 1 & 0 \\ 0 & 1 & 0 & -1 & 0 & 1 \\ -1 & 0 & 1 & 0 & -1 & 0 \end{pmatrix} \begin{pmatrix} a_{6,n+1} + a_{9,n+1} \\ a_{5,n+1} + a_{8,n+1} \\ a_{3,n+1} + a_{6,n+1} \\ a_{2,n+1} + a_{5,n+1} \\ a_{3,n+1} \\ a_{2,n+1} \end{pmatrix} =: JP_{n+1},$$

其中 J 是 Hamilton 算子. 直接计算得

$$R_{n+1} =: \begin{pmatrix} -2\mathrm{i}r(a_{4,n+1} + a_{7,n+1}) + a_{3,n+1} + a_{6,n+1} + a_{9,n+1} \\ -2\mathrm{i}q(a_{4,n+1} + a_{7,n+1}) + a_{2,n+1} + a_{5,n+1} + a_{8,n+1} \\ a_{3,n+1} + a_{6,n+1} \\ a_{2,n+1} + a_{5,n+1} \\ a_{3,n+1} \\ a_{2,n+1} \end{pmatrix}$$

$$= \begin{pmatrix} -2\mathrm{i}r\partial^{-1}q+1 & 2\mathrm{i}r\partial^{-1}r & -2\mathrm{i}r\partial^{-1}u_1 & 2\mathrm{i}r\partial^{-1}u_2 & -2\mathrm{i}r\partial^{-1}u_3+1 & 2\mathrm{i}r\partial^{-1}u_4 \\ -2\mathrm{i}q\partial^{-1}q & 2\mathrm{i}q\partial^{-1}r+1 & -2\mathrm{i}q\partial^{-1}u_1 & 2\mathrm{i}q\partial^{-1}u_2 & -2\mathrm{i}q\partial^{-1}u_3 & 2\mathrm{i}q\partial^{-1}u_4+1 \\ 0 & 0 & 1 & 0 & 0 & 0 \\ 0 & 0 & 0 & 1 & 0 & 0 \\ 0 & 0 & 0 & 0 & 1 & 0 \\ 0 & 0 & 0 & 0 & 0 & 1 \end{pmatrix}$$

$$\times \begin{pmatrix} a_{6,n+1}+a_{9,n+1} \\ a_{5,n+1}+a_{8,n+1} \\ a_{3,n+1}+a_{6,n+1} \\ a_{2,n+1}+a_{5,n+1} \\ a_{3,n+1} \\ a_{2,n+1} \end{pmatrix} =: QP_{n+1}.$$

于是, 有

$$\tilde{u}_z = \begin{pmatrix} q \\ r \\ u_1 \\ u_2 \\ u_3 \\ u_4 \end{pmatrix}_{t-y} = 2\mathrm{i} \begin{pmatrix} 0 & 0 & 0 & 0 & 0 & 1 \\ 0 & 0 & 0 & 0 & -1 & 0 \\ 0 & 0 & 0 & 1 & 0 & -1 \\ 0 & 0 & -1 & 0 & 1 & 0 \\ 0 & 1 & 0 & -1 & 0 & 1 \\ -1 & 0 & 1 & 0 & -1 & 0 \end{pmatrix} \begin{pmatrix} a_{6,n+1}+a_{9,n+1} \\ a_{5,n+1}+a_{8,n+1} \\ a_{3,n+1}+a_{6,n+1} \\ a_{2,n+1}+a_{5,n+1} \\ a_{3,n+1} \\ a_{2,n+1} \end{pmatrix}$$
$$=: JP_{n+1} = 2\mathrm{i} JQ^{-1} R_{n+1}.$$
(4-141)

由公式 $\{a,b\} = a^{\mathrm{T}} Fb$ 和 F 得

$$\left\{ \bar{N}, \frac{\partial \bar{M}}{\partial q} \right\} = -2\mathrm{i}r(a_4+a_7) + a_3 + a_6 + a_9,$$

$$\left\{ \bar{N}, \frac{\partial \bar{M}}{\partial r} \right\} = -2\mathrm{i}q(a_4+a_7) + a_2 + a_5 + a_8,$$

$$\left\{ \bar{N}, \frac{\partial \bar{M}}{\partial u_1} \right\} = a_3 + a_6, \quad \left\{ \bar{N}, \frac{\partial \bar{M}}{\partial u_2} \right\} = a_2 + a_5,$$

$$\left\{ \bar{N}, \frac{\partial \bar{M}}{\partial u_3} \right\} = a_3, \quad \left\{ \bar{N}, \frac{\partial \bar{M}}{\partial u_4} \right\} = a_2, \quad \left\{ \bar{N}, \frac{\partial \bar{M}}{\partial \lambda} \right\} = 2\mathrm{i}(a_4+a_7).$$

将上面结果代入二次型恒等式得

$$\frac{\delta}{\delta \tilde{u}} 2\mathrm{i}(a_4+a_7) = \lambda^{-\gamma} \frac{\partial}{\partial \lambda} \lambda^{\gamma} \begin{pmatrix} -2\mathrm{i}r(a_4+a_7)+a_3+a_6+a_9 \\ -2\mathrm{i}q(a_4+a_7)+a_2+a_5+a_8 \\ a_3+a_6 \\ a_2+a_5 \\ a_3 \\ a_2 \end{pmatrix}. \quad (4\text{-}142)$$

比较式 (4-142) 中 λ^{-n-1} 系数, 有

$$\frac{\delta}{\delta \tilde{u}} 2\mathrm{i}(a_{4,n+1}+a_{7,n+1}) = (-n+\gamma) R_n,$$

4.7 可逆线性变换与李代数

其中 $\gamma = 0$. 于是

$$R_n = \frac{\delta H_n}{\delta \tilde{u}}, \quad H_n = -\frac{2\mathrm{i}(a_{4,n+1} + a_{7,n+1})}{n}.$$

因此, 得到高维可积系统 (4-137) 的拟 Hamilton 结构

$$\tilde{u}_z = 2\mathrm{i}JQ^{-1}R_{n+1} = 2\mathrm{i}JQ^{-1}\frac{\delta H_{n+1}}{\delta \tilde{u}}. \tag{4-143}$$

由于 Q 不是斜对称矩阵, JQ^{-1} 不是辛算子, 因而称结构 (4-143) 是拟 Hamilton 结构. 当然, 如果去掉例 4 等谱问题中的项 $qr\tilde{T}_1(0)$, 那么很容易获得扩展的高维 AKNS 方程族的 Hamilton 结构.

例 5 考虑等谱问题

$$\begin{cases} \phi_x = M\phi, \\ M = -h_2(1) + uh_3(0) + vh_1(0) + u_1h_4(0) + u_2h_5(0) + u_3h_8(0) + u_4h_9(0). \end{cases} \tag{4-144}$$

设

$$N = \sum_{m \geqslant 0} (b_{1m}h_1(-m) + b_{2m}h_2(-m) + b_{3m}h_3(-m) + b_{4m}h_4(-m) \\ + b_{5m}h_5(-m) + b_{6m}h_6(-m) + b_{7m}h_7(-m) + b_{8m}h_8(-m) + b_{9m}h_9(-m)),$$

解

$$N_x = [M, N]$$

得出

$$b_{3,m+1} = -b_{1mx} - ub_{2m}, \quad b_{2mx} = -ub_{1m} + vb_{3m},$$
$$b_{1,m+1} = b_{3mx} - vb_{2m}, \quad b_{5,m+1} = -b_{4mx} + ub_{6m} - u_2b_{2m},$$
$$b_{4,m+1} = b_{5mx} + vb_{6m} - u_1b_{2m},$$
$$b_{6mx} = ub_{4m} - vb_{5m} - u_1b_{3m} + u_2b_{1m},$$
$$b_{7mx} = -ub_{9m} + vb_{8m} + u_1b_{5m} - u_2b_{4m} - u_3b_{1m} + u_4b_{3m},$$
$$b_{9,m+1} = b_{8mx} - vb_{7m} + u_1b_{6m} - u_4b_{2m},$$
$$b_{8,m+1} = -b_{9mx} - ub_{7m} + u_2b_{6m} - u_3b_{2m},$$
$$b_{2,0} = \alpha = \mathrm{const}, \quad b_{1,0} = b_{3,0} = 0, \quad b_{1,1} = -\alpha v, \quad b_{3,1} = -\alpha u, \quad b_{2,1} = 0,$$
$$b_{4,0} = b_{5,0} = b_{6,0} = b_{7,0} = b_{8,0} = b_{9,0} = 0, \quad b_{4,1} = -\alpha u_1, \quad b_{5,1} = -\alpha u_2,$$
$$b_{6,1} = b_{7,1} = 0, \quad b_{8,1} = -\alpha u_3, \quad b_{9,1} = -\alpha u_4, \cdots \tag{4-145}$$

令
$$N_+^{(n)} = \sum_{m=0}^{n}\left(\sum_{i=1}^{9} b_{im} h_i(n-m)\right) = \lambda^n N - N_-^{(n)},$$

那么有
$$-N_{+x}^{(n)} + [M, N_+^{(n)}] = -b_{1,n+1} h_3(0) + b_{3,n+1} h_1(0) - b_{4,n+1} h_5(0) + b_{5,n+1} h_4(0)$$
$$+ b_{8,n+1} h_9(0) - b_{9,n+1} h_8(0),$$

则 (2+1) 维偏微分方程
$$M_t - N_{+x}^{(n)} + [M, N_+^{(n)}] - M_y = 0,$$

关于 M 的解为
$$\tilde{u}_z = \begin{pmatrix} u \\ v \\ u_1 \\ u_2 \\ u_3 \\ u_4 \end{pmatrix}_{t-y} = \begin{pmatrix} b_{1,n+1} \\ -b_{3,n+1} \\ -b_{5,n+1} \\ b_{4,n+1} \\ b_{9,n+1} \\ -b_{8,n+1} \end{pmatrix}$$
$$= \begin{pmatrix} 0 & 0 & 0 & 0 & 0 & -1 \\ 0 & 0 & 0 & 0 & 1 & 0 \\ 0 & 0 & 0 & 1 & 1 & 0 \\ 0 & 0 & -1 & 0 & 0 & -1 \\ 0 & -1 & -1 & 0 & 0 & 0 \\ 1 & 0 & 0 & 1 & 0 & 0 \end{pmatrix} \begin{pmatrix} b_{3,n+1} + b_{5,n+1} - b_{8,n+1} \\ b_{1,n+1} + b_{4,n+1} - b_{9,n+1} \\ b_{1,n+1} - b_{4,n+1} \\ b_{3,n+1} - b_{5,n+1} \\ -b_{3,n+1} \\ -b_{1,n+1} \end{pmatrix}$$
$$=: J W_{n+1}, \tag{4-146}$$

其中 J 是 Hamilton 算子.

为了得到解 (4-146) 的 Hamilton 结构, 利用下面的 loop 代数构造 Lax 对.
$$\tilde{R}^9 = \operatorname{span}\{x(n) = x\lambda^n, x \in R^9\},$$

其换位关系为
$$[x(m), y(n)]_2 = [x, y]_2 \lambda^{m+n}, \quad x, y \in R^9.$$

考虑下面等谱问题
$$\begin{cases} \phi_x = \tilde{M}\phi, & \tilde{M} = (v, -\lambda, u, u_1, u_2, 0, 0, u_3, u_4)^{\mathrm{T}}, \\ \phi_t = \tilde{N}^{(n)}\phi + \phi_y, & \tilde{N}^{(n)} = \sum_{m=0}^{n}(b_{1m}, b_{2m}, \cdots, b_{9m})^{\mathrm{T}} \lambda^{n-m}, \end{cases}$$

4.7 可逆线性变换与李代数

其相容性条件 $\tilde{M}_t - \tilde{N}_x^{(n)} + [M, \tilde{N}^{(n)}] - \tilde{M}_y = 0$ 也可以给出解 (4-145).

利用 $\bar{F}$ 直接计算有

$$\left\{\tilde{N}, \frac{\partial \tilde{M}}{\partial u}\right\} = b_3 + b_5 - b_8, \quad \left\{\tilde{N}, \frac{\partial \tilde{M}}{\partial v}\right\} = b_1 + b_4 - b_9,$$

$$\left\{\tilde{N}, \frac{\partial \tilde{M}}{\partial u_1}\right\} = b_1 - b_4, \quad \left\{\tilde{N}, \frac{\partial \tilde{M}}{\partial u_2}\right\} = b_3 - b_5, \quad \left\{\tilde{N}, \frac{\partial \tilde{M}}{\partial u_3}\right\} = -b_3,$$

$$\left\{\tilde{N}, \frac{\partial \tilde{M}}{\partial u_4}\right\} = -b_1, \quad \left\{\tilde{N}, \frac{\partial \tilde{M}}{\partial \lambda}\right\} = b_2 - b_6 - b_7,$$

其中

$$\tilde{N} = (b_1, b_2, \cdots, b_9)^{\mathrm{T}}, \quad b_i = \sum_{m \geqslant 0} b_{im} \lambda^{-m}, \quad i = 1, 2, \cdots, 9,$$

代入二次型恒等式, 有

$$\frac{\delta}{\delta \tilde{u}}(b_2 - b_6 - b_7) = \lambda^{-\gamma} \frac{\partial}{\partial \lambda} \lambda^\gamma \begin{pmatrix} b_3 + b_5 - b_8 \\ b_1 + b_4 - b_9 \\ b_1 - b_4 \\ b_3 - b_5 \\ -b_3 \\ -b_1 \end{pmatrix}. \tag{4-147}$$

比较式 (4-147) 中 λ^{-n-1} 的系数, 有

$$\begin{aligned} &\frac{\delta}{\delta \tilde{u}}(b_{2,n+1} - b_{6,n+1} - b_{7,n+1}) = (-n + \gamma) W_n, \\ &W_{n+1} = \frac{\delta H_{n+1}}{\delta \tilde{u}}, \quad H_{n+1} = \frac{1}{-n + \gamma}(b_{2,n+2} - b_{6,n+2} - b_{7,n+2}). \end{aligned} \tag{4-148}$$

由递推式 (4-145), 知 $\gamma = 0$. 因此解 (4-146) 的 Hamilton 结构为

$$\tilde{u}_z = J W_{n+1} = J \frac{\delta H_{n+1}}{\delta \tilde{u}}. \tag{4-149}$$

第 5 章 方程族的可积耦合与 Hamilton 结构

5.1 二次型恒等式及其应用

迹恒等式是寻求 Lax 可积系统的强有力工具，但迹恒等式仅适合于谱矩阵是方阵的情形，也就是所构造的李代数是矩阵李代数情形，而对于列向量形式的或其他形式的李代数设计出的谱问题得到的可积系，迹恒等式无法求出其 Hamilton 结构.

文献 [31] 通过一个例子说明了二次型恒等式是迹恒等式的推广. 本节先利用列向量李代数及屠格式讨论一类广义 AKNS 方程族，再利用二次型恒等式得到它们的 Hamilton 结构.

考虑等谱问题:

$$\varphi_x = U\varphi, \quad \varphi = (\varphi_1, \varphi_2)^{\mathrm{T}}, \quad U = \begin{pmatrix} -\lambda + w & u \\ v & \lambda - w \end{pmatrix}, \tag{5-1}$$

如果取如下 loop 代数 $\widetilde{A_1}$

$$\begin{cases} e_1(n) = \begin{pmatrix} 1 & 0 \\ 0 & -1 \end{pmatrix}\lambda^n, e_2(n) = \begin{pmatrix} 0 & \lambda^n \\ 0 & 0 \end{pmatrix}, e_1(n) = \begin{pmatrix} 0 & 0 \\ \lambda^n & 0 \end{pmatrix}, \\ [e_1(m), e_2(n)] = 2e_2(m+n), \quad [e_1(m), e_3(n)] = -2e_3(m+n), \\ [e_2(m), e_3(n)] = e_1(m+n), \end{cases} \tag{5-2}$$

则问题 (5-1) 中的 U 可表示为

$$U = -e_1(1) + we_1(0) + ue_2(0) + ve_3(0).$$

由 loop 代数 (5-2)，构造如下一个向量 loop 代数

$$\widetilde{g} = g \otimes C(\lambda, \lambda^{-1}),$$

其中 $g = \mathrm{span}\left\{a = (a_1, a_2, a_3)^{\mathrm{T}}\right\}$，其换位运算定义为
对于
$$\forall a = (a_1, a_2, a_3)^{\mathrm{T}}, \quad b = (b_1, b_2, b_3)^{\mathrm{T}},$$
有
$$[a, b] = (a_2b_3 - a_3b_2, 2(a_1b_2 - a_2b_1), 2(a_3b_1 - a_1b_3))^{\mathrm{T}},$$

5.1 二次型恒等式及其应用

相应地定义

$$[a(m), b(n)] = [a,b]\lambda^{m+n}, \quad \forall a,b \in g, \tag{5-3}$$

则式 (5-3) 就是 $\tilde{g}$ 的换位子.

由 $\tilde{g}$ 考虑如下等谱问题:

$$\varphi_x = [U, \varphi], \quad U = (-\lambda + w, u, v)^{\mathrm{T}}, \tag{5-4}$$

取 $V = (a,b,c)^{\mathrm{T}}, a = \sum_{m \geqslant 0} a_m \lambda^{-m}, b = \sum_{m \geqslant 0} b_m \lambda^{-m}, c = \sum_{m \geqslant 0} c_m \lambda^{-m}$, 则静态零曲率方程 $V_x = [U, V]$ 等价于

$$\begin{cases} a_{mx} = uc_m - vb_m, \\ 2b_{m+1} = -b_{mx} + 2wb_m - 2ua_m, \\ 2c_{m+1} = c_{mx} + 2wc_m - 2va_m, \\ a_0 = \alpha \neq 0, \ b_0 = c_0 = 0, \ a_1 = 0, \ b_1 = -\alpha u, \ c_1 = -\alpha v. \end{cases} \tag{5-5}$$

记

$$V_+^{(n)} = \sum_{m=0}^{n} (a_m, b_m, c_m)^{\mathrm{T}} \lambda^{n-m} = \lambda^n V - V_-^{(n)},$$

于是可得

$$-V_{+x}^{(n)} + \left[U, V_+^{(n)}\right] = (0, 2b_{n+1}, -2c_{n+1})^{\mathrm{T}}.$$

取

$$V^{(n)} = V_+^{(n)} + (-a_n, 0, 0)^{\mathrm{T}},$$

则由零曲率方程 $U_t = V_x^{(n)} - [U, V^{(n)}]$ 导出 Lax 可积系统

$$\begin{aligned}
\tilde{u}_t &= \begin{pmatrix} w \\ u \\ v \end{pmatrix}_t = \begin{pmatrix} -a_{nx} \\ b_{nx} - 2wb_n \\ c_{nx} + 2wc_n \end{pmatrix} \\
&= \begin{pmatrix} -\dfrac{\partial}{2} & 0 & 0 \\ 0 & 0 & \partial - 2w \\ 0 & \partial + 2w & 0 \end{pmatrix} \cdot \begin{pmatrix} 2a_n \\ c_n \\ b_n \end{pmatrix} \\
&:= J \begin{pmatrix} 2a_n \\ c_n \\ b_n \end{pmatrix} = JL^{n-1} \begin{pmatrix} 0 \\ -\alpha v \\ -\alpha u \end{pmatrix},
\end{aligned} \tag{5-6}$$

其中
$$L = \begin{pmatrix} 0 & 2\partial^{-1}u\left(\dfrac{\partial}{2}+w\right) & 2\partial^{-1}v\left(\dfrac{\partial}{2}-w\right) \\ -\dfrac{v}{2} & \dfrac{\partial}{2}+w & v\partial^{-1}v \\ -\dfrac{u}{2} & 0 & -\dfrac{\partial}{2}+w \end{pmatrix}.$$

当取 $w = 0$ 时, 系统 (5-6) 就约化为 AKNS 方程族, 因此称系统 (5-6) 为一类广义 AKNS 方程族.

方程族 (5-6) 完全可由 loop 代数 $\tilde{A}_1$ 生成, 即取
$$\begin{cases} \phi_x = U\phi, U = -e_1(1) + we_1(0) + ue_2(0) + ve_3(0), \\ \phi_t = \left(V_+^{(n)} - a_n e_1(0)\right)\phi := V^{(n)}\phi, \end{cases}$$

则由相容性条件就导出方程族 (5-6). 因此我们可用迹恒等式求方程族 (5-6) 的 Hamilton 结构. 容易计算得
$$\left\langle V, \frac{\partial U}{\partial W}\right\rangle = 8a, \quad \langle V, U_u\rangle = 4c, \quad \langle V, U_v\rangle = 4b, \quad \langle V, U_\lambda\rangle = -8a,$$

代入迹恒等式, 得
$$\frac{\delta}{\delta \tilde{u}}(-8a) = \lambda^{-\gamma}\frac{\partial}{\partial \lambda}\lambda^\gamma \begin{pmatrix} 8a \\ 4c \\ 4b \end{pmatrix}.$$

比较 λ^{-n-1} 的系数知
$$\frac{\delta}{\delta \tilde{u}}(-2a_{n+1}) = (-n+\gamma)\begin{pmatrix} 2a_n \\ c_n \\ b_n \end{pmatrix}.$$

取 $n = 0$ 知 $\gamma = 0$. 于是有
$$\frac{\delta}{\delta \tilde{u}}\left(\frac{2a_{n+1}}{n}\right) := \frac{\delta H_{n+1}}{\delta \tilde{u}} = \begin{pmatrix} 2a_n \\ c_n \\ b_n \end{pmatrix}.$$

所以方程族 (5-6) 的 Hamilton 结构为
$$\tilde{u}_t = \begin{pmatrix} w \\ u \\ v \end{pmatrix}_t = JL^{n-1}\begin{pmatrix} 0 \\ -\alpha v \\ -\alpha u \end{pmatrix} = J\frac{\delta H_{n+1}}{\delta \tilde{u}}. \tag{5-7}$$

5.1 二次型恒等式及其应用

下面研究方程族 (5-6) 的可积耦合及其 Hamilton 结构.

考虑如下的李代数[55]

$$R^6 = \left\{ a = (a_1, a_2, a_3, a_4, a_5, a_6)^\mathrm{T} \right\},$$

对于 $\forall a, b \in R^6$, 定义换位子为

$$[a, b] = (a_2 b_3 - a_3 b_2, 2a_1 b_2 - 2a_2 b_1, 2a_3 b_1 - 2a_1 b_3, a_2 b_6 - a_6 b_2 + a_5 b_3 - a_3 b_5,$$
$$2a_1 b_5 - 2a_5 b_1 + 2a_4 b_2 - 2a_2 b_4, 2a_3 b_4 - 2a_4 b_3 + 2a_6 b_1 - 2a_1 b_6)^\mathrm{T},$$

相应的 loop 代数为

$$\tilde{R}^6 = \{a(n) = a\lambda^n\},$$

换位子定义为

$$[a(m), b(n)] = [a, b]\lambda^{m+n}, \quad a, b \in R^6.$$

利用 $\tilde{R}^6$, 考虑如下等谱问题

$$\psi_x = [U, \psi], \quad U = (-\lambda + w, u, v, u_1, u_2, u_3)^\mathrm{T}. \tag{5-8}$$

取

$$V = (a, b, c, d, f, h)^\mathrm{T}, \quad a = \sum_{m \geqslant 0} a_m \lambda^{-m}, \cdots,$$

则方程 $V_x = [U, V]$ 等价于下面方程组:

$$\begin{cases} a_{mx} = uc_m - vb_m, \\ 2b_{m+1} = -b_{mx} + 2wb_m - 2ua_m, \\ 2c_{m+1} = c_{mx} + 2wc_m - 2va_m, \\ d_{mx} = uh_m - vf_m + u_2 c_m - u_3 b_m, \\ 2h_{m+1} = h_{mx} + 2wh_m - 2vd_m + 2u_1 c_m - 2u_3 a_m, \\ 2f_{m+1} = -f_{mx} + 2wf_m - 2ud_m + 2u_1 b_m - 2u_2 a_m, \\ a_0 = \alpha, b_0 = c_0 = d_0 = h_0 = f_0 = 0, a_1 = 0, \\ b_1 = -\alpha u, c_1 = -\alpha v, f_1 = -\alpha u_2, h_1 = -\alpha u_3, d_1 = 0. \end{cases} \tag{5-9}$$

记

$$V^{(n)} = \sum_{m=0}^n (a_m, b_m, c_m, d_m, f_m, h_m)^\mathrm{T} \lambda^{n-m} + (-a_n, 0, 0, -d_n, 0, 0)^\mathrm{T},$$

则零曲率方程

$$U_t - V_x^{(n)} + \left[U, V^{(n)}\right] = 0,$$

容许下面的 Lax 可积系统

$$\tilde{u}_t = \begin{pmatrix} w \\ u \\ v \\ u_1 \\ u_2 \\ u_3 \end{pmatrix}_t = \begin{pmatrix} -a_{nx} \\ b_{nx} - 2wb_n \\ c_{nx} + 2wc_n \\ -d_{nx} \\ f_{nx} - 2wf_n - 2u_1 b_n \\ h_{nx} + 2wh_n + 2u_1 c_n \end{pmatrix}$$

$$= \begin{pmatrix} 0 & 0 & 0 & -\dfrac{\partial}{2} & 0 & 0 \\ 0 & 0 & 0 & 0 & 0 & \partial - 2w \\ 0 & 0 & 0 & 0 & \partial + 2w & 0 \\ -\dfrac{\partial}{2} & 0 & 0 & \dfrac{\partial}{2} & 0 & 0 \\ 0 & 0 & \partial - 2w & 0 & 0 & -\partial + 2w - 2u_1 \\ 0 & \partial + 2w & 0 & 0 & -\partial - 2w + 2u_1 & 0 \end{pmatrix}$$

$$\times \begin{pmatrix} 2a_n + 2d_n \\ c_n + h_n \\ b_n + f_n \\ 2a_n \\ c_n \\ b_n \end{pmatrix}$$

$$:= JD_n, \qquad (5\text{-}10)$$

其中 J 是一个辛算子. R^6 中的换位子 $[a,b]$ 可表示为

$$[a, b] = a^{\mathrm{T}} R(b),$$

这里 $a = (a_1, a_2, a_3, a_4, a_5, a_6)^{\mathrm{T}}$,

$$R(b) = \begin{pmatrix} 0 & b_3 & -b_2 & 0 & 0 & 0 \\ 2b_2 & -2b_1 & 0 & 0 & 0 & 0 \\ -2b_3 & 0 & 2b_1 & 0 & 0 & 0 \\ 0 & b_6 & -b_5 & 0 & b_3 & -b_2 \\ 2b_5 & -2b_4 & 0 & 2b_2 & -2b_1 & 0 \\ -2b_6 & 0 & 2b_4 & -2b_3 & 0 & 2b_1 \end{pmatrix}.$$

5.1 二次型恒等式及其应用

解矩阵方程 $R(b)F = -(R(b)F)^{\mathrm{T}}, F^{\mathrm{T}} = F$ 得

$$F = \begin{pmatrix} 2 & 0 & 0 & 2 & 0 & 0 \\ 0 & 0 & 1 & 0 & 0 & 1 \\ 0 & 1 & 0 & 0 & 1 & 0 \\ 2 & 0 & 0 & 0 & 0 & 0 \\ 0 & 0 & 1 & 0 & 0 & 0 \\ 0 & 1 & 0 & 0 & 0 & 0 \end{pmatrix}.$$

由泛函 $\{a,b\} = a^{\mathrm{T}} F b$, 直接计算知

$$\{V, U_w\} = 2a + 2d, \quad \{V, U_u\} = c + h, \quad \{V, U_v\} = b + f, \quad \{V, U_{u_1}\} = 2a,$$
$$\{V, U_{u_2}\} = c, \quad \{V, U_{u_3}\} = b, \quad \{V, U_\lambda\} = -2a - 2d.$$

将以上结果代入二次型恒等式得

$$\frac{\delta}{\delta \tilde{u}} \{V, U_\lambda\} = \lambda^{-\gamma} \frac{\partial}{\partial \lambda} \lambda^\gamma \begin{pmatrix} 2a + 2d \\ c + h \\ b + f \\ 2a \\ c \\ b \end{pmatrix}.$$

在上式中比较 λ^{-n-1} 的系数有

$$\frac{\delta}{\delta \tilde{u}} (-2a_{n+1} - 2d_{n+1}) = (-n + \gamma) D_n.$$

取 $n = 0$ 可知 $\gamma = 0$. 于是

$$D_n = \frac{\delta H_n}{\delta \tilde{u}}, \quad H_n = \frac{2a_{n+1} + 2d_{n+1}}{n}.$$

由方程组 (5-9) 可得一个递推算子

$$L = \begin{pmatrix} 0 & \partial^{-1} u (\partial + 2w) & \partial^{-1} v (\partial - 2w) & 0 & \partial^{-1} (u_3 \partial - 2v u_1 - 2w u_3) & \partial^{-1} (u_2 \partial + 2u u_1 + 2u_2 w) \\ -\dfrac{\partial}{2} & \dfrac{\partial}{2} + w & 0 & -u_3 & u_1 & 0 \\ -\dfrac{u}{2} & 0 & w - \dfrac{\partial}{2} & -u_2 & 0 & u_1 \\ 0 & 0 & 0 & 0 & \partial^{-1} u (\partial + 2w) & \partial^{-1} v (\partial - 2w) \\ 0 & 0 & 0 & -v & \dfrac{\partial}{2} + w & 0 \\ 0 & 0 & 0 & -u & 0 & w - \dfrac{\partial}{2} \end{pmatrix}$$

满足关系: $D_{n+1} = LD_n$. 于是可积系统 (5-10) 可写为

$$\tilde{u}_t = JL^{n-1} \begin{pmatrix} 0 \\ -\alpha(v+u_3) \\ -\alpha(u+u_2) \\ 0 \\ -\alpha v \\ -\alpha u \end{pmatrix} = J\frac{\delta H_n}{\delta \tilde{u}}.$$

这就是可积耦合系统 (5-10) 的 Hamilton 结构形式. 经过冗长计算知, $JL=L^*J$, 所以系统 (5-10) 是 Liouville 可积的.

5.2 Li 族与 Tu 族的可积耦合及其 Hamilton 结构

本节中, 首先利用李代数 A_1 的一个子代数 (仍记为 A_1) 推出 Li 族与 Tu 族. 其次构造一个李代数系统的两类不同 loop 代数分别得到了 Li 族与 Tu 族的可积耦合系统. 最后, 利用二次型恒等式得到了这两类可积耦合系统的 Hamilton 结构.

已知李代数 A_1 的一个基为[36]

$$\begin{cases} e_1 = \frac{1}{2}\begin{pmatrix} 1 & 0 \\ 0 & -1 \end{pmatrix}, & e_2 = \frac{1}{2}\begin{pmatrix} 0 & 1 \\ -1 & 0 \end{pmatrix}, & e_3 = \frac{1}{2}\begin{pmatrix} 0 & 1 \\ 1 & 0 \end{pmatrix}, \\ [e_1, e_2] = e_3, & [e_1, e_3] = e_2, & [e_2, e_3] = e_1, \end{cases} \quad (5\text{-}11)$$

相应的一个 loop 代数 $\tilde{A}_1$ 为

$$\begin{cases} e_i(n) = e_i\lambda^n, [e_1(m), e_2(n)] = e_3(m+n), [e_1(m), e_3(n)] = e_2(m+n), \\ [e_2(m), e_3(n)] = e_1(m+n), \deg(e_i(n)) = n, i = 1, 2, 3, m, n \in I. \end{cases} \quad (5\text{-}12)$$

设等谱问题为

$$\begin{cases} \varphi_x = U\varphi, \ U = \begin{pmatrix} -\lambda + v & u+v \\ u-v & \lambda - v \end{pmatrix}, \\ \varphi_t = V\varphi, \ V = \sum_{m \geqslant 0}(a_m e_1(-m) + b_m e_2(-m) + c_m e_3(-m)). \end{cases}$$

其相应的相容性条件的静态方程等价于下面方程组

$$\begin{cases} a_{mx} = 2vc_m - 2ub_m, \\ 2c_{m+1} = -b_{mx} + 2vc_m - 2ua_m, \\ 2b_{m+1} = -c_{mx} + 2vb_m - 2va_m, \\ a_0 = \alpha, b_0 = c_0 = 0, a_1 = 0, b_1 = \alpha v, c_1 = \alpha u. \end{cases} \quad (5\text{-}13)$$

5.2 Li 族与 Tu 族的可积耦合及其 Hamilton 结构

记

$$V_+^{(n)} = \sum_{m=0}^{n} (a_m e_1(n-m) + b_m e_2(n-m) + c_m e_3(n-m)) = \lambda^n V - V_-^{(n)},$$

$$V^{(n)} = V_+^{(n)} + (b_n - a_n) e_1(0),$$

则零曲率方程 $U_t - V_x^{(n)} + [U, V^{(n)}] = 0$ 可导出如下 Lax 可积方程族

$$\begin{aligned}
\tilde{u}_t = \begin{pmatrix} u \\ v \end{pmatrix}_t &= \begin{pmatrix} -c_{n+1} + u(b_n - a_n) \\ -b_{n+1} + v(b_n - a_n) \end{pmatrix} = \begin{pmatrix} \frac{1}{2}(b_{nx} - a_{nx}) \\ \frac{1}{2} c_{nx} \end{pmatrix} \\
&= \begin{pmatrix} \frac{-\partial}{2} & 0 \\ 0 & \frac{\partial}{2} \end{pmatrix} \begin{pmatrix} a_n - b_n \\ c_n \end{pmatrix} \\
&= J \begin{pmatrix} a_n - b_n \\ c_n \end{pmatrix} = JL \begin{pmatrix} a_{n-1} - b_{n-1} \\ c_{n-1} \end{pmatrix},
\end{aligned} \tag{5-14}$$

其中递推算子

$$L = \begin{pmatrix} \partial^{-1} v \partial + v & \partial^{-1} u \partial + \frac{\partial}{2} \\ \frac{\partial}{2} - u & 0 \end{pmatrix}.$$

利用迹恒等式知, 方程族 (5-14) 的 Hamilton 结构为

$$\tilde{u}_t = \begin{pmatrix} v \\ u \end{pmatrix}_t = J \begin{pmatrix} a_n - b_n \\ c_n \end{pmatrix} = J \frac{\delta H_n}{\delta \tilde{u}}, \tag{5-15}$$

其中 $H_n = \dfrac{a_{n+1}}{n}$, 称方程族 (5-14)、方程族 (5-15) 为 Li 方程族.

考虑等谱问题

$$\begin{cases} \varphi_x = U\varphi, U = \begin{pmatrix} -\lambda - \dfrac{v}{\lambda} & u - \dfrac{v}{\lambda} \\ u + \dfrac{v}{\lambda} & \lambda + \dfrac{v}{\lambda} \end{pmatrix}, \\ \varphi_t = V\varphi, V = \displaystyle\sum_{m \geqslant 0} (a_m e_1(-m) + b_m e_2(-m) + c_m e_3(-m)), \end{cases}$$

类似于上面的推演过程, 得到 Tu 族

$$\tilde{u}_t = \begin{pmatrix} u \\ v \end{pmatrix}_t = \begin{pmatrix} \frac{1}{2} c_{nx} + v(b_n - a_n) \\ -v c_n \end{pmatrix} = \begin{pmatrix} \frac{\partial}{2} & v \\ -v & 0 \end{pmatrix} \begin{pmatrix} c_n \\ b_n - a_n \end{pmatrix}$$

$$:= J\begin{pmatrix} c_n \\ b_n - a_n \end{pmatrix} = JL^n \begin{pmatrix} -\alpha v \\ -\alpha \end{pmatrix}, \tag{5-16}$$

其中 J 为 Hamilton 算子, 递推算子 L 为

$$L = \begin{pmatrix} \dfrac{\partial^2}{4} - u\partial^{-1}u\partial + v & \dfrac{1}{2}\partial v - 2u\partial^{-1}u\partial \\ -\dfrac{\partial}{2} - \partial^{-1}(u\partial - 2v) & -v - 2\partial^{-1}uv \end{pmatrix}.$$

构造另外一个李代数系统[58]

$$G = \operatorname{span}\{\delta_i\}_{i=1}^6,$$

其换位关系为

$$\{\delta_1,\delta_2\} = \delta_3, \quad \{\delta_1,\delta_3\} = \delta_2, \quad \{\delta_2,\delta_3\} = \delta_1, \quad \{\delta_2,\delta_6\} = \{\delta_5,\delta_3\} = \delta_4,$$
$$\{\delta_1,\delta_6\} = \{\delta_4,\delta_3\} = \delta_5, \quad \{\delta_1,\delta_5\} = \{\delta_4,\delta_2\} = \delta_6, \quad \{\delta_1,\delta_4\} = \{\delta_2,\delta_6\} = 0,$$
$$\{\delta_3,\delta_6\} = \{\delta_4,\delta_5\} = \{\delta_4,\delta_6\} = \{\delta_5,\delta_6\} = 0, \quad \{\delta_i,\delta_i\} = 0, \quad 1 \leqslant i \leqslant 6.$$

这里要求

$$\{a,b\} = -\{b,a\}, \quad \forall a,b \in G,$$

若 $a = \sum_{i=1}^{6} a_i \delta_i, b = \sum_{i=1}^{6} b_i \delta_i \in G$, 定义一个运算为

$$\begin{aligned}\{a,b\} =& (a_2 b_3 - a_3 b_2, a_1 b_3 - a_3 b_1, a_1 b_2 - a_2 b_1, a_2 b_6 \\ & - a_6 b_2 + a_5 b_3 - a_3 b_5, a_1 b_6 - a_6 b_1 + a_4 b_3 \\ & - a_3 b_4, a_1 b_5 - a_5 b_1 + a_4 b_2 - a_2 b_4)^{\mathrm{T}}.\end{aligned} \tag{5-17}$$

考虑线性空间

$$R^6 = \left\{a = (a_1, a_2, a_3, a_4, a_5, a_6)^{\mathrm{T}}\right\},$$

对于

$$\forall a = (a_1, a_2, a_3, a_4, a_5, a_6)^{\mathrm{T}}, \quad b = (b_1, b_2, b_3, b_4, b_5, b_6)^{\mathrm{T}} \in R^6,$$

如果定义 a 与 b 之间的运算 (5-17), 则可证 R^6 就是一个列向量形式的李代数.

下面考虑李代数 G 的两类 loop 代数.

情形 1 定义 G 的一类 loop 代数 $\tilde{G}_1$ 为

$$\tilde{G}_1 = \operatorname{span}\{\delta_i(n)\}_{i=1}^6, \quad \delta_i(n) = \delta_i \lambda^n, \quad 1 \leqslant i \leqslant 6,$$
$$\{\delta_i(m), \delta_j(n)\} = \{\delta_i, \delta_j\}\lambda^{m+n}, \quad m, n \in \mathbf{Z}.$$

5.2 Li 族与 Tu 族的可积耦合及其 Hamilton 结构

与 $\tilde{G}_1$ 同构的列向量 loop 代数 $\tilde{R}_1$ 为

$$\tilde{R}_1^6 = \text{span}\left\{a(n) = (a_1(n), \cdots, a_6(n))^T\right\},$$

其换位子为

$$\{a(m), b(n)\} = \{a, b\}\lambda^{m+n}, \quad \forall a, b \in R^6.$$

根据 loop 代数 $\tilde{G}_1$ 及 $\tilde{R}_1^6$，设计如下等谱问题

$$\begin{cases} \varphi_x = U\varphi, \\ U = -2\delta_1(1) + 2u_1(\delta_1(0) + \delta_2(0)) + 2u_2\delta_3(0) \\ \quad + 2u_3(\delta_4(0) + \delta_5(0)) + 2u_4\delta_6(0) \\ \quad = (-\lambda + u_1, u_1, u_2, u_3, u_3, u_4)^T, \end{cases} \tag{5-18}$$

记

$$V = \sum_{m \geqslant 0} V_m = (a, b, c, d, f, h)^T, \quad a = \sum_{m \geqslant 0} a_m \lambda^{-m}, \quad b = \sum_{m \geqslant 0} b_m \lambda^{-m}, \cdots,$$

解静态零曲率方程

$$V_x = \{U, V\}, \tag{5-19}$$

得

$$\begin{cases} a_{mx} = 2u_1 c_m - 2u_2 b_m, \\ 2c_{m+1} = -b_{mx} + 2u_1 c_m - 2u_2 u_m, \\ 2b_{m+1} = -c_{mx} + 2u_1 b_m - 2u_1 a_m, \\ d_{mx} = 2u_1 h_m - 2u_2 f_m + 2u_3 c_m - 2u_4 b_m, \\ 2h_{m+1} = -f_{mx} + 2u_1 h_m - 2u_2 d_m + 2u_3 c_m - 2u_4 a_m, \\ 2f_{m+1} = -h_{mx} + 2u_1 f_m - 2u_1 d_m + 2u_3 b_m - 2u_3 a_m, \\ a_0 = \alpha, \ b_0 = c_0 = d_0 = h_0 = f_0 = 0, \ a_1 = 0, \ b_1 = -\alpha u_1, \\ c_1 = -\alpha u_2, \ f_1 = -\alpha u_3, \ h_1 = -\alpha u_4, \ d_1 = 0. \end{cases} \tag{5-20}$$

取

$$V^{(n)} = V_+^{(n)} + (b_n - a_n)\delta_1(0) + (f_n - d_n)\delta_4(0)$$
$$= \sum_{m=0}^{n} (a_m, b_m, c_m, d_m, f_m, h_m)^T \lambda^{n-m} + (b_n - a_n, 0, 0, f_n - d_n, 0, 0)^T,$$

则零曲率方程

$$U_t - V_x^{(n)} + \{U, V^{(n)}\} = 0 \tag{5-21}$$

等价于下面的 Lax 可积方程族

$$u_t = \begin{pmatrix} u_1 \\ u_2 \\ u_3 \\ u_4 \end{pmatrix}_t = \begin{pmatrix} \frac{1}{2}(b_n - a_n)_x \\ \frac{1}{2}c_{nx} \\ \frac{1}{2}(f_n - d_n)_x \\ \frac{1}{2}h_{nx} \end{pmatrix} = J \cdot \begin{pmatrix} a_n - d_n - b_n + f_n \\ c_n - h_n \\ b_n - a_n \\ -c_n \end{pmatrix} := JP_n, \quad (5\text{-}22)$$

其中

$$J = \begin{pmatrix} 0 & 0 & \frac{\partial}{2} & 0 \\ 0 & 0 & 0 & -\frac{\partial}{2} \\ \frac{\partial}{2} & 0 & \frac{\partial}{2} & 0 \\ 0 & -\frac{\partial}{2} & 0 & -\frac{\partial}{2} \end{pmatrix}.$$

根据方程族 (5-20), 可得递推算子 L 为

$$L = \begin{pmatrix} u_1 + \partial^{-1}u_1\partial & \partial^{-1}u_2\partial + \frac{\partial}{2} & u_2 + u_3 + \partial^{-1}u_3\partial & -\partial^{-1}u_4\partial - \partial^{-1}u_2\partial \\ \frac{\partial}{2} - u_2 & 0 & -u_4 & 0 \\ 0 & 0 & u_1 + \partial^{-1}u_1\partial & \partial^{-1}u_2\partial + \frac{\partial}{2} \\ 0 & 0 & \frac{\partial}{2} - u_2 & 0 \end{pmatrix},$$

满足 $P_n = LP_{n-1}$, 于是, 方程族 (5-22) 可写为

$$u_t = \begin{pmatrix} u_1 \\ u_2 \\ u_3 \\ u_4 \end{pmatrix}_t = JL^{n-1} \begin{pmatrix} -\alpha u_1 - \alpha u_3 \\ -\alpha u_2 - \alpha u_4 \\ -\alpha u_1 \\ -\alpha u_2 \end{pmatrix}, \quad (5\text{-}23)$$

根据可积耦合定义知, 方程族 (5-23) 为 Li 方程族 (5-14) 的一类可积耦合.

情形 2 定义 G 的另一类 loop 代数为

$$\tilde{G}_2 = \text{span}\{\delta_i(n)\}_{i=1}^{6},$$

其中

$$\delta_1(n) = \delta_1 \lambda^{2n+1}, \quad \delta_2(n) = \delta_2 \lambda^{2n+1}, \quad \delta_3(n) = \delta_3 \lambda^{2n},$$
$$\delta_4(n) = \delta_4 \lambda^{2n+1}, \quad \delta_5(n) = \delta_5 \lambda^{2n+1}, \quad \delta_6(n) = \delta_6 \lambda^{2n}.$$

5.2 Li 族与 Tu 族的可积耦合及其 Hamilton 结构

相应的换位运算为

$$\{\delta_1(m), \delta_2(n)\} = \delta_3(m+n+1), \quad \{\delta_1(m), \delta_3(n)\} = \delta_2(m+n),$$
$$\{\delta_2(m), \delta_3(n)\} = \delta_1(m+n), \quad \{\delta_2(m), \delta_6(n)\} = \{\delta_5(m), \delta_3(n)\} = \delta_4(m+n),$$
$$\{\delta_1(m), \delta_6(n)\} = \{\delta_4(m), \delta_3(n)\} = \delta_5(m+n), \quad \{\delta_1(m), \delta_4(n)\} = 0,$$
$$\{\delta_1(m), \delta_5(n)\} = \{\delta_4(m), \delta_2(n)\} = \delta_6(m+n+1), \quad \{\delta_3(m), \delta_6(n)\} = 0,$$
$$\{\delta_4(m), \delta_6(n)\} = \{\delta_5(m), \delta_6(n)\} = \{\delta_2(m), \delta_5(n)\} = \{\delta_4(m), \delta_5(n)\} = 0,$$
$$\{\delta_i(m), \delta_i(n)\} = 0, \quad 1 \leqslant i \leqslant 6, \quad \{a, b\} = -\{b, a\}.$$

与 $\tilde{G}_2$ 同构的列向量 loop 代表 $\tilde{R}_2^6$ 为

$$\tilde{R}_2^6 = \text{span}\left\{a(n) = (a_1(n), \cdots, a_6(n))^{\text{T}}\right\},$$

对于 $\forall a, b \in R^6$,有

$$\{a(m), b(n)\} = \{a, b\}\lambda^{m+n}, \quad m, n \in \mathbf{Z}.$$

由 loop 代数 $\tilde{G}_2$ 与 $\tilde{R}_2^6$,考虑如下的等谱问题[58]

$$\begin{cases} \psi_x = U\psi, \\ U = -2\delta_1(0) + 2u\delta_3(0) - 2v(\delta_1(-1) + \delta_2(-1)) \\ \quad + 2u_1(\delta_4(-1) + \delta_5(-1)) + 2u_2\delta_6(0) \\ \quad = \left(-\lambda - \dfrac{v}{\lambda}, -\dfrac{v}{\lambda}, u, \dfrac{u_1}{\lambda}, \dfrac{u_1}{\lambda}, u_2\right)^{\text{T}}. \end{cases} \tag{5-24}$$

取

$$V = (a\lambda, b\lambda, c, d\lambda, f\lambda, h)^{\text{T}}, \quad a = \sum_{m \geqslant 0} a_m \lambda^{-2m}, \quad b = \sum_{m \geqslant 0} b_m \lambda^{-2m}, \cdots,$$

解静态零曲率方程

$$V_x = \{U, V\},$$

得

$$\begin{cases} a_{m+1x} = -2ub_{m+1} - 2vc_m, \\ 2c_{m+1} = -b_{m+1x} - 2ua_{m+1} - 2vc_m, \\ 2b_{m+1} = -c_{mx} - 2vb_m + 2va_m, \\ d_{m+1x} = -2uf_{m+1} - 2vh_m + 2u_1c_m - 2u_2b_{m+1}, \\ 2h_{m+1} = -f_{m+1x} - 2ud_{m+1} - 2vh_m + 2u_1c_m - 2u_2a_{m+1}, \\ 2f_{m+1} = -h_{mx} - 2vf_m + 2vd_m + 2u_1b_m - 2u_1a_m, \\ a_0 = \alpha, b_0 = 0, c_0 = -\alpha v, d_0 = f_0 = 0, h_0 = -\alpha u_2. \end{cases} \tag{5-25}$$

记

$$V_+^{(n)} = \sum_{m=0}^{n} V_m = \lambda^{2n}V - V_-^{(n)},$$

则方程 $V_x = \{U, V\}$ 分解为
$$-V_{+x}^{(n)} + \left\{U, V_+^{(n)}\right\} = V_{-x}^{(n)} - \left\{U, V_-^{(n)}\right\}, \tag{5-26}$$
式 (5-26) 左边关于 λ 的次数 $\geqslant -1$, 而右边 $\leqslant 0$, 因此式 (5-26) 中关于 λ 的次数为 $-1, 0$. 于是有
$$\begin{aligned}
-V_{+x}^{(n)} + \left\{U, V_+^{(n)}\right\} &= -2vc_n(\delta_1(-1) + \delta_2(-1)) + 2b_{n+1}\delta_3(0) + d_{n+1x}\delta_4(-1) \\
&\quad + (2uf_{n+1} + 2u_2 b_{n+1})\delta_4(-1) \\
&\quad + (f_{n+1x} + 2h_{n+1} + 2ud_{n+1} + 2u_2 a_{n+1})\delta_5(-1) + 2f_{n+1}\delta_6(0) \\
&= -2vc_n(\delta_1(-1) + \delta_2(-1)) + 2b_{n+1}\delta_3(0) + (-2vh_n + 2u_1 c_n) \\
&\quad \times (\delta_4(-1) + \delta_5(-1)) + 2f_{n+1}\delta_6(0).
\end{aligned}$$
取 $V^{(n)} = V_+^{(n)}$, 则零曲率方程 $U_t - V_x^{(n)} + \{U, V^{(n)}\} = 0$ 等价于下面的 Lax 可积方程族
$$\begin{aligned}
u_t = \begin{pmatrix} u \\ v \\ u_1 \\ u_2 \end{pmatrix}_t &= \begin{pmatrix} -b_{n+1} \\ -vc_n \\ vh_n - u_1 c_n \\ -f_{n+1} \end{pmatrix} = \begin{pmatrix} \dfrac{1}{2}c_{nx} + v(b_n - a_n) \\ -vc_n \\ vh_n - u_1 c_n \\ \dfrac{1}{2}h_{nx} + v(f_n - d_n) + u_1(b_n - a_n) \end{pmatrix} \\
&= \begin{pmatrix} 0 & 0 & v & \dfrac{\partial}{2} \\ 0 & 0 & 0 & v \\ -v & 0 & 0 & u_1 - v \\ -\dfrac{\partial}{2} & -v & v - u_1 & -\dfrac{\partial}{2} \end{pmatrix} \cdot \begin{pmatrix} c_n - h_n \\ d_n - f_n + b_n - a_n \\ b_n - a_n \\ -c_n \end{pmatrix} \\
&= J \begin{pmatrix} c_n - h_n \\ d_n - f_n + b_n - a_n \\ b_n - a_n \\ -c_n \end{pmatrix} := JQ_n, \tag{5-27}
\end{aligned}$$
其中 J 为 Hamilton 算子. 根据式 (5-25) 得到递推算子
$$L = \begin{pmatrix} A & \dfrac{\partial}{2}v - 4u\partial^{-1}uv & B & C \\ -\dfrac{\partial}{2} - 2\partial^{-1}v - \partial^{-1}u & -v - 2\partial^{-1}uv & D & E \\ 0 & 0 & -v - 2\partial^{-1}uv & \dfrac{\partial}{2} + \partial^{-1}(u\partial - 2v) \\ 0 & 0 & \dfrac{\partial}{2} - 2u\partial^{-1}u\partial & \dfrac{\partial^2}{4} - u\partial^{-1}u\partial + v \end{pmatrix},$$
满足 $Q_{n+1} = LQ_n$. 其中
$$A = \dfrac{\partial^2}{4} - 2u\partial^{-1}u\partial - 2v + 4u\partial^{-1}v,$$

5.2 Li 族与 Tu 族的可积耦合及其 Hamilton 结构

$$B = -2u\partial^{-1}u\partial + \frac{1}{2}\partial u_1 - 4u\partial^{-1}uu_1 + 4u\partial^{-1}u_2v + 8u_2\partial^{-1}uv,$$
$$C = 4u\partial^{-1}v - u\partial^{-1}u\partial - 3v - 4u\partial^{-1}u_1 - 2u\partial^{-1}u_2\partial + 2u_1 - 2u_2\partial^{-1}(u\partial - 2v),$$
$$D = -2\partial^{-1}uu_1 - u_1 + 2\partial^{-1}u_2v, \quad E = 2\partial^{-1}v - \partial^{-1}u - 2\partial^{-1}u_1 - 2\partial^{-1}u_2\partial.$$

方程族 (5-27) 可写为

$$u_t = \begin{bmatrix} u \\ v \\ u_1 \\ u_2 \end{bmatrix}_t = JL_n \begin{bmatrix} -\alpha v - \alpha u_2 \\ -\alpha \\ -\alpha \\ -\alpha v \end{bmatrix}, \tag{5-28}$$

根据可积耦合定义知, 方程族 (5-28) 是 Tu 族 (5-16) 的一类耦合系统.

下面利用二次型恒等式寻求两个可积耦合 (5-23) 和方程族 (5-28) 的 Hamilton 结构. 将运算关系 (5-17) 表示成

$$\{a,b\}^{\mathrm{T}} = \{a_1, a_2, a_3, a_4, a_5, a_6\} \begin{pmatrix} 0 & b_3 & b_2 & 0 & b_6 & b_5 \\ b_3 & 0 & -b_1 & b_6 & 0 & -b_4 \\ -b_2 & -b_1 & 0 & -b_5 & -b_4 & 0 \\ 0 & 0 & 0 & 0 & b_3 & b_2 \\ 0 & 0 & 0 & b_3 & 0 & -b_1 \\ 0 & 0 & 0 & -b_2 & -b_1 & 0 \end{pmatrix} := a^{\mathrm{T}} R(b). \tag{5-29}$$

解矩阵方程 $R(b)F = -(R(b)F)^{\mathrm{T}}, F^{\mathrm{T}} = F$ 得

$$F = \begin{pmatrix} 1 & 0 & 0 & -1 & 0 & 0 \\ 0 & -1 & 0 & 0 & 1 & 0 \\ 0 & 0 & 1 & 0 & 0 & -1 \\ -1 & 0 & 0 & 0 & 0 & 0 \\ 0 & 1 & 0 & 0 & 0 & 0 \\ 0 & 0 & -1 & 0 & 0 & 0 \end{pmatrix}. \tag{5-30}$$

由等谱问题 (5-18) 和矩阵 (5-30) 得

$$\{V, U_\lambda\} = -a + d, \quad \{V, U_{u_1}\} = a - d - b + f, \quad \{V, U_{u_2}\} = c - h, \quad \{V, U_{u_3}\} = -a + b.$$

这里 {,} 表示泛函 $\{a, b\} = a^{\mathrm{T}} Fb$.

将上面计算结果代入二次型恒等式, 有

$$\frac{\delta}{\delta u}(-a+d) = \lambda^{-\gamma}\frac{\partial}{\partial \lambda}\lambda^{\gamma}\begin{pmatrix} a-d-b+f \\ c-h \\ -a+b \\ -c \end{pmatrix}. \tag{5-31}$$

比较 λ^{-n-1} 的系数得

$$\frac{\delta}{\delta u}(-a_{n+1}+d_{n+1}) = (-n+\gamma)P_n.$$

取 $n=1$ 可得 $\gamma=0$. 于是有

$$P_n = \frac{\delta}{\delta u}\left(\frac{a_{n+1}-d_{n+1}}{n}\right) = \frac{\delta H_n}{\delta u}.$$

可积耦合 (5-23) 的 Hamilton 结构形式为

$$u_t = \begin{pmatrix} u_1 \\ u_2 \\ u_3 \\ u_4 \end{pmatrix}_t = J\frac{\delta H_n}{\delta u}. \tag{5-32}$$

类似地, 根据方程族 (5-24), 方程族 (5-30), 直接计算得

$$\{V,U_v\} = -a+d+b-f, \quad \{V,U_u\} = c-h, \quad \{V,U_{u_1}\} = -a+b,$$
$$\{V,U_{u_2}\} = -c, \quad \{V,U_\lambda\} = (d-a)\lambda + \frac{v}{\lambda}(a-d-b+f) + \frac{u_1}{\lambda}(a-b).$$

将上面计算结果代入二次型恒等式, 有

$$\frac{\delta}{\delta \tilde{u}}\left[(d-a)\lambda + \frac{v}{\lambda}(a-d-b+f) + \frac{u_1}{\lambda}(a-b)\right] = \lambda^{-\gamma}\frac{\partial}{\partial \lambda}\lambda^{\gamma}\begin{pmatrix} c-h \\ a-d-b+f \\ -a+b \\ -c \end{pmatrix}.$$

比较上式中的 λ^{-2n-1} 的系数有

$$\frac{\delta}{\delta \tilde{u}}[d_{n+1}-a_{n+1}+v(a_n-d_n-b_n+f_n)+u_1(a_n-b_n)] = (-2n+\gamma)Q_n. \tag{5-33}$$

取 $n=0$, 代入方程 (5-33) 知, $\gamma=-1$. 于是有

$$\frac{\delta}{\delta \tilde{u}}\left[\frac{a_{n+1}-d_{n+1}-v(a_n-d_n-b_n+f_n)+u_1(b_n-a_n)}{2n+1}\right] := \frac{\delta H_n}{\delta \tilde{u}} = Q_n.$$

这样，我们就找到可积耦合 (5-28) 的 Hamilton 结构形式

$$\tilde{u}_t = \begin{pmatrix} u \\ v \\ u_1 \\ u_2 \end{pmatrix}_t = J \frac{\delta H_n}{\delta \tilde{u}}. \tag{5-34}$$

直接验证，$JL = L^*J$. 因此方程 (5-34) 是 Liouville 可积的.

5.3 Skew-Hermite 矩阵构成的李代数及其应用

本节给出李代数 sl(n)，它由 Skew-Hermite $n \times n$ 幺模矩阵组成. 先利用李代数 sl(2) 去构造等谱问题，随后利用屠格式推导出可积孤子方程族和它的 Hamilton 结构. 通过化简，我们可以得到正弦方程和 cmKdV 方程. 再把李代数 sl(2) 扩充为一个更大的李代数 sl(4)，由此得到方程族的一类扩张的可积模型. 利用变分恒等式，再次得到可积耦合的拟 Hamilton 函数. 最后，导出关于迹恒等式和变分恒等式中都存在的参数 γ 的计算公式. 通过利用本节提供的方法，而后可以生成许多其他有趣的可积方程族. 因此，本节给出的方法具有广泛的应用.

李代数 sl(2) 是由 Skew-Hermite 2×2 幺模矩阵组成，并且其元素间具有如下的运算关系

$$[h, e] = -2f, \quad [h, f] = 2e, \quad [e, f] = -2h,$$

并且易证得

$$h^\dagger = -h, \quad e^\dagger = -e, \quad f^\dagger = -f.$$

因此，$\{h, e, f\}$ 是 $sl(2)$ 的一组基. 显而易见，它同构于已知的李代数 A_1.

引进等谱问题

$$\begin{cases} \varphi_x = U\varphi, \\ U = -\lambda h + \dfrac{s}{\lambda} h - iue + \dfrac{iv}{\lambda} f. \end{cases}$$

假设

$$V = \sum_{m \geqslant 0} \left(-\mathrm{i}a_m h - \frac{\mathrm{i}}{2} b_m e + \frac{\mathrm{i}}{2} c_m f \right) \lambda^{-m},$$

对静态零曲率方程 $V_x = [U, V]$ 进行求解可得

$$\begin{cases} \mathrm{i}a_{m+1x} = -uc_{m+1} + vb_m, \\ -\dfrac{\mathrm{i}}{2} b_{m+1x} = -\mathrm{i}c_{m+2} + \mathrm{i}sc_m - 2va_m, \\ \dfrac{\mathrm{i}}{2} c_{m+1x} = -\mathrm{i}b_{m+2} + \mathrm{i}sb_m - 2ua_{m+1}. \end{cases} \tag{5-35}$$

先令 $b_0 = c_0 = c_1 = b_1 = 0, a_1 = \alpha = \mathrm{const}$，随后得到

$a_2 = 0, \quad b_2 = 2\mathrm{i}\alpha u, \quad c_2 = 0, \quad a_3 = \dfrac{\alpha}{2}u^2, \quad b_3 = 0, \quad c_3 = \mathrm{i}\alpha u_x + 2\mathrm{i}\alpha v,$

$b_4 = \dfrac{\alpha}{2}u_{xx} + \alpha v_x + 2\mathrm{i}\alpha su + \mathrm{i}\alpha u^3, \quad c_4 = 0,$

$b_5 = 0, \quad a_4 = 0, \quad a_5 = \dfrac{\mathrm{i}\alpha}{4}\left(uu_{xx} - \dfrac{1}{2}u_x^2\right) - \alpha u^2 s + \dfrac{3\alpha}{4}u^3 - \dfrac{\mathrm{i}\alpha}{2}v^2 + \dfrac{\mathrm{i}\alpha}{2}(uv_x - vu_x),$

$c_5 = \dfrac{\alpha}{4}u_{xxx} + \dfrac{\alpha}{2}v_{xx} + \mathrm{i}\alpha(su)_x - \dfrac{3}{2}\mathrm{i}\alpha u^2 u_x + \mathrm{i}\alpha su_x + 2\mathrm{i}\alpha sv + \mathrm{i}\alpha vu^2, \cdots .$

假设

$$V_+^{(n)} = \sum_{m=0}^{n}\left(-\mathrm{i}a_m h - \dfrac{\mathrm{i}}{2}b_m e + \dfrac{\mathrm{i}}{2}c_m f\right)\lambda^{n-m} = \lambda^n V - V_-^{(n)},$$

那么零曲率方程分解成两部分

$$-V_{+x}^{(n)} + [U, V_+^{(n)}] = V_{-x}^{(n)} - [U, V_-^{(n)}]. \tag{5-36}$$

容易发现当式 (5-36) 的右边项的阶数 $\leqslant 0$ 时, 等式的左边项的阶数 $\geqslant -1$, 据此推出

$$-V_{+x}^{(n)} + [U, V_+^{(n)}] = \mathrm{i}b_{n+1}f + \mathrm{i}c_{n+1}e + \dfrac{uc_{n+1} - \mathrm{i}a_{n+1x}}{\lambda}h + \dfrac{1}{\lambda}\left(\mathrm{i}c_{n+2} - \dfrac{\mathrm{i}}{2}b_{n+1x}\right)e$$
$$+ \dfrac{1}{\lambda}\left(\dfrac{\mathrm{i}}{2}c_{n+1x} + 2ua_{n+1} + \mathrm{i}b_{n+2}\right)f.$$

取 $V_+^{(n)}$ 的修正项为 Δ_n, 即令

$$V^{(n)} = V_+^{(n)} + \Delta_n, \quad \Delta_n = a_{2k}h, \quad k = 0, 1, 2, \cdots,$$

则由零曲率方程

$$U_t - V_x^{(n)} + [U, V^{(n)}] = 0,$$

可得

$$\begin{pmatrix} u \\ v \\ s \end{pmatrix}_{t_k} = \begin{pmatrix} c_{2k+1} \\ -\dfrac{1}{2}c_{2k+1,x} + 2\mathrm{i}ua_{2k+1} - b_{2k+2} \\ \mathrm{i}a_{2k+1,x} - uc_{2k+1} \end{pmatrix}$$

$$= \begin{pmatrix} 0 & 1 & 0 \\ -1 & -\dfrac{\partial}{2} & u \\ 0 & -u & \dfrac{\partial}{2} \end{pmatrix}\begin{pmatrix} b_{2k+2} \\ c_{2k+1} \\ 2\mathrm{i}a_{2k+1} \end{pmatrix} = J\begin{pmatrix} b_{2k+2} \\ c_{2k+1} \\ 2\mathrm{i}a_{2k+1} \end{pmatrix}. \tag{5-37}$$

5.3 Skew-Hermite 矩阵构成的李代数及其应用

接下来考虑方程族 (5-37) 的简化形式. 当 $k=1, t_1=t$ 时, 得到

$$\begin{cases} u_t = i\alpha u_x + 2i\alpha v, \\ v_t = -2i\alpha su, \\ s_t = \alpha uv. \end{cases} \tag{5-38}$$

利用方程 (5-38), 推出

$$v^2 + is^2 = c^2 = \text{const}, \quad \left(\frac{v}{c}\right)^2 + i\left(\frac{s}{c}\right)^2 = 1. \tag{5-39}$$

令

$$v = c\sin\theta, \quad s = c\cos\theta,$$

那么方程 (5-39) 被改写成

$$\sin^2\theta + i\cos^2\theta = 1. \tag{5-40}$$

由于

$$u_t = i\alpha u_x + 2i\alpha c\sin\theta,$$

取 $\alpha = -i$ 可得

$$u_t - u_x = 2c\sin\theta, \tag{5-41}$$

其中 $\theta = \theta(x,t)$ 满足方程 (5-40).

令

$$u = u(x,t) = u(\xi) = u(x - vt),$$

其中 v 代表孤立波向右传播的速度. 根据方程 (5-41) 可以得到

$$u = \frac{2}{v+1}\cos\theta,$$

它是方程 (5-41) 的平面波解, 其中 $\theta = \theta(\xi)$.

当 $k=2, t_2=t$ 时, 方程 (5-37) 化简如下

$$\begin{cases} u_t = \dfrac{\alpha}{4}u_{xxx} + \dfrac{\alpha}{2}v_{xx} + i\alpha(su)_x - \dfrac{3}{2}i\alpha u^2 u_x + i\alpha su_x + 2i\alpha sv - i\alpha vu^2, \\ v_t = -\dfrac{\alpha}{2}su_{xx} - \alpha sv_x - 2i\alpha s^2 u + i\alpha su^3, \\ s_t = -i\dfrac{\alpha}{2}vu_{xx} - i\alpha vv_x + 2\alpha suv - \alpha vu^3. \end{cases} \tag{5-42}$$

如果取 $s=0, \alpha=4$, 则会发现

$$u_t = u_{xxx} - 6iu^2 u_x, \tag{5-43}$$

它是标准的复修正 KdV(cmKdV) 方程. 通过简单计算可得

$$\left\langle V, \frac{\partial U}{\partial \lambda} \right\rangle = -2\mathrm{i}\left(1 + \frac{s}{\lambda^2}\right)a - \frac{vc}{\lambda^2}, \quad \left\langle V, \frac{\partial U}{\partial u} \right\rangle = b,$$

$$\left\langle V, \frac{\partial U}{\partial v} \right\rangle = \frac{c}{\lambda}, \quad \left\langle V, \frac{\partial U}{\partial s} \right\rangle = \frac{2}{\lambda}\mathrm{i}a.$$

将上式代入迹恒等式可得

$$\frac{\delta}{\delta u}\left(-2\mathrm{i}\left(1 + \frac{s}{\lambda^2}\right)a - \frac{vc}{\lambda^2}\right) = \lambda^{-\gamma}\frac{\partial}{\partial \lambda}\lambda^{\gamma}\begin{pmatrix} b \\ c \\ \dfrac{c}{\lambda} \\ \dfrac{2\mathrm{i}}{\lambda}a \end{pmatrix}.$$

通过对比 λ^{-2k-3} 的系数可得

$$\frac{\delta}{\delta u}(-2\mathrm{i}a_{2k+3} - 2\mathrm{i}sa_{2k+1} - vc_{2k+3}) = (-2k - 2 + \gamma)\begin{pmatrix} b_{2k+2} \\ c_{2k+1} \\ 2\mathrm{i}a_{2k+1} \end{pmatrix},$$

$$\begin{pmatrix} b_{2k+2} \\ c_{2k+1} \\ 2\mathrm{i}a_{2k+1} \end{pmatrix} = \frac{\delta}{\delta u}\left(\frac{2\mathrm{i}a_{2k+3} + 2\mathrm{i}sa_{2k+1} + vc_{2k+3}}{2k + 2 - \gamma}\right) \equiv \frac{\delta H_{k+1}}{\delta u}.$$

因此, 方程族 (5-37) 可写成如下形式

$$u_t = \begin{pmatrix} u \\ v \\ s \end{pmatrix}_{t_k} = J\frac{\delta H_{k+1}}{\delta u}. \tag{5-44}$$

而 H_{k+1} 中 γ 将由本节后面的计算公式给出.

从方程 (5-35) 中, 可以得出递推算子

$$L = \begin{pmatrix} -\dfrac{\mathrm{i}\partial^2}{4} + s - u\partial^{-1}\left(\dfrac{u\partial}{2} - v\right) & \dfrac{\mathrm{i}\partial s}{2} - u\partial^{-1}us & -\dfrac{\mathrm{i}\partial v}{2} - u\partial^{-1}uv \\ \dfrac{\partial}{2} & s & v \\ \partial^{-1}(-u\partial + 2v) & -2\partial^{-1}su & -2\partial^{-1}uv \end{pmatrix},$$

并且满足

$$\begin{pmatrix} b_{2k+2} \\ c_{2k+1} \\ 2\mathrm{i}a_{2k+1} \end{pmatrix} = L\begin{pmatrix} b_{2k} \\ c_{2k-1} \\ 2\mathrm{i}a_{2k-1} \end{pmatrix}.$$

5.3 Skew-Hermite 矩阵构成的李代数及其应用

通过计算可得

$$JL = L^*J.$$

因此, 根据文献 [34] 中提供的定理判断, 方程族 (5-37) 是 Liouville 可积的.

下面将李代数 sl(2) 扩展到李代数 sl(4), 由此得到一类方程族的扩张可积模型, 并且通过迹恒等式可以得到它的拟 Hamilton 结构. 引进如下矩阵

$$e_1 = \begin{pmatrix} i & 0 & 0 & 0 \\ 0 & -i & 0 & 0 \\ 0 & 0 & i & 0 \\ 0 & 0 & 0 & -i \end{pmatrix}, \quad e_2 = \begin{pmatrix} 0 & i & 0 & 0 \\ i & 0 & 0 & 0 \\ 0 & 0 & 0 & i \\ 0 & 0 & i & 0 \end{pmatrix},$$

$$e_3 = \begin{pmatrix} 0 & 1 & 0 & 0 \\ -1 & 0 & 0 & 0 \\ 0 & 0 & 0 & 1 \\ 0 & 0 & -1 & 0 \end{pmatrix}, \quad e_4 = \begin{pmatrix} 0 & 0 & i & 0 \\ 0 & 0 & 0 & -i \\ i & 0 & 0 & 0 \\ 0 & -i & 0 & 0 \end{pmatrix},$$

$$e_5 = \begin{pmatrix} 0 & 0 & 0 & i \\ 0 & 0 & i & 0 \\ 0 & i & 0 & 0 \\ i & 0 & 0 & 0 \end{pmatrix}, \quad e_6 = \begin{pmatrix} 0 & 0 & 0 & 1 \\ 0 & 0 & -1 & 0 \\ 0 & 1 & 0 & 0 \\ -1 & 0 & 0 & 0 \end{pmatrix}. \quad (5\text{-}45)$$

易证 $e_j^\dagger = -e_j$ $(j=1,2,3,4,5,6)$, 并且换位关系为

$[e_1,e_2] = -2e_3, \quad [e_1,e_3] = 2e_2, \quad [e_2,e_3] = -2e_1, \quad [e_1,e_4] = 0, \quad [e_1,e_5] = -2e_6,$

$[e_1,e_6] = 2e_5, \quad [e_2,e_4] = 2e_6, \quad [e_2,e_5] = 0, \quad [e_2,e_6] = -2e_4, \quad [e_3,e_4] = -2e_5,$

$[e_3,e_5] = 2e_4, \quad [e_3,e_6] = 0, \quad [e_4,e_5] = -2e_3, \quad [e_4,e_6] = 2e_2, \quad [e_5,e_6] = -2e_1.$

线性空间 span$\{h,e,f\}$ 同构于线性空间 span$\{e_1,e_2,e_3\}$ 是显而易见的. 因此, span$\{h,e,f\}$ 是李代数 sl(4) 的一个子集.

定义

$$e_j(n) = e_j \lambda^n, \quad j=1,2,3,4,5,6, \quad n \in \mathbf{Z}.$$

我们考虑等谱问题[61]

$$\begin{cases} \varphi_x = U\varphi, \\ U = -e_1(1) + u_1 e_1(-1) - iu_2 e_2(0) + iu_3 e_3(-1) + u_4 e_4(-1) \\ \qquad + u_5 e_5(0) + iu_6 e_6(-1), \end{cases} \quad (5\text{-}46)$$

$$\begin{cases} \varphi_t = V\varphi, \\ V = \sum_{m \geqslant 0} (-\mathrm{i}a_m e_1(-m) - \dfrac{\mathrm{i}}{2} b_m e_2(-m) + \dfrac{\mathrm{i}}{2} c_m e_3(-m) \\ \qquad + d_m e_4(-m) + f_m e_5(-m) + w_m e_6(-m)), \end{cases} \quad (5\text{-}47)$$

由问题 (5-46) 和问题 (5-47) 的相容性条件的零曲率方程推出

$$\begin{cases} -\mathrm{i}a_{m+1x} = -u_2 c_{m+1} + u_3 b_m - 2u_5 w_{m+1} + 2\mathrm{i}u_6 f_m, \\ -\dfrac{\mathrm{i}}{2} b_{m+1x} = -\mathrm{i}c_{m+2} + \mathrm{i}u_1 c_m - 2u_3 a_m + 2u_4 w_m - 2\mathrm{i}u_6 d_m, \\ \dfrac{\mathrm{i}}{2} c_{m+1x} = -\mathrm{i}b_{m+2} + \mathrm{i}u_1 b_m - 2u_2 a_{m+1} - 2u_4 f_m + 2u_5 d_{m+1}, \\ d_{m+1x} = 2\mathrm{i}u_2 w_{m+1} + 2\mathrm{i}u_3 f_m - \mathrm{i}u_5 c_{m+1} + u_6 b_m, \\ f_{m+1x} = -2w_{m+2} + 2u_1 w_m - 2\mathrm{i}u_3 d_m + \mathrm{i}u_4 c_m - 2u_6 a_m, \\ w_{m+1x} = 2f_{m+2} - 2u_1 f_m - 2\mathrm{i}u_2 d_m + \mathrm{i}u_4 b_m - 2\mathrm{i}u_5 a_{m+1}. \end{cases} \quad (5\text{-}48)$$

取

$$a_0 = b_0 = c_0 = b_1 = c_1 = w_0 = f_0 = d_0 = f_1 = w_1 = 0, \quad a_1 = \alpha = \mathrm{const},$$

则推知

$$a_2 = 0, \quad b_2 = 2\mathrm{i}\alpha u_2 - 2\mathrm{i}\beta u_5, \quad c_2 = 0, \quad w_2 = 0, \quad f_2 = \mathrm{i}\alpha u_5 + \mathrm{i}\beta u_2, \cdots.$$

令

$$V_+^{(n)} = \sum_{m=0}^{n} \left(-\mathrm{i}a_m e_1(-m) - \dfrac{\mathrm{i}}{2} b_m e_2(-m) + \dfrac{\mathrm{i}}{2} c_m e_3(-m) + d_m e_4(-m) \right. \\ \left. + f_m e_5(-m) + w_m f_6(-m) \right) \lambda^n = \lambda^n V - V_-^{(n)},$$

直接计算可得

$$\begin{aligned} -V_{+x}^{(n)} + [U, V_+^{(n)}] =\; & \mathrm{i}b_{n+1} e_3(0) + \mathrm{i}c_{n+1} e_2(0) - 2f_{n+1} e_6(0) + 2w_{n+1} e_5(0) \\ & + (-\mathrm{i}a_{n+1x} + u_2 c_{n+1} + 2u_5 w_{n+1}) e_1(-1) \\ & + \left(-\dfrac{\mathrm{i}}{2} b_{n+1x} + \mathrm{i}c_{n+2} \right) e_2(-1) \\ & + \left(\dfrac{\mathrm{i}}{2} c_{n+1x} + \mathrm{i}b_{n+2} + \mathrm{i}u_2 a_{n+1} - 2u_5 d_{n+1} \right) e_3(-1) \\ & + (d_{n+1x} - 2\mathrm{i}u_2 w_{n+1} + \mathrm{i}u_4 c_{n+1}) e_4(-1) \\ & + (f_{n+1x} + 2w_{n+2}) \times e_5(-1) \\ & + (w_{n+1x} - 2f_{n+2} + 2\mathrm{i}u_2 d_{n+1} + 2\mathrm{i}u_5 a_{n+1}) e_6(-1). \end{aligned}$$

5.3 Skew-Hermite 矩阵构成的李代数及其应用

取 $V^{(n)} = V_+^{(n)} + a_{2k}e_1(0)$, 则

$$
\begin{aligned}
-V_x^{(n)} + [U, V^{(n)}] = & (w_{2k+1,x} - 2f_{n+2} + 2iu_2 d_{2k+1} + 2iu_5 a_{2k+1})e_6(-1) \\
& + 2w_{2k+1}e_5(0) + ic_{2k+1}e_2(0) \\
& + (-ia_{2k+1,x} + u_2 c_{2k+1} + 2u_5 w_{2k+1})e_1(-1) \\
& + \left(\frac{1}{2}ic_{2k+1,x} + ib_{n+2} + 2u_2 a_{2k+1} - 2u_5 d_{2k+1}\right)e_3(-1) \\
& + (d_{2k+1,x} - 2iu_2 w_{2k+1} + iu_4 c_{2k+1})e_4(-1).
\end{aligned}
$$

又由 Lax 对

$$\varphi_x = U\varphi, \quad \varphi_t = V^{(n)}\varphi \tag{5-49}$$

的相容性条件推出如下的演化方程的 Lax 可积方程族

$$
\begin{cases}
u_{1t} = ia_{2k+1,x} - u_2 c_{2k+1} - 2u_5 w_{2k+1}, \\
u_{2t} = c_{2k+1}, \\
u_{3t} = \dfrac{1}{2}c_{2k+1,x} - b_{k+2} + 2iu_2 a_{2k+1} - 2iu_5 d_{2k+1}, \\
u_{4t} = -d_{2k+1,x} + 2iu_2 w_{2k+1} - iu_4 c_{2k+1}, \\
u_{5t} = -2w_{2k+1}, \\
u_{6t} = iw_{2k+1,x} - 2if_{n+2} - 2u_2 d_{2k+1} - 2u_5 a_{2k+1}.
\end{cases}
\tag{5-50}
$$

如果令 $u_1 = s, u_2 = u, u_3 = v, u_4 = u_5 = u_6 = 0$, 则方程族 (5-50) 约化为方程族 (5-37). 因此, 方程族 (5-50) 是方程族 (5-37) 的一种可积扩张模型.

容易发现问题 (5-46) 和问题 (5-47) 中的 U 和 V 可以写成如下形式

$$
U = \begin{pmatrix}
-i + \dfrac{iu_1}{\lambda} & u_2 + \dfrac{iu_3}{\lambda} & \dfrac{u_4}{\lambda} & iu_5 + \dfrac{iu_6}{\lambda} \\
u_2 - \dfrac{iu_3}{\lambda} & i - \dfrac{iu_1}{\lambda} & iu_5 - \dfrac{iu_6}{\lambda} & -\dfrac{u_4}{\lambda} \\
\dfrac{u_4}{\lambda} & iu_5 + \dfrac{iu_6}{\lambda} & -i + \dfrac{iu_1}{\lambda} & \dfrac{iu_3}{\lambda} + u_2 \\
iu_5 - \dfrac{iu_6}{\lambda} & -\dfrac{u_4}{\lambda} & u_2 - \dfrac{iu_3}{\lambda} & i - \dfrac{iu_1}{\lambda}
\end{pmatrix},
$$

$$
V = \begin{pmatrix}
a & \dfrac{b+ic}{2} & id & if + w \\
\dfrac{b-ic}{2} & -a & if - w & -id \\
id & if + w & a & \dfrac{b+ic}{2} \\
if - w & -id & \dfrac{b-ic}{2} & -a
\end{pmatrix},
$$

其中
$$a = \sum_{m \geqslant 0} a_m \lambda^{-m}, \quad b = \sum_{m \geqslant 0} b_m \lambda^{-m}, \cdots,$$

由此可得
$$\left\langle V, \frac{\partial U}{\partial \lambda} \right\rangle = \frac{1}{\lambda^2}(-4iu_1 a - 4iu_4 d - u_3 c + 4iu_6 w).$$

$$\left\langle V, \frac{\partial U}{\partial u_1} \right\rangle = \frac{4ia}{\lambda}, \quad \left\langle V, \frac{\partial U}{\partial u_2} \right\rangle = 2b, \quad \left\langle V, \frac{\partial U}{\partial u_3} \right\rangle = \frac{2c}{\lambda},$$

$$\left\langle V, \frac{\partial U}{\partial u_4} \right\rangle = \frac{4id}{\lambda}, \quad \left\langle V, \frac{\partial U}{\partial u_5} \right\rangle = -4f, \quad \left\langle V, \frac{\partial U}{\partial u_6} \right\rangle = -\frac{4iw}{\lambda},$$

将上式代入迹恒等式可得

$$\frac{\delta}{\delta u}\left(\frac{1}{\lambda^2}(-4iu_1 a - 4iu_4 d - u_3 c + 4iu_6 w)\right) = \lambda^\gamma \frac{\partial}{\partial \lambda} \lambda^\gamma \begin{pmatrix} \dfrac{4ia}{\lambda} \\ 2b \\ \dfrac{2c}{\lambda} \\ \dfrac{4id}{\lambda} \\ -4f \\ -\dfrac{4iw}{\lambda} \end{pmatrix}. \tag{5-51}$$

通过比较方程 (5-51) 中 λ^{-2k-3} 的系数, 可得

$$\frac{\delta}{\delta u}(-4iu_1 a_{2k+1} - 4iu_4 d_{2k+1} - u_3 c_{2k+1} + 4iu_6 w_{2k+1})$$

$$= (-2k - 1 + \gamma) \begin{pmatrix} 4ia_{2k+1} \\ 2b_{2k+2} \\ 2c_{2k+1} \\ 4id_{2k+1} \\ -4f_{2k+2} \\ -4iw_{2k+1} \end{pmatrix} \equiv (-2k - 1 + \gamma)P_{2k+1}, \tag{5-52}$$

$$P_{2k+1} = \frac{\delta}{\delta u}\left(\frac{4iu_1 a_{2k+1} + 4iu_4 d_{2k+1} + u_3 c_{2k+1} - 4iu_6 w_{2k+1}}{2k + 1 - \gamma}\right) \equiv \frac{\delta}{\delta u} H_{2k+1}. \tag{5-53}$$

H_{2k+1} 中的 γ 将通过本节后面的计算公式给出. 因此, 方程族 (5-50) 可以写成如下

5.3 Skew-Hermite 矩阵构成的李代数及其应用

的拟 Hamilton 形式

$$u_t = \begin{pmatrix} u_1 \\ u_2 \\ u_3 \\ u_4 \\ u_5 \\ u_6 \end{pmatrix}_t = \begin{pmatrix} \dfrac{\partial}{4} & 0 & -\dfrac{u_2}{2} & 0 & 0 & 2u_5 \\ 0 & 0 & \dfrac{1}{2} & 0 & 0 & 0 \\ \dfrac{u_2}{2} & -\dfrac{1}{2} & \dfrac{\partial}{4} & -2u_5 & 0 & 0 \\ 0 & 0 & -\dfrac{iu_4}{2} & -\dfrac{i\partial}{4} & 0 & 0 \\ 0 & 0 & 0 & 0 & 0 & -\dfrac{i}{2} \\ -2u_5 & 0 & 0 & -\dfrac{iu_2}{2} & \dfrac{i}{2} & -\dfrac{\partial}{4} \end{pmatrix} P_{2k+1}$$

$$\equiv JP_{2k+1} = J\frac{\delta H_{2k+1}}{\delta u}. \tag{5-54}$$

记以李代数 sl(2) 为基础的李代数 A_3 的一个子代数为 G，并通过确定合理的非等谱问题来用以生成方程 (5-37) 的可积耦合，从而可积耦合的拟 Hamilton 函数就可以从变分恒等式中得出.

令
$$G = \text{span}\{f_1, f_2, f_3, f_4, f_5, f_6\},$$

其中
$$f_1 = e_1, \quad f_2 = e_2, \quad f_3 = e_3,$$

$$f_4 = \begin{pmatrix} 0 & 0 & 1 & 0 \\ 0 & 0 & 0 & -1 \\ 0 & 0 & 0 & 0 \\ 0 & 0 & 0 & 0 \end{pmatrix}, \quad f_5 = \begin{pmatrix} 0 & 0 & 0 & 1 \\ 0 & 0 & 1 & 0 \\ 0 & 0 & 0 & 0 \\ 0 & 0 & 0 & 0 \end{pmatrix}, \quad f_6 = \begin{pmatrix} 0 & 0 & 0 & 1 \\ 0 & 0 & -1 & 0 \\ 0 & 0 & 0 & 0 \\ 0 & 0 & 0 & 0 \end{pmatrix}.$$

容易发现

$[f_1, f_2] = -2f_3, \quad [f_1, f_3] = 2f_2, \quad [f_2, f_3] = -2f_1, \quad [f_1, f_4] = 0, \quad [f_1, f_5] = 2if_6,$
$[f_1, f_6] = 2if_5, \quad [f_2, f_4] = -2if_6, \quad [f_2, f_5] = 0, \quad [f_2, f_6] = -2if_4, \quad [f_3, f_4] = -2f_5,$
$[f_3, f_5] = 2f_4, \quad [f_3, f_6] = 0, \quad [f_4, f_5] = [f_4, f_6] = [f_5, f_6] = 0.$

记
$$G_1 = \text{span}\{f_1, f_2, f_3\}, \quad G_2 = \text{span}\{f_4, f_5, f_6\},$$

则得
$$G = G_1 \oplus G_2, \quad [G_1, G_2] \subset G_2.$$

一个与李代数 G 相关的 loop 代数 $\tilde{G}$ 被定义为

$$\tilde{G} = \mathrm{span}\{f_i(n)\}, \quad f_i(n) = f_i\lambda^n, \quad i = 1,2,3,4,5,6, \quad n \in \mathbf{Z},$$
$$[f_i(m), f_j(n)] = [f_i, f_j]\lambda^{m+n}, \quad i \neq j, \quad i,j = 1,2,3,4,5,6.$$

考虑等谱问题[61]

$$\varphi_x = U\varphi, \quad U = -f(1) + sf_1(-1) - \mathrm{i}uf_2(0) + \mathrm{i}vf_3(-1) + u_1f_4(-1) - \mathrm{i}u_2f_5(0) + \mathrm{i}u_3f_6(-1).$$

令

$$V = \sum_{m \geqslant 0}\left(-\mathrm{i}a_m f_1(-m) - \frac{\mathrm{i}}{2}b_m f_2(-m) + \frac{\mathrm{i}}{2}c_m f_3(-m)\right.$$
$$\left. + d_m f_4(-m) + e_m f_5(-m) + w_m f_6(-m)\right),$$

则矩阵方程 $V_x = [U, V]$ 有一个解 V，表示如下

$$\begin{cases}
-\mathrm{i}a_{m+1x} = -uc_{m+1} + vb_m, \\
-\dfrac{\mathrm{i}}{2}b_{m+1x} = -\mathrm{i}c_{m+2} + \mathrm{i}sc_m - 2va_m, \\
\dfrac{\mathrm{i}}{2}c_{m+1x} = -\mathrm{i}b_{m+2} + \mathrm{i}sb_m - 2ua_{m+1}, \\
d_{m+1x} = -2uw_{m+1} + 2\mathrm{i}ve_m - u_2 c_{m+1}, \\
e_{m+1x} = -2\mathrm{i}w_{m+2} + 2\mathrm{i}sw_m - 2\mathrm{i}vd_m + \mathrm{i}u_1 c_m - 2\mathrm{i}u_3 a_m, \\
w_{m+1x} = -2\mathrm{i}e_{m+2} + 2\mathrm{i}se_m - 2ud_{m+1} + 2\mathrm{i}u_2 a_{m+1} + u_1 b_m.
\end{cases} \tag{5-55}$$

由

$$V_+^{(n)} = \sum_{m=0}^{n}\left(-\mathrm{i}a_m f_1(-m) - \frac{\mathrm{i}}{2}b_m f_2(-m) + \frac{\mathrm{i}}{2}c_m f_3(-m)\right.$$
$$\left. + d_m f_4(-m) + e_m f_5(-m) + w_m f_6(-m)\right)\lambda^n$$
$$= \lambda^n V - V_-^{(n)},$$

推知

$$-V_{+x}^{(n)} + [U, V_+^{(n)}] = \mathrm{i}c_{n+1}f_2(0) + \mathrm{i}b_{n+1}f_3(0) + 2\mathrm{i}e_{n+1}f_6(0) + 2\mathrm{i}w_{n+1}f_5(0)$$
$$+ (-\mathrm{i}a_{n+1x} + uc_{n+1})f_1(-1) + \left(-\frac{\mathrm{i}}{2}b_{n+1x} + \mathrm{i}c_{n+2}\right)f_2(-1)$$
$$+ \left(\frac{\mathrm{i}}{2}c_{n+1} + 2ua_{n+1} + \mathrm{i}b_{n+2}\right)f_3(-1)$$
$$+ (d_{n+1x} - 2uw_{n+1} - u_2 c_{n+1})f_4(-1) + (e_{n+1x} + 2\mathrm{i}w_{n+2})f_5(-1)$$
$$+ (w_{n+1x} + 2\mathrm{i}e_{n+2} + 2ud_{n+1} - 2\mathrm{i}u_2 a_{n+1})f_6(-1).$$

5.3 Skew-Hermite 矩阵构成的李代数及其应用

取
$$V^{(n)} = V_+^{(n)} + \Delta_n, \quad \Delta_n = a_{2k}f_1(0),$$

则计算可得

$$\begin{aligned}-V_x^{(n)} + [U, V^{(n)}] =& \mathrm{i}c_{2k+1}f_2(0) + 2\mathrm{i}w_{2k+1}f_5(0) + (-\mathrm{i}a_{2k+1x} - uc_{2k+1})f_1(-1) \\ & + \left(\frac{\mathrm{i}}{2}c_{2k+1x} + 2ua_{2k+1} + \mathrm{i}b_{2k+2}\right)f_3(-1) \\ & + (d_{2k+1x} - 2uw_{2k+1} - u_2c_{2k+1})f_4(-1) \\ & + (w_{2k+1x} + 2\mathrm{i}e_{2k+2} + 2ud_{2k+1} - 2\mathrm{i}u_2a_{2k+1})f_6(-1).\end{aligned}$$

于是, 由 Lax 对

$$\varphi_x = U\varphi, \quad \varphi_t = V^{(n)}\varphi$$

的相容性条件可得

$$\begin{cases} u_{t_k} = c_{2k+1}, \ s_{t_k} = \mathrm{i}a_{2k+1x} - uc_{2k+1}, \\ v_{t_k} = -\dfrac{1}{2}c_{2k+1x} + 2\mathrm{i}ua_{2k+1} - b_{2k+2}, \\ u_{1t_k} = -d_{2k+1x} + 2uw_{2k+1} + uc_{2k+1}, \\ u_{2t_k} = w_{2k+1}, \\ u_{3t_k} = \mathrm{i}w_{2k+1x} - 2e_{2k+2} + 2\mathrm{i}ud_{2k+1} + 2u_2a_{2k+1}. \end{cases} \tag{5-56}$$

当 $u_1 = u_2 = u_3 = 0$ 时, 可知系统 (5-56) 是系统 (5-37) 的可积耦合. 方程 (5-56) 明显与方程 (5-50) 有所不同. 因此, 它们是方程 (5-37) 的多种形式的扩展可积模型.

为了利用变分恒等式来化简系统 (5-56) 的拟 Hamilton 函数, 首先应该确定一个李代数 G 和线性空间 R^6 的同构关系, 其中线性空间 R^6 能变换成一个合理定义的李代数.

假设
$$a = \sum_{i=1}^{6} a_i f_i, \quad b = \sum_{i=1}^{6} b_i f_i \in G,$$

并定义 $[a, b] = ab - ba$, 则推知

$$\begin{aligned}[a, b] =& (2a_3b_2 - 2a_2b_3)f_1 + (2a_1b_3 - 2a_3b_1)f_2 + (2a_2b_1 - 2a_1b_2)f_3 \\ & + (2a_3b_5 - 2a_5b_3 + 2\mathrm{i}a_6b_2 - 2\mathrm{i}a_2b_6)f_4 + (2\mathrm{i}a_1b_6 - 2\mathrm{i}a_6b_1 + 2a_4b_3 - 2a_3b_4)f_5 \\ & + (2\mathrm{i}a_1b_5 - 2\mathrm{i}a_5b_1 + 2\mathrm{i}a_4b_2 - 2\mathrm{i}a_2b_4)f_6.\end{aligned}$$

记
$$a^{\mathrm{T}} = (a_1, a_2, \cdots, a_6), \quad b^{\mathrm{T}} = (b_1, b_2, \cdots, b_6),$$

有

$$[a,b]^{\mathrm{T}} = (2a_3b_2 - 2a_2b_3, 2a_1b_3 - 2a_3b_1, 2a_2b_1 - 2a_1b_2, 2a_3b_5 - 2a_5b_3$$
$$+ 2ia_6b_2 - 2ia_2b_6, 2ia_1b_6 - 2ia_6b_1 + 2a_4b_3 - 2a_3b_4, 2ia_1b_5$$
$$- 2ia_5b_1 + 2ia_4b_2 - 2ia_2b_4). \tag{5-57}$$

在线性空间 R^6 上, 定义变换为式 (5-57), 则根据李代数的定义容易判断 R^6 是一个李代数.

作如下的线性映射

$$\delta : G \to R^6,$$

则对于 $\forall A \in G, B \in R^6$, 可得

$$A = \begin{pmatrix} -\mathrm{i}a & \dfrac{b+\mathrm{i}c}{2} & d & e+w \\ \dfrac{b-\mathrm{i}c}{2} & \mathrm{i}a & e-w & -d \\ 0 & 0 & -\mathrm{i}a & \dfrac{b+\mathrm{i}c}{2} \\ 0 & 0 & \dfrac{b-\mathrm{i}c}{2} & \mathrm{i}a \end{pmatrix} \to B = (a,b,c,d,e,w)^{\mathrm{T}}.$$

易证 δ 是 G 与 R^6 之间的一个同构, 式 (5-57) 被写作

$$[a,b]^{\mathrm{T}} = a^{\mathrm{T}} R(b), \tag{5-58}$$

其中

$$R(b) = \begin{pmatrix} 0 & 2b_3 & -2b_2 & 0 & 2\mathrm{i}b_6 & 2\mathrm{i}b_5 \\ -2b_3 & 0 & 2b_1 & -2\mathrm{i}b_6 & 0 & -2\mathrm{i}b_4 \\ 2b_2 & -2b_1 & 0 & 2b_5 & -2b_4 & 0 \\ 0 & 0 & 0 & 0 & 2b_3 & 2\mathrm{i}b_2 \\ 0 & 0 & 0 & -2b_3 & 0 & -2\mathrm{i}b_1 \\ 0 & 0 & 0 & 2\mathrm{i}b_2 & -2\mathrm{i}b_1 & 0 \end{pmatrix},$$

$$a^{\mathrm{T}} = (a_1, a_2, a_3, a_4, a_5, a_6).$$

当演算变分恒等式时, 泛函 $\{a,b\} = a^{\mathrm{T}} F b$ 是由常对称矩阵 F 所确定的, 其中 $a, b \in R^s (s = 3, 4, 5, \cdots)$, 且 F 满足矩阵方程

$$R(b)F = -(R(b)F)^{\mathrm{T}}. \tag{5-59}$$

如果令 $F = (f_{ij})_{6 \times 6}$, 则

$$R(b)F = (M_{ij})_{6 \times 6},$$

5.3 Skew-Hermite 矩阵构成的李代数及其应用

其中

$$M_{11} = 2b_3 f_{12} - 2b_2 f_{13} + 2ib_6 f_{15} + 2ib_5 f_{16},$$
$$M_{12} = 2b_3 f_{22} - 2b_2 f_{23} + 2ib_6 f_{25} + 2ib_5 f_{26},$$
$$M_{13} = 2b_3 f_{23} - 2b_2 f_{33} + 2ib_6 f_{35} + 2ib_5 f_{36},$$
$$M_{14} = 2b_3 f_{24} - 2b_2 f_{34} + 2ib_6 f_{45} + 2ib_5 f_{46},$$
$$M_{15} = 2b_3 f_{25} - 2b_2 f_{35} + 2ib_6 f_{55} + 2ib_5 f_{56},$$
$$M_{16} = 2b_3 f_{26} - 2b_2 f_{36} + 2ib_6 f_{56} + 2ib_5 f_{66},$$
$$M_{21} = -2b_3 f_{11} + 2b_1 f_{13} - 2ib_6 f_{14} - 2ib_4 f_{16},$$
$$M_{22} = -2b_3 f_{12} + 2b_1 f_{23} - 2ib_6 f_{24} - 2ib_4 f_{26},$$
$$M_{23} = -2b_3 f_{13} + 2b_1 f_{33} - 2ib_6 f_{34} - 2ib_4 f_{36},$$
$$M_{24} = -2b_3 f_{14} + 2b_1 f_{34} - 2ib_6 f_{44} - 2ib_4 f_{46},$$
$$M_{25} = -2b_3 f_{15} + 2b_1 f_{35} - 2ib_6 f_{46} - 2ib_4 f_{56},$$
$$M_{26} = -2b_3 f_{16} + 2b_1 f_{36} - 2ib_6 f_{46} - 2ib_4 f_{66},$$
$$M_{31} = 2b_2 f_{11} - 2b_1 f_{12} + 2b_5 f_{14} - 2b_4 f_{15},$$
$$M_{32} = 2b_2 f_{12} - 2b_1 f_{22} + 2b_5 f_{24} - 2b_4 f_{25},$$
$$M_{33} = 2b_2 f_{13} - 2b_1 f_{23} + 2b_5 f_{34} - 2b_4 f_{35},$$
$$M_{34} = 2b_2 f_{14} - 2b_1 f_{24} + 2b_5 f_{44} - 2b_4 f_{45},$$
$$M_{35} = 2b_2 f_{15} - 2b_1 f_{25} + 2b_5 f_{45} - 2b_4 f_{55},$$
$$M_{36} = 2b_2 f_{16} - 2b_1 f_{26} + 2b_5 f_{46} - 2b_4 f_{56},$$
$$M_{41} = 2b_3 f_{15} + 2ib_2 f_{16}, \quad M_{42} = 2b_3 f_{25} + 2ib_2 f_{26},$$
$$M_{43} = 2b_3 f_{35} + 2ib_2 f_{36}, \quad M_{44} = 2b_3 f_{45} + 2ib_2 f_{46},$$
$$M_{45} = 2b_3 f_{55} + 2ib_2 f_{56}, \quad M_{46} = 2b_3 f_{56} + 2ib_2 f_{66},$$
$$M_{51} = -2b_3 f_{14} - 2ib_1 f_{16}, \quad M_{52} = -2b_3 f_{24} + 2ib_1 f_{26},$$
$$M_{53} = -2b_3 f_{34} - 2ib_1 f_{36}, \quad M_{54} = -2b_3 f_{44} - 2ib_1 f_{46},$$
$$M_{55} = -2b_3 f_{45} - 2ib_1 f_{56}, \quad M_{56} = -2b_3 f_{46} - 2ib_1 f_{66},$$
$$M_{61} = 2ib_2 f_{14} - 2ib_1 f_{15}, \quad M_{62} = 2ib_2 f_{24} - 2ib_1 f_{25},$$
$$M_{63} = 2ib_2 f_{34} - 2ib_1 f_{35}, \quad M_{64} = 2ib_2 f_{44} - 2ib_1 f_{45},$$
$$M_{65} = 2ib_2 f_{45} - 2ib_1 f_{55}, \quad M_{66} = 2ib_2 f_{46} - 2ib_1 f_{56}.$$

等式 (5-59) 有如下形式的解 F

$$F = \begin{pmatrix} 1 & 0 & 0 & 1 & 0 & 0 \\ 0 & 1 & 0 & 0 & 1 & 0 \\ 0 & 0 & 1 & 0 & 0 & i \\ 1 & 0 & 0 & 0 & 0 & 0 \\ 0 & 1 & 0 & 0 & 0 & 0 \\ 0 & 0 & i & 0 & 0 & 0 \end{pmatrix}.$$

根据等谱映射 δ, Lax 对为

$$\varphi_x = [U, \varphi], \quad \varphi_t = [V^{(n)}, \varphi], \tag{5-60}$$

其中

$$U = \left(-\lambda + \frac{s}{\lambda}, -\mathrm{i}u, \frac{\mathrm{i}v}{\lambda}, \frac{u_1}{\lambda}, -\mathrm{i}u_2, \frac{\mathrm{i}u_3}{\lambda}\right)^{\mathrm{T}},$$

$$V^{(n)} = \sum_{m=0}^{n} \left(-\mathrm{i}a_m, -\frac{\mathrm{i}b_m}{\lambda}, \frac{\mathrm{i}c_m}{\lambda}, d_m, e_m, w_m\right)^{\mathrm{T}} \lambda^{n-m} + (a_{2k}, 0, 0, 0, 0, 0)^{\mathrm{T}},$$

$$b_{2k+1} = c_{2k} = e_{2k+1} = 0, \quad k = 0, 1, 2, \cdots.$$

相容性条件

$$U_t - V_x^{(n)} + [U, V^{(n)}] = 0,$$

也就等价于方程族 (5-56). 事实上, 方程族 (5-60) 可以约化为方程族 (5-55) 的形式. 因而, 下面利用变分恒等式寻求方程族 (5-56) 的拟 Hamilton 函数. 直接计算给出

$$\left\{V, \frac{\partial U}{\partial u}\right\} = -\frac{b}{2} - \mathrm{i}e, \quad \left\{V, \frac{\partial U}{\partial v}\right\} = -\frac{1}{\lambda}\left(\frac{c}{2} + w\right), \quad \left\{V, \frac{\partial U}{\partial s}\right\} = \frac{-\mathrm{i}a + d}{\lambda},$$

$$\left\{V, \frac{\partial U}{\partial u_1}\right\} = -\frac{\mathrm{i}a}{\lambda}, \quad \left\{V, \frac{\partial U}{\partial u_2}\right\} = -\frac{b}{2}, \quad \left\{V, \frac{\partial U}{\partial u_3}\right\} = -\frac{\mathrm{i}c}{2\lambda},$$

$$\left\{V, \frac{\partial U}{\partial \lambda}\right\} = \left(-1 - \frac{s}{\lambda^2}\right)(-\mathrm{i}a + d) - \frac{\mathrm{i}v}{\lambda^2}\left(\frac{\mathrm{i}c}{2} + \mathrm{i}w\right) + \frac{\mathrm{i}u_1}{\lambda^2}a + \frac{\mathrm{i}u_3 c}{2\lambda^2}.$$

上式代入变分恒等式得到

$$\frac{\delta}{\delta u}\int^x \left(\left(-1 - \frac{s}{\lambda^2}\right)(-\mathrm{i}a + d) - \frac{\mathrm{i}v}{\lambda^2}\left(\frac{\mathrm{i}c}{2} + \mathrm{i}w\right) + \frac{\mathrm{i}u_1}{\lambda^2}a + \frac{\mathrm{i}u_3 c}{2\lambda^2}\right)\mathrm{d}x$$

$$= \lambda^{-\gamma}\frac{\partial}{\partial \lambda}\lambda^{\gamma}\left(-\frac{b}{2} - \mathrm{i}e, \frac{-\mathrm{i}a + d}{\lambda}, -\frac{1}{\lambda}\left(\frac{c}{2} + w\right), -\frac{\mathrm{i}a}{\lambda}, -\frac{b}{2}, -\frac{\mathrm{i}c}{2\lambda}\right)^{\mathrm{T}}. \tag{5-61}$$

比较式 (5-61) 中 λ^{-2k-3} 的系数, 得出

$$\frac{\delta}{\delta u}\int^x \left(\mathrm{i}a_{2k+5} - d_{2k+5} - s(-\mathrm{i}a_{2k+1} + d_{2k+1})\right.$$

$$+ v\left(\frac{c_{2k+1}}{2} + w_{2k+1}\right) + iu_1 a_{2k+1} + \frac{iu_3 c_{2k+1}}{2}\right) dx$$

$$= (-2k - 2 + \gamma) \begin{pmatrix} -ie_{2k+2} - \dfrac{b_{2k+2}}{2} \\ -ia_{2k+1} + d_{2k+1} \\ -\dfrac{c_{2k+2}}{2} - w_{2k+1} \\ -ia_{2k+1} \\ -\dfrac{b_{2k+2}}{2} \\ -\dfrac{c_{2k+1}}{2} \end{pmatrix} \equiv (-2k - 2 + \gamma) Q_k,$$

$$Q_k = \frac{\delta}{\delta u} H_{2k+1}, \tag{5-62}$$

其中

$$H_{2k+1} = \frac{1}{-2k - 2 + \gamma} \int^x \Big(ia_{2k+5} - d_{2k+5} - s(-ia_{2k+1} + d_{2k+1})$$
$$+ v\left(\frac{c_{2k+1}}{2} + w_{2k+1}\right) + iu_1 a_{2k+1} + \frac{iu_3 c_{2k+1}}{2}\Big)dx, \quad k = 0, 1, 2, \cdots.$$

因此, 方程族 (5-56) 可以写成拟 Hamilton 函数的形式

$$\begin{pmatrix} u \\ s \\ v \\ u_1 \\ u_2 \\ u_3 \end{pmatrix}_{t_k} = \begin{pmatrix} 0 & 0 & 0 & 0 & 0 & 2i \\ 0 & 0 & 0 & -\partial & 0 & 2iu \\ 0 & 0 & 0 & -2u & 2 & i\partial \\ 0 & -\partial & -2u & \partial & 0 & 0 \\ 0 & 0 & -1 & 0 & 0 & -i \\ -2i & 2iu & -i\partial & 2i(u_2 - u) & 2i & \partial \end{pmatrix} Q_k$$

$$\equiv JQ_k = J\frac{\delta H_{2k+1}}{\delta u}. \tag{5-63}$$

下面将选取李代数 sl(4) 的基以及李代数 G 来推导常数 γ 的计算公式, 从静态零曲率方程开始.

取 $U = \sum_{i=1}^{6} a_i e_i, V = \sum_{i=1}^{6} b_i e_i$, 从而静态零曲率方程为

$$V_x = [U, V]. \tag{5-64}$$

给出如下递推关系

$$\begin{cases} b_{1x} = -2a_2b_3 + 2a_3b_2 - 2a_5b_6 + 2a_6b_5, \\ b_{2x} = 2a_1b_3 - 2a_3b_1 + 2a_4b_6 - 2a_6b_4, \\ b_{3x} = -2a_1b_2 + 2a_2b_1 - 2a_4b_5 + 2a_5b_4, \\ b_{4x} = -2a_2b_6 + 2a_3b_5 - 2a_5b_3 + 2a_6b_2, \\ b_{5x} = 2a_1b_6 - 2a_3b_4 + 2a_4b_3 - 2a_6b_1, \\ b_{6x} = -2a_1b_5 + 2a_2b_4 - 2a_4b_2 + 2a_5b_1. \end{cases} \quad (5\text{-}65)$$

从式 (5-65) 可以推断

$$\begin{aligned} b_{2x}b_2 + b_{3x}b_3 + b_{5x}b_5 + b_{6x}b_6 =& b_1(-2a_3b_2 + 2a_2b_3 - 2a_6b_5 + 2a_5b_6) \\ & + b_4(-2a_6b_2 + 2a_5b_3 - 2a_3b_5 + 2a_2b_6) \\ =& -b_{1x}b_1 - b_4b_{4x}. \end{aligned} \quad (5\text{-}66)$$

对式 (5-66) 积分, 得到

$$\frac{\partial}{\partial x}(b_1^2 + b_2^2 + b_3^2 + b_4^2 + b_5^2 + b_6^2) = 0.$$

记

$$G_1(V) = b_1^2 + b_2^2 + b_3^2 + b_4^2 + b_5^2 + b_6^2,$$

于是有

$$(G_1(V))_x = 0, \quad G_1(V) = c = \text{const.} \quad (5\text{-}67)$$

在推导迹恒等式和变分恒等式的过程中, 注意到常数 γ 满足矩阵方程

$$[\Lambda, V] = \frac{\partial V}{\partial \lambda} + \frac{\gamma}{\lambda}V, \quad (5\text{-}68)$$

其中 Λ 是一个和 V 同阶的矩阵.

设 $\Lambda = \sum_{i=1}^{n} \eta_i e_i, V = \sum_{j=1}^{n} b_j e_j$, 于是, 等式 (5-68) 等价于

$$\begin{cases} -2\eta_2 b_3 + 2\eta_3 b_2 - 2\eta_5 b_6 + 2\eta_6 b_5 = b_{1\lambda} + \frac{\gamma}{\lambda}b_1, \\ 2\eta_1 b_3 - 2\eta_3 b_1 + 2\eta_4 b_6 - 2\eta_6 b_4 = b_{2\lambda} + \frac{\gamma}{\lambda}b_2, \\ -2\eta_1 b_2 + 2\eta_2 b_1 - 2\eta_4 b_5 + 2\eta_5 b_4 = b_{3\lambda} + \frac{\gamma}{\lambda}b_3, \\ -2\eta_2 b_6 + 2\eta_3 b_5 - 2\eta_5 b_3 + 2\eta_6 b_2 = b_{4\lambda} + \frac{\gamma}{\lambda}b_4, \\ 2\eta_1 b_6 - 2\eta_3 b_4 + 2\eta_4 b_3 - 2\eta_6 b_1 = b_{5\lambda} + \frac{\gamma}{\lambda}b_5, \\ -2\eta_1 b_5 + 2\eta_2 b_4 - 2\eta_4 b_2 + 2\eta_5 b_1 = b_{6\lambda} + \frac{\gamma}{\lambda}b_6. \end{cases} \quad (5\text{-}69)$$

5.3 Skew-Hermite 矩阵构成的李代数及其应用

从等式 (5-69) 容易看出

$$b_{1\lambda}b_1 + b_{2\lambda}b_2 + b_{3\lambda}b_3 + b_{4\lambda}b_4 + b_{5\lambda}b_5 + b_{6\lambda}b_6 + \frac{\gamma}{\lambda}\sum_{i=1}^{6}b_i^2 = 0, \quad (5\text{-}70)$$

$$\gamma = -\frac{\lambda}{2}(\ln|G_1(V)|)_\lambda,$$

这与李代数 sl(4)= span$\{e_1, e_2, e_3, e_4, e_5, e_6\}$ 是一致的.

接下来, 将推导相应于李代数

$$G = \text{span}\{f_1, f_2, f_3, f_4, f_5, f_6\}$$

的常数 γ 的计算公式.

选取

$$U = \sum_{i=1}^{6} a_i f_i, \quad V = \sum_{j=1}^{6} b_j f_j,$$

静态零曲率方程

$$V_x = [U, V] \quad (5\text{-}71)$$

给出

$$\begin{cases} b_{1x} = -2a_2 b_3 + 2a_3 b_2, \\ b_{2x} = 2a_1 b_3 - 2a_3 b_1, \\ b_{3x} = -2a_1 b_2 + 2a_2 b_1, \\ b_{4x} = -2\mathrm{i}a_2 b_6 + 2a_3 b_5 - 2a_5 b_3 + 2\mathrm{i}a_6 b_2, \\ b_{5x} = 2\mathrm{i}a_1 b_6 - 2a_3 b_4 + 2a_4 b_3 - 2\mathrm{i}a_6 b_1, \\ b_{6x} = 2\mathrm{i}a_1 b_5 - 2\mathrm{i}a_2 b_4 + 2\mathrm{i}a_4 b_2 - 2\mathrm{i}a_5 b_1. \end{cases} \quad (5\text{-}72)$$

从方程 (5-72) 的前三式, 有

$$b_{1x}b_1 + b_{2x}b_2 + b_{3x}b_3 = 0.$$

记

$$G_{21}(V) = b_1^2 + b_2^2 + b_3^2,$$

从而

$$(G_{21}(V))_x = 0, \quad G_{21}(V) = c = \text{const.} \quad (5\text{-}73)$$

从式 (5-72) 的后三式, 可以推出

$$b_{4x}b_1 + b_{5x}b_2 = -2\mathrm{i}a_2 b_1 b_6 + 2\mathrm{i}a_1 b_2 b_6 + 2a_3 b_1 b_5 - 2a_3 b_2 b_4 - 2a_5 b_1 b_3 + 2a_4 b_2 b_3, \quad (5\text{-}74)$$

$$b_4 b_{1x} + b_{2x} b_5 = -2a_2 b_3 b_4 + 2a_3 b_2 b_4 + 2a_1 b_3 b_5 - 2a_3 b_1 b_5. \quad (5\text{-}75)$$

式 (5-72) 与式 (5-75) 相加得到

$$b_{4x}b_1 + b_{5x}b_2 + b_{1x}b_4 + b_{2x}b_5 = -(2a_2b_1 - 2a_1b_2)ib_6$$
$$+ (-2a_5b_1 + 2a_4b_2 - 2a_4b_4 + 2a_1b_5)b_3$$
$$= -ib_{3x}b_6 - ib_{6x}b_3.$$

于是有

$$\frac{\partial}{\partial x}(b_1b_4 + b_2b_5 + ib_3b_6) = 0.$$

假定

$$G_{22}(V) = b_1b_4 + b_2b_5 + ib_3b_6,$$

于是得到

$$(G_{22}(V))_x = 0, \quad G_{22}(V) = c = \text{const.} \tag{5-76}$$

令

$$\Lambda = \eta_1 f_1 + \eta_2 f_2 + \eta_3 f_3 + \eta_4 f_4 + \eta_5 f_5 + \eta_6 f_6,$$

解如下方程

$$[\Lambda, V] = V_\lambda + \frac{\gamma}{\lambda} V, \tag{5-77}$$

得到

$$\begin{cases} -2\eta_2 b_3 + 2\eta_3 b_2 = b_{1\lambda} + \dfrac{\gamma}{\lambda} b_1, \\ 2\eta_1 b_3 - 2\eta_3 b_1 = b_{2\lambda} + \dfrac{\gamma}{\lambda} b_2, \\ -2\eta_1 b_2 + 2\eta_2 b_1 = b_{3\lambda} + \dfrac{\gamma}{\lambda} b_3, \end{cases} \tag{5-78a}$$

$$\begin{cases} -2i\eta_2 b_6 + 2\eta_3 b_5 - 2\eta_5 b_3 + 2i\eta_6 b_2 = b_{4\lambda} + \dfrac{\gamma}{\lambda} b_4, \\ 2i\eta_1 b_6 - 2\eta_3 b_4 + 2\eta_4 b_3 - 2i\eta_6 b_1 = b_{5\lambda} + \dfrac{\gamma}{\lambda} b_5, \\ 2i\eta_1 b_5 - 2i\eta_2 b_4 + 2i\eta_4 b_2 - 2i\eta_5 b_1 = b_{6\lambda} + \dfrac{\gamma}{\lambda} b_6. \end{cases} \tag{5-78b}$$

前三个方程 (5-78a) 给出

$$\frac{1}{2}\frac{\partial}{\partial \lambda}(b_1^2 + b_2^2 + b_3^2) + \frac{\gamma}{\lambda}(b_1^2 + b_2^2 + b_3^2) = 0,$$
$$\gamma = -\frac{\lambda}{2}(\ln|G_{21}(V)|)_\lambda. \tag{5-79}$$

后三个方程 (5-78b) 得到

$$\frac{\partial}{\partial \lambda}(b_1b_4 + b_2b_5 + ib_3b_6) + \frac{\gamma}{\lambda}(b_1b_4 + b_2b_5 + ib_3b_6) = 0,$$
$$\gamma = -\lambda \frac{\partial}{\partial \lambda} \ln|G_{22}(V)|. \tag{5-80}$$

根据式 (5-80) 和式 (5-48) 的初始值, 得出了具体的 γ. 公式 (5-79) 和公式 (5-80) 给出了一般的常数 γ 的计算公式.

5.4 一个双 loop 代数及其扩展 loop 代数

一个双 loop 代数指的是下列一类 loop 代数

$$\mathrm{sl}(2,C)^*[\lambda,\lambda^{-1}] = \{X(\lambda) \in \mathrm{sl}(2,C)[\lambda,\lambda^{-1}] \,|\, \sigma X(\lambda)\sigma = X(-\lambda)\}, \tag{5-81}$$

其中 $\sigma = \begin{pmatrix} 1 & 0 \\ 0 & -1 \end{pmatrix}$ 是 Pauli 矩阵.

根据代数 (5-81), 可以构造下面含有 4 个基元的双 loop 代数

$$h_1(n) = \begin{pmatrix} \lambda^{4n} & 0 \\ 0 & -\lambda^{4n} \end{pmatrix}, \quad h_2(n) = \begin{pmatrix} \lambda^{4n+2} & 0 \\ 0 & -\lambda^{4n+2} \end{pmatrix},$$

$$e_1(n) = \begin{pmatrix} 0 & \lambda^{4n+1} \\ 0 & 0 \end{pmatrix}, \quad e_2(n) = \begin{pmatrix} 0 & 0 \\ \lambda^{4n+3} & 0 \end{pmatrix}, \tag{5-82}$$

$$e_3(n) = \begin{pmatrix} 0 & \lambda^{4n+3} \\ 0 & 0 \end{pmatrix}, \quad e_4(n) = \begin{pmatrix} 0 & 0 \\ \lambda^{4n+1} & 0 \end{pmatrix},$$

其换位运算为

$$[h_1(m), e_1(n)] = 2e_1(m+n), \quad [h_1(m), e_2(n)] = -2e_2(m+n),$$
$$[h_1(m), e_3(n)] = 2e_3(m+n), \quad [h_1(m), e_4(n)] = -2e_4(m+n),$$
$$[h_2(m), e_1(n)] = 2e_3(m+n), \quad [h_2(m), e_2(n)] = -2e_4(m+n+1),$$
$$[h_2(m), e_3(n)] = 2e_1(m+n+1), \quad [h_2(m), e_4(n)] = -2e_2(m+n),$$
$$[e_1(m), e_2(n)] = h_1(m+n+1), \quad [e_1(m), e_3(n)] = [h_1(m), h_2(n)] = 0,$$
$$[e_1(m), e_4(n)] = h_2(m+n), \quad [e_2(m), e_3(n)] = -h_2(m+n+1),$$
$$[e_2(m), e_4(n)] = 0, \quad [e_3(m), e_4(n)] = h_1(m+n+1), \quad \deg h_1(n) = 4n,$$
$$\deg h_2(n) = 4n+2, \quad \deg e_1(n) = \deg e_4(n) = 4n+1,$$
$$\deg e_2(n) = \deg e_3(n) = 4n+2.$$

利用双 loop 代数 (5-82), 给出下面的等谱问题

$$\begin{cases} \varphi_x = U\varphi, \lambda_t = 0, \varphi = (\varphi_1, \varphi_2)^{\mathrm{T}}, \\ U = \begin{pmatrix} \lambda^2 + u_1 & u_2\lambda + \dfrac{u_5}{\lambda} \\ u_3\lambda + \dfrac{u_4}{\lambda} & -\lambda^2 - u_1 \end{pmatrix}, \end{cases} \tag{5-83}$$

这是 KN 谱问题的扩展.

令
$$V = \begin{pmatrix} a + b\lambda^2 & c\lambda + f\lambda^3 \\ d\lambda^3 + e\lambda & -a - b\lambda^2 \end{pmatrix},$$

其中
$$a = \sum_{m \geqslant 0} a_m \lambda^{-4m}, \quad b = \sum_{m \geqslant 0} b_m \lambda^{-4m}, \quad c = \sum_{m \geqslant 0} c_m \lambda^{-4m}, \quad d = \sum_{m \geqslant 0} d_m \lambda^{-4m}.$$

解辅助线性方程
$$V_x = [U, V], \tag{5-84}$$

有
$$\begin{aligned}
a_{mx} &= u_2 d_{m+1} - u_3 f_{m+1} - u_4 c_m + u_5 e_m \\
&= -\frac{1}{2} u_2 e_{mx} - \frac{u_3}{2} c_{mx} + u_2 u_4 b_m - u_1 u_2 e_m \\
&\quad + u_1 u_3 c_m - u_3 u_5 b_m - u_4 c_m + u_5 e_m,
\end{aligned}$$
$$b_{mx} = u_2 e_m - u_3 c_m - u_4 f_m + u_5 d_m, \quad c_{mx} = 2f_{m+1} + 2u_1 c_m - 2u_2 a_m - 2u_5 b_m,$$
$$d_{m+1x} = -2e_{m+1} - 2u_1 d_{m+1} + 2u_3 b_{m+1} + 2u_4 a_m,$$
$$f_{m+1x} = 2c_{m+1} + 2u_1 f_{m+1} - 2u_2 b_{m+1} - 2u_5 a_m,$$
$$e_{mx} = -2d_{m+1} + 2u_4 b_m - 2u_1 e_m + 2u_3 a_m,$$
$$b_0 = \alpha, \quad c_0 = \alpha u_2, \quad e_0 = \alpha u_3, \quad d_0 = f_0 = 0, \tag{5-85}$$
$$a_0 = -\frac{\alpha}{2} u_2 u_3, \quad b_1 = \frac{\alpha}{4}(u_2 u_{3x} - u_{2x} u_3) + \alpha\left(u_1 u_2 u_3 + \frac{3}{2} u_2^2 u_3^2\right) - \frac{\alpha}{2}(u_2 u_4 + u_3 u_5),$$
$$d_1 = \frac{\alpha}{2}(-u_{3x} - 2u_1 u_3 - u_2 u_3^2 + 2u_4), \quad f_1 = \frac{\alpha}{2}(u_{2x} - 2u_1 u_2 - u_2^2 u_3 + 2u_5),$$
$$\begin{aligned}
c_1 &= \alpha\Big(\frac{1}{4} u_{2xx} - u_1 u_{2x} - \frac{1}{2} u_{1x} u_2 - \frac{3}{4} u_2 u_{2x} u_3 + \frac{1}{2} u_{5x} - u_2 u_3 u_5 + \frac{3}{2} u_1 u_2^2 u_3 \\
&\quad + u_1^2 u_2 - u_1 u_5 - \frac{1}{2} u_2^2 u_4 + \frac{3}{2} u_2^3 u_3^2\Big),
\end{aligned}$$
$$\begin{aligned}
e_1 &= \alpha\Big(\frac{1}{4} u_{3xx} + u_1 u_{3x} + \frac{1}{2} u_{1x} u_3 + \frac{3}{4} u_2 u_3 u_{3x} - \frac{1}{2} u_{4x} + \frac{3}{2} u_1 u_2 u_3^2 - u_2 u_3 u_4 \\
&\quad + u_1^2 u_3 - u_1 u_4 - \frac{1}{2} u_3^2 u_5 + \frac{3}{2} u_2^2 u_3\Big),
\end{aligned}$$

记
$$V^{(n)} = V_+^{(n)} = \sum_{m=0}^{n} (a_m h_1(n-m) + b_m h_2(n-m) + c_m e_1(n-m)$$

5.4 一个双 loop 代数及其扩展 loop 代数

$$+ d_m e_2(n-m) + f_m e_3(n-m) + e_m e_4(n-m)),$$

那么零曲率方程

$$U_t - V_x^{(n)} + [U, V^{(n)}] = 0 \tag{5-86}$$

决定下列 Lax 可积方程族

$$
u_{t_n} = \begin{pmatrix} u_1 \\ u_2 \\ u_3 \\ u_4 \\ u_5 \end{pmatrix}_{t_n} = \begin{pmatrix} u_2 d_{n+1} - u_3 f_{n+1} \\ 2f_{n+1} \\ -2d_{n+1} \\ 2u_3 b_{n+1} - d_{n+1x} - 2e_{n+1} - 2u_1 d_{n+1} \\ 2u_1 f_{n+1} - f_{n+1x} - 2u_2 b_{n+1} + 2c_{n+1} \end{pmatrix}
$$

$$
= \begin{pmatrix} 0 & 0 & 0 & -u_3 & u_2 \\ 0 & 0 & 0 & 2 & 0 \\ 0 & 0 & 0 & 0 & -2 \\ u_3 & -2 & 0 & 0 & -2u_1 - \partial \\ -u_2 & 0 & 2 & 2u_1 - \partial & 0 \end{pmatrix} \begin{pmatrix} 2b_{n+1} \\ e_{n+1} \\ c_{n+1} \\ f_{n+1} \\ d_{n+1} \end{pmatrix}
$$

$$
= J_1 G_n = \begin{pmatrix} a_{nx} + u_4 c_n - u_5 e_n \\ 2f_{n+1} \\ -2d_{n+1} \\ -2u_4 a_n \\ 2u_5 a_n \end{pmatrix}
$$

$$
= \begin{pmatrix} \dfrac{\partial}{2} & 0 & 0 & u_4 & -u_5 \\ 0 & 0 & 2 & 0 & 0 \\ 0 & -2 & 0 & 0 & 0 \\ -u_4 & 0 & 0 & 0 & 0 \\ u_5 & 0 & 0 & 0 & 0 \end{pmatrix} \begin{pmatrix} 2a_n \\ d_{n+1} \\ f_{n+1} \\ c_n \\ e_n \end{pmatrix} = J_2 F_n, \tag{5-87}
$$

其中 J_1, J_2 都是 Hamilton 算子.

由式 (5-85) 知, 递推算子满足

$$G_n = L F_n, \quad J_1 L = L^* J_1 = J_2, \tag{5-88}$$

其中
$$L = \begin{pmatrix} l_{11} & l_{12} & l_{13} & 0 & 0 \\ l_{21} & l_{22} & l_{23} & 0 & 0 \\ l_{31} & l_{32} & l_{33} & 0 & 0 \\ 0 & 0 & 1 & 0 & 0 \\ 0 & 1 & 0 & 0 & 0 \end{pmatrix},$$

这里

$l_{11} = \partial^{-1}(u_2 u_4 - u_3 u_5), \quad l_{12} = \partial^{-1}(2u_5 - 2u_1 u_2 - u_2 \partial),$
$l_{13} = \partial^{-1}(2u_1 u_3 - 2u_4 - u_3 \partial),$
$l_{21} = \dfrac{1}{2}(u_4 + u_3 \partial^{-1}(u_2 u_4 - u_3 u_5)), \quad l_{22} = -\dfrac{\partial}{2} - u_1 + u_3 \partial^{-1}\left(u_5 - u_1 u_2 - \dfrac{u_2}{2}\partial\right),$
$l_{23} = u_3 \partial^{-1}\left(u_1 u_3 - u_4 - \dfrac{u_3}{2}\partial\right), \quad l_{31} = \dfrac{1}{2}(u_5 + u_2 \partial^{-1}(u_2 u_4 - u_3 u_5)),$
$l_{32} = u_2 \partial^{-1}\left(u_5 - u_1 u_2 - \dfrac{u_2}{2}\partial\right), \quad l_{33} = \dfrac{\partial}{2} - u_1 + u_2 \partial^{-1}\left(u_1 u_3 - u_4 - \dfrac{u_3}{2}\partial\right).$

直接计算, 有

$\left\langle V, \dfrac{\partial U}{\partial u_1} \right\rangle = 2a + 2b\lambda^2, \quad \left\langle V, \dfrac{\partial U}{\partial u_2} \right\rangle = d\lambda^4 + e\lambda^2, \quad \left\langle V, \dfrac{\partial U}{\partial u_3} \right\rangle = f\lambda^4 + c\lambda^2,$

$\left\langle V, \dfrac{\partial U}{\partial u_4} \right\rangle = c + f\lambda^2, \quad \left\langle V, \dfrac{\partial U}{\partial u_5} \right\rangle = e + d\lambda^2,$

$\left\langle V, \dfrac{\partial U}{\partial \lambda} \right\rangle = (4a + u_3 c - u_4 f + u_2 e - u_5 d)\lambda + (4b + u_3 f + u_2 d)\lambda^3 - \dfrac{1}{\lambda}(u_4 c + u_5 e).$

将其代入迹恒等式, 有

$$\dfrac{\delta}{\delta u}\left(\left\langle V, \dfrac{\partial U}{\partial \lambda} \right\rangle\right) = \lambda^{-\gamma} \dfrac{\partial}{\partial \lambda} \lambda^{\gamma} \begin{pmatrix} \left\langle V, \dfrac{\partial U}{\partial u_1} \right\rangle \\ \left\langle V, \dfrac{\partial U}{\partial u_2} \right\rangle \\ \left\langle V, \dfrac{\partial U}{\partial u_3} \right\rangle \\ \left\langle V, \dfrac{\partial U}{\partial u_4} \right\rangle \\ \left\langle V, \dfrac{\partial U}{\partial u_5} \right\rangle \end{pmatrix}, \qquad (5\text{-}89)$$

比较 λ^{-4n-3} 系数, 有

$$\dfrac{\delta}{\delta u}(4a_{n+1} + u_3 c_{n+1} - u_4 f_{n+1} + u_2 e_{n+1} - u_5 d_{n+1}) = (-4n - 2 + \gamma)G_n, \qquad (5\text{-}90)$$

5.4 一个双 loop 代数及其扩展 loop 代数

比较 λ^{-4n-1} 系数, 有

$$\frac{\delta}{\delta u}(4b_{n+1} + u_3 f_{n+1} + u_2 d_{n+1} - u_4 c_n - u_5 e_n) = (-4n + \gamma)F_n, \tag{5-91}$$

代入式 (5-85) 中的初值得到 $\gamma = -2$. 因此, 我们获得下面两个 Hamilton 函数

$$\begin{cases} \dfrac{\delta H(1, u, n)}{\delta u} = G_n, \\ H(1, u, n) = -\dfrac{4a_{n+1} + u_3 c_{n+1} - u_4 f_{n+1} + u_2 e_{n+1} - u_5 d_{n+1}}{4n + 4}, \end{cases}$$

$$\begin{cases} \dfrac{\delta H(2, u, n)}{\delta u} = F_n, \\ H(2, u, n) = -\dfrac{4b_{n+1} + u_3 f_{n+1} + u_2 d_{n+1} - u_4 c_n - u_5 e_n}{4n + 2}. \end{cases}$$

从而, 下面可以给出系统 (5-87) 的双 Hamilton 结构,

$$u_{t_n} = \begin{pmatrix} u_1 \\ u_2 \\ u_3 \\ u_4 \\ u_5 \end{pmatrix}_{t_n} = J_1 \frac{\delta H(1, u, n)}{\delta u} = J_2 \frac{\delta H(2, u, n)}{\delta u} = J_1 L^n \begin{pmatrix} 2\alpha \\ \alpha u_3 \\ \alpha u_2 \\ 0 \\ 0 \end{pmatrix}. \tag{5-92}$$

从式 (5-88) 可以断定, 系统 (5-92) 是 Liouvillee 可积. 系统 (5-92) 可以约化为下列两种情形.

情形 1 当取 $u_1 = u_4 = u_5 = 0$, 系统 (5-92) 约化为

$$u_t = \begin{pmatrix} u_2 \\ u_3 \end{pmatrix}_t = \begin{pmatrix} 0 & 2 \\ -2 & 0 \end{pmatrix} \begin{pmatrix} d_{n+1} \\ f_{n+1} \end{pmatrix}, \quad \begin{pmatrix} d_{n+1} \\ f_{n+1} \end{pmatrix} = \tilde{L}_1 \begin{pmatrix} d_n \\ f_n \end{pmatrix},$$

$$\tilde{L}_1 = \frac{1}{4} \begin{pmatrix} \partial^2 + u_{3x}\partial^{-1} u_2 \partial + u_2 u_3 \partial & u_{3x}\partial^{-1} u_3 \partial + u_3^2 \partial \\ -u_{2x}\partial^{-1} u_2 \partial - u_2^2 \partial & \partial^2 - u_{2x}\partial^{-1} u_3 \partial - u_2 u_3 \partial \end{pmatrix}.$$

令 $u_2 = q, u_3 = r$, 有

$$u_t = \begin{pmatrix} q \\ r \end{pmatrix}_t = \begin{pmatrix} 0 & 2 \\ -2 & 0 \end{pmatrix} \tilde{L}_1 \begin{pmatrix} d_n \\ f_n \end{pmatrix}. \tag{5-93}$$

情形 2 当取 $u_1 = u_2 = u_3 = 0$, 系统 (5-92) 约化为

$$u_t = \begin{pmatrix} u_4 \\ u_5 \end{pmatrix}_t = \begin{pmatrix} 0 & 2 \\ -2 & 0 \end{pmatrix} \begin{pmatrix} \dfrac{\partial^2}{4} - u_5 \partial^{-1} u_4 & u_5 \partial^{-1} u_5 \\ -u_4 \partial^{-1} u_4 & \dfrac{\partial^2}{4} - u_4 \partial^{-1} u_5 \end{pmatrix} \begin{pmatrix} c_n \\ e_n \end{pmatrix}. \tag{5-94}$$

这是与著名 AKNS 方程族类似的方程, 但不是 AKNS 方程族[34].

下面将 loop 代数 (5-82) 扩展为高维 loop 代数. 在 loop 代数 (5-82) 的基础上, 扩展得到下面的一个高维 loop 代数.

$$h(0,n) = \begin{pmatrix} \lambda^{4n} & 0 \\ 0 & -\lambda^{4n} \end{pmatrix}, \quad h(1,n) = \begin{pmatrix} \lambda^{4n+1} & 0 \\ 0 & -\lambda^{4n+1} \end{pmatrix},$$

$$h(2,n) = \begin{pmatrix} \lambda^{4n+2} & 0 \\ 0 & -\lambda^{4n+2} \end{pmatrix}, \quad h(3,n) = \begin{pmatrix} \lambda^{4n+3} & 0 \\ 0 & -\lambda^{4n+3} \end{pmatrix},$$

$$e(0,n) = \begin{pmatrix} 0 & \lambda^{4n} \\ 0 & 0 \end{pmatrix}, \quad e(1,n) = \begin{pmatrix} 0 & \lambda^{4n+1} \\ 0 & 0 \end{pmatrix},$$

$$e(2,n) = \begin{pmatrix} 0 & \lambda^{4n+2} \\ 0 & 0 \end{pmatrix}, \quad e(3,n) = \begin{pmatrix} 0 & \lambda^{4n+3} \\ 0 & 0 \end{pmatrix},$$

$$f(1,n) = \begin{pmatrix} 0 & 0 \\ \lambda^{4n+1} & 0 \end{pmatrix}, \quad f(2,n) = \begin{pmatrix} 0 & 0 \\ \lambda^{4n+2} & 0 \end{pmatrix},$$

$$f(3,n) = \begin{pmatrix} 0 & 0 \\ \lambda^{4n+3} & 0 \end{pmatrix}, \quad f(0,n) = \begin{pmatrix} 0 & 0 \\ \lambda^{4n} & 0 \end{pmatrix}.$$

$$[h(i,m), e(j,n)] = \begin{cases} 2e(i+j, m+n), & i+j < 4, \\ 2e(i+j-4, m+n+1), & i+j \geqslant 4, \end{cases}$$

$$[h(i,m), f(j,n)] = \begin{cases} -2f(i+j, m+n), & i+j < 4, \\ -2f(i+j-4, m+n+1), & i+j \geqslant 4, \end{cases}$$

$$[e(i,m), f(j,n)] = \begin{cases} h(i+j, m+n), & i+j < 4, \\ h(i+j-4, m+n+1), & i+j \geqslant 4, \end{cases}$$

$$\deg h(i,n) = \deg e(i,n) = \deg f(i,n) = 4n+i, \quad 0 \leqslant i,j \leqslant 3. \tag{5-95}$$

利用 loop 代数 (5-95), 设计等谱问题

$$\varphi_x = U\varphi, \quad \lambda_t = 0, \quad \varphi = (\varphi_1, \varphi_2)^{\mathrm{T}},$$

$$U = \begin{pmatrix} \lambda + \dfrac{u_3}{\lambda^3} + \dfrac{u_6}{\lambda^2} + \dfrac{u_9}{\lambda} & u_1 + \dfrac{u_4}{\lambda^3} + \dfrac{u_7}{\lambda^2} + \dfrac{u_{10}}{\lambda} \\ u_2 + \dfrac{u_5}{\lambda^3} + \dfrac{u_8}{\lambda^2} + \dfrac{u_{11}}{\lambda} & -\lambda - \dfrac{u_3}{\lambda^3} - \dfrac{u_6}{\lambda^2} - \dfrac{u_9}{\lambda} \end{pmatrix}$$

$$= h(1,0) + u_1 e(0,0) + u_2 f(0,0) + u_3 h(1,-1) + u_4 e(1,-1)$$
$$+ u_5 f(1,-1) + u_6 h(2,-1) + u_7 e(2,-1) + u_8 f(2,-1) + u_9 h(3,-1)$$
$$+ u_{10} e(3,-1) + u_{11} f(3,-1). \tag{5-96}$$

5.4 一个双 loop 代数及其扩展 loop 代数

假设

$$V = \begin{pmatrix} a(0) + a(1)\lambda + a(2)\lambda^2 + a(3)\lambda^3 & b(0) + b(1)\lambda + b(2)\lambda^2 + b(3)\lambda^3 \\ c(0) + c(1)\lambda + c(2)\lambda^2 + c(3)\lambda^3 & -a(0) - a(1)\lambda - a(2)\lambda^2 - a(3)\lambda^3 \end{pmatrix}$$

$$= \sum_{m=0}^{\infty} \left(\sum_{i=0}^{3} (a(i,m)h(i,-m) + b(i,m)e(i,-m) + c(i,m)f(i,-m)) \right),$$

其中

$$a(0) = \sum_{m \geqslant 0} a(0,m)\lambda^{-4m}, \quad a(1) = \sum_{m \geqslant 0} a(1,m)\lambda^{-4m}, \cdots.$$

解静态零曲率方程有

$$a_x(0,m) = u_1 c(0,m) - u_2 b(0,m) + u_7 c(2,m) - u_8 b(2,m) + u_{10} c(1,m)$$
$$- u_{11} b(1,m) + u_4 c(3,m) - u_5 b(3,m),$$

$$b_x(0,m) = -2u_1 a(0,m) + 2u_6 b(2,m) - 2u_7 a(2,m) + 2u_9 b(1,m)$$
$$- 2u_{10} a(1,m) + 2b(3,m+1) - 2u_3 b(3,m) - 2u_4 a(3,m),$$

$$c_x(0,m) = 2u_2 a(0,m) - 2u_6 c(2,m) + 2u_8 a(2,m) - 2u_9 c(1,m)$$
$$+ 2u_{11} a(1,m) - 2c(3,m+1) + 2u_5 a(3,m) - 2u_3 c(3,m),$$

$$a_x(1,m+1) = u_1 c(1,m+1) - u_2 b(1,m+1) + u_4 c(0,m) - u_5 b(0,m)$$
$$+ u_{10} c(2,m+1) - u_{11} b(2,m+1)$$
$$+ u_7 c(3,m+1) - u_8 b(3,m+1),$$

$$b_x(1,m+1) = 2b(0,m+1) - 2u_1 a(1,m+1) + 2u_3 b(0,m) - 2u_4 a(0,m)$$
$$+ 2u_9 b(2,m+1) - 2u_{10} a(2,m+1)$$
$$+ 2u_6 b(3,m+1) - 2u_7 a(3,m+1),$$

$$c_x(1,m+1) = -2c(0,m+1) + 2u_2 a(1,m+1) - 2u_3 c(0,m) + 2u_5 a(0,m)$$
$$- 2u_9 c(2,m+1) + 2u_{11} a(2,m+1)$$
$$- 2u_6 c(3,m+1) + 2u_8 a(3,m+1),$$

$$a_x(2,m+1) = u_1 c(2,m+1) - u_2 b(2,m+1) + u_4 c(1,m) - u_5 b(1,m)$$
$$+ u_7 c(0,m) - u_8 b(0,m)$$
$$+ u_{10} c(3,m+1) - u_{11} b(3,m+1),$$

$$b_x(2,m+1) = 2b(1,m+1) - 2u_1 a(2,m+1) + 2u_3 b(1,m) - 2u_4 a(1,m)$$
$$+ 2u_6 b(0,m) - 2u_7 a(0,m)$$
$$+ 2u_9 b(3,m+1) - 2u_{10} a(3,m+1),$$

$$c_x(2, m+1) = -2c(1, m+1) + 2u_2 a(2, m+1) - 2u_3 c(1, m)$$
$$+ 2u_5 a(1, m) - 2u_6 c(0, m) + 2u_8 a(0, m)$$
$$- 2u_9 c(3, m+1) + 2u_{11} a(3, m+1),$$
$$a_x(3, m+1) = u_4 c(2, m) - u_5 b(2, m) + u_7 c(1, m) - u_8 b(1, m)$$
$$+ u_{10} c(0, m) - u_{11} b(0, m) + u_1 c(3, m+1) - u_2 b(3, m+1),$$
$$b_x(3, m+1) = 2b(2, m+1) + 2u_3 b(2, m) - 2u_4 a(2, m) + 2u_6 b(1, m)$$
$$- 2u_7 a(1, m) + 2u_9 b(0, m) - 2u_{10} a(0, m) - 2u_1 a(3, m+1),$$
$$c_x(3, m+1) = -2c(2, m+1) - 2u_3 c(2, m) + 2u_5 a(2, m) - 2u_6 c(1, m)$$
$$+ 2u_8 a(1, m) - 2u_9 c(0, m) + 2u_{11} a(0, m) + 2u_2 a(3, m+1),$$
$$b(0,0) = b(2,0) = a(2,0) = b(1,0) = a(1,0) = b(3,0) = c(0,0) = c(2,0) = 0,$$
$$c(1,0) = c(3,0) = a(3,0) = 0, \quad a(0,0) = \alpha, \quad b(3,1) = \alpha u_1, \quad c(3,1) = \alpha u_2,$$
$$a(3,1) = 0, \quad b(2,1) = \frac{\alpha}{2} u_{1x} + \alpha u_{10}, \quad c(2,1) = -\frac{\alpha}{2} u_{2x} + \alpha u_{11}, \quad a(2,1) = -\frac{\alpha}{2} u_1 u_2,$$
$$b(1,1) = \frac{\alpha}{2}\left(\frac{1}{2} u_{1xx} + u_{10x} - u_1^2 u_2\right) + \alpha(u_7 - u_1 u_9),$$
$$c(1,1) = \frac{\alpha}{2}\left(\frac{1}{2} u_{2xx} - u_{11x} - u_1 u_2^2\right) + \alpha(u_8 - u_2 u_9),$$
$$a(1,1) = \frac{\alpha}{4}(u_1 u_{2x} - u_{1x} u_2 - 2u_1 u_{11} - 2u_2 u_{10}),$$
$$b(0,1) = \frac{\alpha}{8}(u_{1xxx} + 2u_{10xx} - 6u_1 u_2 u_{1x}) + \frac{\alpha}{2}(u_{7x} - u_1 u_{9x} - u_1^2 u_{11})$$
$$+ \alpha(-u_9 u_{1x} - u_1 u_2 u_{10} + u_4 - u_1 u_6 - u_9 u_{10}),$$
$$c(0,1) = \frac{\alpha}{8}(-u_{2xxx} + 2u_{11xx} + 6u_1 u_2 u_{2x}) + \frac{\alpha}{2}(-u_{8x} + u_2 u_{9x} - u_2^2 u_{10})$$
$$+ \alpha(u_{2x} u_9 - u_1 u_2 u_{11} + u_5 - u_2 u_6 - u_9 u_{11}). \tag{5-97}$$

记

$$\begin{cases} V_+^{(n)} = \sum_{m=0}^{n}\left(\sum_{i=0}^{3}(a(i,m)h(i,n-m) + b(i,m)e(i,n-m) + c(i,m)f(i,n-m))\right), \\ V_-^{(n)} = \lambda^{4n} V - V_+^{(n)}, \end{cases}$$

则有

$$-V_{+x}^{(n)} + [U, V_+^{(n)}] = [a_x(1, n+1) - u_1 c(1, n+1) + u_2 b(1, n+1) - u_{10} c(2, n+1)$$
$$+ u_{11} b(2, n+1) - u_7 c(3, n+1) + u_8 b(3, n+1)]h(1, -1)$$
$$+ [b_x(1, n+1) - 2b(0, n+1) + 2u_1 a(1, n+1) - 2u_9 b(2, n+1)$$

5.4 一个双 loop 代数及其扩展 loop 代数

$$\begin{aligned}
&+ 2u_{10}a(2,n+1) - 2u_6b(3,n+1) + 2u_7a(3,n+1)]e(1,-1) \\
&+ [c_x(1,n+1) + 2c(0,n+1) - 2u_2a(1,n+1) + 2u_9c(2,n+1) \\
&- 2u_{11}a(2,n+1) + 2u_6c(3,n+1) - 2u_8a(3,n+1)]f(1,-1) \\
&+ [a_x(2,n+1) - u_1c(2,n+1) + u_2b(2,n+1) - u_{10}c(3,n+1) \\
&+ u_{11}b(3,n+1)]h(2,-1) + [b_x(2,n+1) - 2b(1,n+1) \\
&+ 2u_1a(2,n+1) - 2u_9b(3,n+1) + 2u_{10}a(3,n+1)]e(2,-1) \\
&+ [c_x(2,n+1) + 2c(1,n+1) - 2u_2a(2,n+1) + 2u_9c(3,n+1) \\
&- 2u_{11}a(3,n+1)]f(2,-1) + [a_x(3,n+1) - u_1c(3,n+1) \\
&+ u_2b(3,n+1)]h(3,-1) + [b_x(3,n+1) - 2b(2,n+1) \\
&+ 2u_1a(3,n+1)]e(3,-1) + [c_x(3,n+1) + 2c(2,n+1) \\
&- 2u_2a(3,n+1)]f(3,-1) - 2b(3,n+1)e(0,0) + 2c(3,n+1)f(0,0).
\end{aligned}$$

取 $V^{(n)} = V_+^{(n)}$, 则通过

$$U_t - V_x^{(n)} + [U, V^{(n)}] = 0, \tag{5-98}$$

得到 Lax 可积系统

$$u_t = (u_1, u_2, u_3, u_4, u_5, u_6, u_7, u_8, u_9, u_{10}, u_{11})^{\mathrm{T}}$$

$$= \begin{pmatrix} 2b(3,n+1) \\ -2c(3,n+1) \\ [-a_x(1,n+1) + u_1c(1,n+1) - u_2b(1,n+1) + u_{10}c(2,n+1) \\ \quad -u_{11}b(2,n+1) + u_7c(3,n+1) - u_8b(3,n+1)] \\ [-b_x(1,n+1) + 2b(0,n+1) - 2u_1a(1,n+1) + 2u_9b(2,n+1) \\ \quad -2u_{10}a(2,n+1) + 2u_6b(3,n+1) - 2u_7a(3,n+1)] \\ [-c_x(1,n+1) - 2c(0,n+1) + 2u_2a(1,n+1) - 2u_9c(2,n+1) \\ \quad +2u_{11}a(2,n+1) - 2u_6c(3,n+1) + 2u_8a(3,n+1)] \\ [-a_x(2,n+1) + u_1c(2,n+1) - u_2b(2,n+1) + u_{10}c(3,n+1) \\ \quad -u_{11}b(3,n+1)] \\ [-b_x(2,n+1) + 2b(1,n+1) - 2u_1a(2,n+1) + 2u_9b(3,n+1) \\ \quad -2u_{10}a(3,n+1)] \\ [-c_x(2,n+1) - 2c(1,n+1) + 2u_2a(2,n+1) - 2u_9c(3,n+1) \\ \quad +2u_{11}a(3,n+1)] \\ -a_x(3,n+1) + u_1c(3,n+1) - u_2b(3,n+1) \\ -b_x(3,n+1) + 2b(2,n+1) - 2u_1a(3,n+1) \\ -c_x(3,n+1) - 2c(2,n+1) + 2u_2a(3,n+1) \end{pmatrix}$$

$$= \begin{pmatrix}
0 & 0 & 0 & 0 & 2 & 0 & 0 & 0 & 0 & 0 & 0 \\
0 & 0 & 0 & -2 & 0 & 0 & 0 & 0 & 0 & 0 & 0 \\
0 & 0 & 0 & u_7 & -u_8 & 0 & u_{10} & -u_{11} & -\partial/2 & u_1 & -u_2 \\
0 & 2 & -u_7 & 0 & u_6 & -u_{10} & 0 & u_9 & -u_1 & 0 & -\partial \\
-2 & 0 & u_8 & -u_6 & 0 & u_{11} & -2u_9 & 0 & u_2 & -\partial & 0 \\
0 & 0 & 0 & u_{10} & -u_{11} & -\partial/2 & u_1 & -u_2 & 0 & 0 & 0 \\
0 & 0 & -u_{10} & 0 & 2u_9 & -u_1 & 0 & -\partial & 0 & 0 & 2 \\
0 & 0 & u_{11} & -u_9 & 0 & u_2 & -\partial & 0 & 0 & -2 & 0 \\
0 & 0 & -\partial/2 & u_1 & -u_2 & 0 & 0 & 0 & 0 & 0 & 0 \\
0 & 0 & -u_1 & 0 & -\partial & 0 & 0 & 2 & 0 & 0 & 0 \\
0 & 0 & u_2 & -\partial & 0 & 0 & -2 & 0 & 0 & 0 & 0
\end{pmatrix}$$

$$\times \begin{pmatrix}
c(0, n+1) \\
b(0, n+1) \\
2a(3, n+1) \\
c(3, n+1) \\
b(3, n+1) \\
2a(2, n+1) \\
c(2, n+1) \\
b(2, n+1) \\
2a(1, n+1) \\
c(1, n+1) \\
b(1, n+1)
\end{pmatrix}$$

$$= J_1 G_{n1}$$

$$= \begin{pmatrix}
2b(3, n+1) \\
-2c(3, n+1) \\
-u_4 c(0, n) + u_5 b(0, n) \\
-2u_3 b(0, n) + 2u_4 a(0, n) \\
2u_3 c(0, n) - 2u_5 a(0, n) \\
-a_x(2, n+1) + u_1 c(2, n+1) - u_2 b(2, n+1) + u_{10} c(3, n+1) - u_{11} b(3, n+1) \\
-b_x(2, n+1) + 2b(1, n+1) - 2u_1 a(2, n+1) + 2u_9 b(3, n+1) - 2u_{10} a(3, n+1) \\
-c_x(2, n+1) - 2c(1, n+1) + 2u_2 a(2, n+1) - 2u_9 c(3, n+1) + 2u_{11} a(3, n+1) \\
-a_x(3, n+1) + u_1 c(3, n+1) - u_2 b(3, n+1) \\
-b_x(3, n+1) + 2b(2, n+1) - 2u_1 a(3, n+1) \\
-c_x(3, n+1) - 2c(2, n+1) + 2u_2 a(3, n+1)
\end{pmatrix}$$

5.4 一个双 loop 代数及其扩展 loop 代数

$$=\begin{pmatrix} 0 & 0 & 0 & 0 & 0 & 0 & 0 & 2 & 0 & 0 & 0 \\ 0 & 0 & 0 & 0 & 0 & 0 & -2 & 0 & 0 & 0 & 0 \\ 0 & 0 & 0 & -u_4 & u_5 & 0 & 0 & 0 & 0 & 0 & 0 \\ 0 & 0 & u_4 & 0 & -2u_3 & 0 & 0 & 0 & 0 & 0 & 0 \\ 0 & 0 & -u_5 & 2u_3 & 0 & 0 & 0 & 0 & 0 & 0 & 0 \\ 0 & 0 & 0 & 0 & 0 & 0 & u_{10} & -u_{11} & -\partial/2 & u_1 & -u_2 \\ 0 & 2 & 0 & 0 & 0 & -u_{10} & 0 & 2u_9 & -u_1 & 0 & -\partial \\ -2 & 0 & 0 & 0 & 0 & u_{11} & -2u_9 & 0 & u_2 & -2\partial & 0 \\ 0 & 0 & 0 & 0 & 0 & -\partial/2 & u_1 & -u_2 & 0 & 0 & 0 \\ 0 & 0 & 0 & 0 & 0 & -u_1 & 0 & -\partial & 0 & 0 & 2 \\ 0 & 0 & 0 & 0 & 0 & u_2 & -\partial & 0 & 0 & -2 & 0 \end{pmatrix}$$

$$\times \begin{pmatrix} c(1,n+1) \\ b(1,n+1) \\ 2a(0,n) \\ c(0,n) \\ b(0,n) \\ 2a(3,n+1) \\ c(3,n+1) \\ b(3,n+1) \\ 2a(2,n+1) \\ c(2,n+1) \\ b(2,n+1) \end{pmatrix}$$

$$= J_2 G_{n2}$$

$$= \begin{pmatrix} 2b(3,n+1) \\ -2c(3,n+1) \\ -u_4 c(0,n) + u_5 b(0,n) \\ -2u_3 b(0,n) + 2u_4 a(0,n) \\ 2u_3 c(0,n) - 2u_5 a(0,n) \\ -u_4 c(1,n) + u_5 b(1,n) - u_7 c(0,n) + u_8 b(0,n) \\ -2u_3 b(1,n) + 2u_4 a(1,n) - 2u_6 b(0,n) + 2u_7 a(0,n) \\ 2u_3 c(1,n) - 2u_5 a(1,n) + 2u_6 c(0,n) - 2u_8 a(0,n) \\ -a_x(3,n+1) + u_1 c(3,n+1) - u_2 b(3,n+1) \\ -b_x(3,n+1) + 2b(2,n+1) - 2u_1 a(3,n+1) \\ -c_x(3,n+1) - 2c(2,n+1) + 2u_2 a(3,n+1) \end{pmatrix}$$

$$= \begin{pmatrix}
0 & 0 & 0 & 0 & 0 & 0 & 0 & 0 & 0 & 0 & 2 \\
0 & 0 & 0 & 0 & 0 & 0 & 0 & 0 & 0 & -2 & 0 \\
0 & 0 & 0 & 0 & 0 & 0 & -u_4 & u_5 & 0 & 0 & 0 \\
0 & 0 & 0 & 0 & 0 & u_4 & 0 & -2u_3 & 0 & 0 & 0 \\
0 & 0 & 0 & 0 & 0 & -u_5 & 2u_3 & 0 & 0 & 0 & 0 \\
0 & 0 & 0 & -u_4 & u_5 & 0 & -u_7 & u_8 & 0 & 0 & 0 \\
0 & 0 & u_4 & 0 & -2u_3 & u_7 & 0 & -2u_6 & 0 & 0 & 0 \\
0 & 0 & -u_5 & 2u_3 & 0 & -u_8 & 2u_6 & 0 & 0 & 0 & 0 \\
0 & 0 & 0 & 0 & 0 & 0 & 0 & 0 & \dfrac{-\partial}{2} & u_1 & -u_2 \\
0 & 2 & 0 & 0 & 0 & 0 & 0 & 0 & -u_1 & 0 & -\partial \\
-2 & 0 & 0 & 0 & 0 & 0 & 0 & 0 & u_2 & -\partial & 0
\end{pmatrix}$$

$$\times \begin{pmatrix} c(2,n+1) \\ b(2,n+1) \\ 2a(1,n) \\ c(1,n) \\ b(1,n) \\ 2a(0,n) \\ c(0,n) \\ b(0,n) \\ 2a(3,n+1) \\ c(3,n+1) \\ b(3,n+1) \end{pmatrix}$$

$$= J_3 G_{n3}$$

$$= \begin{pmatrix}
2b(3,n+1) \\
-2c(3,n+1) \\
-u_4 c(0,n) + u_5 b(0,n) \\
-2u_3 b(0,n) + 2u_4 a(0,n) \\
2u_3 c(0,n) - 2u_5 a(0,n) \\
-u_4 c(1,n) + u_5 b(1,n) - u_7 c(0,n) + u_8 b(0,n) \\
-2u_3 b(1,n) + 2u_4 a(1,n) - 2u_6 b(0,n) + 2u_7 a(0,n) \\
2u_3 c(1,n) - 2u_5 a(1,n) + 2u_6 c(0,n) - 2u_8 a(0,n) \\
-u_4 c(2,n) + u_5 b(2,n) - u_7 c(1,n) + u_8 b(1,n) - u_{10} c(0,n) + u_{11} b(0,n) \\
-2u_3 b(2,n) + 2u_4 a(2,n) - 2u_6 b(1,n) + 2u_7 a(1,n) - 2u_9 b(0,n) + 2u_{10} a(0,n) \\
2u_3 c(2,n) - 2u_5 a(2,n) + 2u_6 c(1,n) - 2u_8 a(1,n) + 2u_9 c(0,n) - 2u_{11} a(0,n)
\end{pmatrix}$$

5.4 一个双 loop 代数及其扩展 loop 代数

$$= \begin{pmatrix} 0 & 2 & 0 & 0 & 0 & 0 & 0 & 0 & 0 & 0 & 0 \\ -2 & 0 & 0 & 0 & 0 & 0 & 0 & 0 & 0 & 0 & 0 \\ 0 & 0 & 0 & 0 & 0 & 0 & 0 & 0 & 0 & -u_4 & u_5 \\ 0 & 0 & 0 & 0 & 0 & 0 & 0 & -2u_3 & u_4 & 0 & -2u_3 \\ 0 & 0 & 0 & 0 & 0 & 0 & 0 & 0 & -u_5 & 2u_3 & 0 \\ 0 & 0 & 0 & 0 & 0 & 0 & -u_4 & u_5 & 0 & -u_7 & u_8 \\ 0 & 0 & 0 & 0 & 0 & u_4 & 0 & -2u_3 & u_7 & 0 & -2u_6 \\ 0 & 0 & 0 & 2u_3 & 0 & -u_5 & 2u_3 & 0 & -u_8 & 2u_6 & 0 \\ 0 & 0 & 0 & -u_4 & u_5 & 0 & -u_7 & u_8 & 0 & -u_{10} & u_{11} \\ 0 & 0 & u_4 & 0 & -2u_3 & u_7 & 0 & -u_6 & u_{10} & 0 & -2u_9 \\ 0 & 0 & -u_5 & 2u_3 & 0 & -u_8 & 2u_6 & 0 & -u_{11} & 2u_9 & 0 \end{pmatrix}$$

$$\times \begin{pmatrix} c(3, n+1) \\ b(3, n+1) \\ 2a(2, n) \\ c(2, n) \\ b(2, n) \\ 2a(1, n) \\ c(1, n) \\ b(1, n) \\ 2a(0, n) \\ c(0, n) \\ b(0, n) \end{pmatrix}$$

$$= J_4 G_{n4}, \tag{5-99}$$

直接计算有

$$\left\langle V, \frac{\partial U}{\partial u_1} \right\rangle = c(0) + c(1)\lambda + c(2)\lambda^2 + c(3)\lambda^3,$$

$$\left\langle V, \frac{\partial U}{\partial u_2} \right\rangle = b(0) + b(1)\lambda + b(2)\lambda^2 + b(3)\lambda^3,$$

$$\left\langle V, \frac{\partial U}{\partial u_3} \right\rangle = 2\left(\frac{a(0)}{\lambda^3} + \frac{a(1)}{\lambda^2} + \frac{a(2)}{\lambda} + a(3)\right),$$

$$\left\langle V, \frac{\partial U}{\partial u_4} \right\rangle = \frac{c(0)}{\lambda^3} + \frac{c(1)}{\lambda^2} + \frac{c(2)}{\lambda} + c(3),$$

$$\left\langle V, \frac{\partial U}{\partial u_5} \right\rangle = \frac{b(0)}{\lambda^3} + \frac{b(1)}{\lambda^2} + \frac{b(2)}{\lambda} + b(3),$$

$$\left\langle V, \frac{\partial U}{\partial u_6} \right\rangle = 2\left(\frac{a(0)}{\lambda^2} + \frac{a(1)}{\lambda} + a(2) + a(3)\lambda\right),$$

$$\left\langle V, \frac{\partial U}{\partial u_7} \right\rangle = \frac{c(0)}{\lambda^2} + \frac{c(1)}{\lambda} + c(2) + c(3)\lambda,$$

$$\left\langle V, \frac{\partial U}{\partial u_8} \right\rangle = \frac{b(0)}{\lambda^2} + \frac{b(1)}{\lambda} + b(2) + b(3)\lambda,$$

$$\left\langle V, \frac{\partial U}{\partial u_9} \right\rangle = 2\left(\frac{a(0)}{\lambda} + a(1) + a(2)\lambda + a(3)\lambda^2\right),$$

$$\left\langle V, \frac{\partial U}{\partial u_{10}} \right\rangle = \frac{c(0)}{\lambda} + c(1) + c(2)\lambda + c(3)\lambda^2,$$

$$\left\langle V, \frac{\partial U}{\partial u_{11}} \right\rangle = \frac{b(0)}{\lambda} + b(1) + b(2)\lambda + b(3)\lambda^2,$$

也有

$$\begin{aligned}\left\langle V, \frac{\partial U}{\partial \lambda} \right\rangle =& [-6u_3 a(0) - 3u_5 b(0) - 3u_4 c(0)]/\lambda^4 + [-6u_3 a(1) - 3u_4 c(1) - 4u_6 a(0) \\ & - 3u_5 b(1) - 2u_7 c(0) - 2u_8 b(0)]/\lambda^3 + [-6u_3 a(2) - 4u_6 a(1) - 2u_9 a(0) \\ & - 3u_5 b(2) - 2u_8 b(1) - 3u_4 c(2) - 2u_7 c(1) - u_{10} c(0)]/\lambda^2 + [-6u_3 a(3) \\ & - 4u_6 a(2) - 2u_9 a(1) - 3u_5 b(3) - 2u_8 b(2) - u_{11} b(1) - 3u_4 c(3) - 2u_7 c(2) \\ & - u_{10} c(1)]/\lambda + [2a(0) - 4u_6 a(3) - 2u_9 a(2) - 2u_8 b(3) - u_{11} b(2) - 2u_7 c(3) \\ & - u_{10} c(2)] + [2a(1) - 2u_9 a(3) - u_{11} b(3) - u_{10} c(3)]\lambda + 2a(2)\lambda^2 + 2a(3)\lambda^3,\end{aligned}$$

代入迹恒等式,有

$$\frac{\delta}{\delta u}\left(\left\langle V, \frac{\partial U}{\partial \lambda}\right\rangle\right) = \lambda^{-\gamma}\frac{\partial}{\partial \lambda}\lambda^{\gamma}\left(\left\langle V, \frac{\partial U}{\partial u_1}\right\rangle, \cdots, \left\langle V, \frac{\partial U}{\partial u_{11}}\right\rangle\right)^{\mathrm{T}}. \tag{5-100}$$

比较式 (5-100) 中 λ^{-4n-5} 的系数,得

$$\begin{aligned}&\frac{\delta}{\delta u}[-6u_3 a(3, n+1) - 4u_6 a(2, n+1) - 2u_9 a(1, n+1) - 3u_5 b(3, n+1) - 2u_8 b(2, n+1) \\ &\quad - u_{11} b(1, n+1) - 3u_4 c(3, n+1) - 2u_7 c(2, n+1) - u_{10} c(1, n+1) + 2a(3, n+1)] \\ &= (-4n - 4 + \gamma)G_{n1};\end{aligned} \tag{5-101}$$

比较式 (5-100) 中 λ^{-4n-4} 系数,有

$$\frac{\delta}{\delta u}[-6a(0,n) - 3u_5 b(0,n) - 3u_4 c(0,n) + 2a(0,n) - 4u_6 a(3,n)$$

5.4 一个双 loop 代数及其扩展 loop 代数

$$\begin{aligned}&-2u_9a(2,n)-2u_8b(3,n)-u_{11}b(2,n)-2u_7c(3,n)-u_{11}c(2,n)]\\&=(-4n-3+\gamma)G_{n2};\end{aligned} \quad (5\text{-}102)$$

比较式 (5-100) 中 λ^{-4-3} 系数，有

$$\begin{aligned}&\frac{\delta}{\delta u}[-6u_3a(1,n)-3u_4c(1,n)-4u_6a(0,n)-3u_5b(1,n)-2u_7c(0,n)\\&-2u_8b(0,n)+2a(1,n+1)-2u_9a(3,n+1)-u_{11}b(3,n+1)-u_{10}c(3,n+1)]\\&=(-4n-2+\gamma)G_{n3};\end{aligned} \quad (5\text{-}103)$$

比较式 (5-100) 中 λ^{-4n-2} 系数，得

$$\begin{aligned}&\frac{\delta}{\delta u}[-6u_3a(2,n)-4u_6a(1,n)-2u_9a(0,n)-3u_5b(2,n)-2u_8b(1,n)\\&-3u_4c(2,n)-2u_7c(1,n)-u_{10}c(0,n)+2a(2,n+1)]\\&=(-4n-1+\gamma)G_{n4},\end{aligned} \quad (5\text{-}104)$$

将式 (5-97) 中初值代入式 (5-101)～式 (5-104) 得出 $\gamma = 0$. 因此, 系统 (5-99) 的 Hamilton 函数满足

$$\begin{cases}\dfrac{\delta H(1,u,n)}{\delta u}=G_{n1},\\H(1,u,n)=[6u_3a(3,n+1)+4u_6a(2,n+1)+2u_9a(1,n+1)+3u_5b(3,n+1)\\\qquad\quad+2u_8b(2,n+1)+u_{11}b(1,n+1)+3u_4c(3,n+1)+2u_7c(2,n+1)\\\qquad\quad+u_{10}c(1,n+1)-2a(3,n+1)]/(4n+4),\end{cases}$$

$$\begin{cases}\dfrac{\delta H(2,u,n)}{\delta u}=G_{n2},\\H(2,u,n)=[6a(0,n)+3u_5b(0,n)+3u_4c(0,n)-2a(0,n)+4u_6a(3,n)\\\qquad\quad+2u_9a(2,n)+2u_8b(3,n)+u_{11}b(2,n)\\\qquad\quad+2u_7c(3,n)+u_{10}c(2,n)]/(4n+3),\end{cases}$$

$$\begin{cases}\dfrac{\delta H(3,u,n)}{\delta u}=G_{n3},\\H(3,u,n)=[6u_3a(1,n)+3u_4c(1,n)+4u_6a(0,n)+3u_5b(1,n)+2u_7c(0,n)\\\qquad\quad+2u_8b(0,n)-2a(1,n+1)+2u_9a(3,n+1)\\\qquad\quad+u_{11}b(3,n+1)+u_{10}c(3,n+1)]/(4n+2),\end{cases}$$

$$\begin{cases}\dfrac{\delta H(4,u,n)}{\delta u}=G_{n4},\\H(4,u,n)=[6u_3a(2,n)+4u_6a(1,n)+2u_9a(0,n)+3u_5b(2,n)+2u_8b(1,n)\\\qquad\quad+3u_4c(2,n)+2u_7c(1,n)+u_{10}c(0,n)-2a(2,n+1)]/(4n+1).\end{cases}$$

因此有
$$u_t = J_1\frac{\delta H(1,u,n)}{\delta u} = J_2\frac{\delta H(2,u,n)}{\delta u} = J_3\frac{\delta H(3,u,n)}{\delta u} = J_4\frac{\delta H(4,u,n)}{\delta u}. \qquad (5\text{-}105)$$

容易证明 $c_1J_1 + c_2J_2 + c_3J_3 + c_4J_4$ 是对称算子. 因此, 系统 (5-99) 拥有 4-Hamilton 结构.

利用式 (5-87), 可以得到下面的递推算子
$$L = \begin{pmatrix} A & B \\ C & D \end{pmatrix},$$

其中

$$A = \begin{pmatrix} -\dfrac{\partial}{2} + u_2\partial^{-1}u_1 & -u_2\partial^{-1}u_2 & \dfrac{u_5}{2} & u_2\partial^{-1}u_4 - u_3 & -u_2\partial^{-1}u_5 \\ u_1\partial^{-1}u_1 & \dfrac{\partial}{2} - u_1\partial^{-1}u_2 & \dfrac{u_4}{2} & u_1\partial^{-1}u_4 & -u_1\partial^{-1}u_5 - u_3 \\ 0 & 0 & 0 & 0 & 0 \\ 0 & 0 & 0 & 0 & 0 \\ 0 & 0 & 0 & 0 & 0 \end{pmatrix},$$

$$B = \begin{pmatrix} \dfrac{u_8}{2} & u_2\partial^{-1}u_7 - u_6 & -u_2\partial^{-1}u_8 & \dfrac{u_{11}}{2} & u_2\partial^{-1}u_{10} - u_9 & -u_2\partial^{-1}u_{11} \\ \dfrac{u_7}{2} & u_1\partial^{-1}u_7 & -u_1\partial^{-1}u_8 - u_6 & \dfrac{u_{10}}{2} & u_1\partial^{-1}u_{10} & -u_1\partial^{-1}u_{11} - u_9 \\ 1 & 0 & 0 & 0 & 0 & 0 \\ 0 & 1 & 0 & 0 & 0 & 0 \\ 0 & 0 & 1 & 0 & 0 & 0 \end{pmatrix},$$

$$C = \begin{pmatrix} 0 & 0 & 0 & 0 & 0 \\ 0 & 0 & 0 & 0 & 0 \\ 0 & 0 & 0 & 0 & 0 \\ 2\partial^{-1}u_1 & -2\partial^{-1}u_2 & 0 & 2\partial^{-1}u_4 & -2\partial^{-1}u_5 \\ 1 & 0 & 0 & 0 & 0 \\ 0 & 1 & 0 & 0 & 0 \end{pmatrix},$$

$$D = \begin{pmatrix} 0 & 0 & 0 & 1 & 0 & 0 \\ 0 & 0 & 0 & 0 & 1 & 0 \\ 0 & 0 & 0 & 0 & 0 & 1 \\ 0 & 2\partial^{-1}u_7 & -2\partial^{-1}u_8 & 0 & 2\partial^{-1}u_{10} & -2\partial^{-1}u_{11} \\ 0 & 0 & 0 & 0 & 0 & 0 \\ 0 & 0 & 0 & 0 & 0 & 0 \end{pmatrix},$$

5.4 一个双 loop 代数及其扩展 loop 代数

其中满足

$$J_1L = L^*J_1 = J_2 \Rightarrow J_2L = L^*J_1L = L^*J_2,$$
$$J_2L = L^*J_2 = J_3 \Rightarrow J_3L = L^*J_2L = L^*J_3, \quad (5\text{-}106)$$
$$J_3L = L^*J_3 = J_4 \Rightarrow J_4L = L^*J_3L = L^*J_4.$$

方程 (5-106) 表明系统 (5-99) 或系统 (5-105) 是 Liouville 可积.

特别地，取 $u_1 = q, u_2 = r, u_3 = \cdots = u_{11} = 0$，得到著名的标准 AKNS 方程族

$$\begin{pmatrix} q \\ r \end{pmatrix}_t = \begin{pmatrix} 0 & 2 \\ -2 & 0 \end{pmatrix} \begin{pmatrix} -\dfrac{\partial}{2} + r\partial^{-1}q & -r\partial^{-1}r \\ q\partial^{-1}q & \partial/2 - q\partial^{-1}r \end{pmatrix} \begin{pmatrix} c(3, n+1) \\ b(3, n+1) \end{pmatrix}, \quad (5\text{-}107)$$

故可以把系统 (5-99) 看作 AKNS 系统 (5-107) 的扩展 Liouville 可积族.

下面建立系统 (5-99) 的可积耦合.

利用 loop 代数 (5-85), 构造如下高维 loop 代数 $\tilde{G}$

$$e_1(0,n) = \begin{pmatrix} \lambda^{4n} & 0 & 0 \\ 0 & -\lambda^{4n} & 0 \\ 0 & 0 & 0 \end{pmatrix}, \quad e_1(1,n) = \begin{pmatrix} \lambda^{4n+1} & 0 & 0 \\ 0 & -\lambda^{4n+1} & 0 \\ 0 & 0 & 0 \end{pmatrix},$$

$$e_1(2,n) = \begin{pmatrix} \lambda^{4n+2} & 0 & 0 \\ 0 & -\lambda^{4n+2} & 0 \\ 0 & 0 & 0 \end{pmatrix}, \quad e_1(3,n) = \begin{pmatrix} \lambda^{4n+3} & 0 & 0 \\ 0 & -\lambda^{4n+3} & 0 \\ 0 & 0 & 0 \end{pmatrix},$$

$$e_2(0,n) = \begin{pmatrix} 0 & \lambda^{4n} & 0 \\ 0 & 0 & 0 \\ 0 & 0 & 0 \end{pmatrix}, \quad e_2(1,n) = \begin{pmatrix} 0 & \lambda^{4n+1} & 0 \\ 0 & 0 & 0 \\ 0 & 0 & 0 \end{pmatrix},$$

$$e_2(2,n) = \begin{pmatrix} 0 & \lambda^{4n+2} & 0 \\ 0 & 0 & 0 \\ 0 & 0 & 0 \end{pmatrix}, \quad e_2(3,n) = \begin{pmatrix} 0 & \lambda^{4n+3} & 0 \\ 0 & 0 & 0 \\ 0 & 0 & 0 \end{pmatrix},$$

$$e_3(0,n) = \begin{pmatrix} 0 & 0 & 0 \\ \lambda^{4n} & 0 & 0 \\ 0 & 0 & 0 \end{pmatrix}, \quad e_3(1,n) = \begin{pmatrix} 0 & 0 & 0 \\ \lambda^{4n+1} & 0 & 0 \\ 0 & 0 & 0 \end{pmatrix},$$

$$e_3(2,n) = \begin{pmatrix} 0 & 0 & 0 \\ \lambda^{4n+2} & 0 & 0 \\ 0 & 0 & 0 \end{pmatrix}, \quad e_3(3,n) = \begin{pmatrix} 0 & 0 & 0 \\ \lambda^{4n+3} & 0 & 0 \\ 0 & 0 & 0 \end{pmatrix},$$

$$e_4(0,n) = \begin{pmatrix} 0 & 0 & \lambda^{4n} \\ 0 & 0 & 0 \\ 0 & 0 & 0 \end{pmatrix}, \quad e_4(1,n) = \begin{pmatrix} 0 & 0 & \lambda^{4n+1} \\ 0 & 0 & 0 \\ 0 & 0 & 0 \end{pmatrix},$$

$$e_4(2,n) = \begin{pmatrix} 0 & 0 & \lambda^{4n+2} \\ 0 & 0 & 0 \\ 0 & 0 & 0 \end{pmatrix}, \quad e_4(3,n) = \begin{pmatrix} 0 & 0 & \lambda^{4n+3} \\ 0 & 0 & 0 \\ 0 & 0 & 0 \end{pmatrix},$$

$$e_5(0,n) = \begin{pmatrix} 0 & 0 & 0 \\ 0 & 0 & \lambda^{4n} \\ 0 & 0 & 0 \end{pmatrix}, \quad e_5(1,n) = \begin{pmatrix} 0 & 0 & 0 \\ 0 & 0 & \lambda^{4n+1} \\ 0 & 0 & 0 \end{pmatrix},$$

$$e_5(2,n) = \begin{pmatrix} 0 & 0 & 0 \\ 0 & 0 & \lambda^{4n+2} \\ 0 & 0 & 0 \end{pmatrix}, \quad e_5(3,n) = \begin{pmatrix} 0 & 0 & 0 \\ 0 & 0 & \lambda^{4n+3} \\ 0 & 0 & 0 \end{pmatrix},$$

$$[e_1(i,m), e_2(j,n)] = \begin{cases} 2e_2(i+j, m+n), & i+j < 4, \\ 2e_2(i+j-4, m+n+1), & i+j \geqslant 4, \end{cases}$$

$$[e_1(i,m), e_3(j,n)] = \begin{cases} -2e_3(i+j, m+n), & i+j < 4, \\ -2e_3(i+j-4, m+n+1), & i+j \geqslant 4, \end{cases}$$

$$[e_2(i,m), e_3(j,n)] = \begin{cases} e_1(i+j, m+n), & i+j < 4, \\ e_1(i+j-4, m+n+1), & i+j \geqslant 4, \end{cases}$$

$$[e_1(i,m), e_4(j,n)] = \begin{cases} e_4(i+j, m+n), & i+j < 4, \\ e_4(i+j-4, m+n+1), & i+j \geqslant 4, \end{cases}$$

$$[e_1(i,m), e_5(j,n)] = \begin{cases} -e_5(i+j, m+n), & i+j < 4, \\ -e_5(i+j-4, m+n+1), & i+j \geqslant 4, \end{cases}$$

$$[e_2(i,m), e_5(j,n)] = \begin{cases} e_4(i+j, m+n), & i+j < 4, \\ e_4(i+j-4, m+n+1), & i+j \geqslant 4, \end{cases}$$

$$[e_3(i,m), e_4(j,n)] = \begin{cases} e_5(i+j, m+n), & i+j < 4, \\ e_5(i+j-4, m+n+1), & i+j \geqslant 4, \end{cases}$$

$$[e_3(i,m), e_5(j,n)] = [e_4(i,m), e_5(j,n)] = [e_2(i,m), e_4(j,n)] = 0,$$

$$\deg e_k(i,n) = 4n+i, \quad k=1,2,3,4,5, \quad 0 \leqslant i,j \leqslant 3. \tag{5-108}$$

令

$$\tilde{G}_1 = \text{span}\{e_1(0,n), e_1(1,n), e_1(2,n), e_1(3,n), e_2(0,n), e_2(1,n), e_2(2,n), e_2(3,n),$$
$$e_3(0,n), e_3(1,n), e_3(2,n), e_3(3,n)\},$$
$$\tilde{G}_2 = \text{span}\{e_4(0,n), e_4(1,n), e_4(2,n), e_4(3,n), e_5(0,n), e_5(1,n), e_5(2,n), e_5(3,n)\},$$

其中 span 表示生成的子空间. 于是, 有

5.4 一个双 loop 代数及其扩展 loop 代数

$$\tilde{G}_1 \dotplus \tilde{G}_2 = \tilde{G}, \quad [\tilde{G}_1, \tilde{G}_2] \subset \tilde{G}_2, \tag{5-109}$$

根据式 (5-108), 设计等谱问题

$$\varphi_x = U\varphi,$$
$$U = e_1(1,0) + u_1 e_2(0,0) + u_2 e_3(0,0) + u_3 e_1(1,-1) + u_4 e_2(1,-1)$$
$$+ u_5 e_3(1,-1) + u_6 e_1(2,-1) + u_7 e_2(2,-1) + u_8 e_3(2,-1)$$
$$+ u_9 e_1(3,-1) + u_{10} e_2(3,-1) + u_{11} e_3(3,-1) + u_{12} e_4(0,0)$$
$$+ u_{13} e_4(1,-1) + u_{14} e_4(2,-1) + u_{15} e_4(3,-1) + u_{16} e_5(0,0)$$
$$+ u_{17} e_5(1,-1) + u_{18} e_5(2,-1) + u_{19} e_5(3,-1), \tag{5-110}$$

记

$$V = \sum_{m=0}^{\infty} \bigg(\sum_{i=0}^{3} a(i,m) e_1(i,-m) + b(i,m) e_2(i,-m) + c(i,m) e_3(i,-m)$$
$$+ d(i,m) e_4(i,-m) + f(i,m) e_5(i,-m) \bigg).$$

解

$$V_x = [U, V], \tag{5-111}$$

得到关系式

$$a_x(0,m) = u_1 c(0,m) - u_2 b(0,m) + u_7 c(2,m) - u_8 b(2,m)$$
$$+ u_{10} c(1,m) - u_{11} b(1,m) + u_4 c(3,m) - u_5 b(3,m),$$
$$b_x(0,m) = -2u_1 a(0,m) + 2u_6 b(2,m) - 2u_7 a(2,m) + 2u_9 b(1,m)$$
$$- 2u_{10} a(1,m) + 2b(3,m+1) - 2u_3 b(3,m) - 2u_4 a(3,m),$$
$$c_x(0,m) = 2u_2 a(0,m) - 2u_6 c(2,m) + 2u_8 a(2,m) - 2u_9 c(1,m) + 2u_{11} a(1,m)$$
$$- 2c(3,m+1) + 2u_5 a(3,m) - 2u_3 c(3,m),$$
$$a_x(1,m+1) = u_1 c(1,m+1) - u_2 b(1,m+1) + u_4 c(0,m) - u_5 b(0,m)$$
$$+ u_{10} c(2,m+1) - u_{11} b(2,m+1) + u_7 c(3,m+1) - u_8 b(3,m+1),$$
$$b_x(1,m+1) = 2b(0,m+1) - 2u_1 a(1,m+1) + 2u_3 b(0,m)$$
$$- 2u_4 a(0,m) + 2u_9 b(2,m+1) - 2u_{10} a(2,m+1)$$
$$+ 2u_6 b(3,m+1) - 2u_7 a(3,m+1),$$
$$c_x(1,m+1) = -2c(0,m+1) + 2u_2 a(1,m+1) - 2u_3 c(0,m)$$
$$+ 2u_5 a(0,m) - 2u_9 c(2,m+1) + 2u_{11} a(2,m+1)$$
$$- 2u_6 c(3,m+1) + 2u_8 a(3,m+1),$$

$$a_x(2,m+1) = u_1 c(2,m+1) - u_2 b(2,m+1) + u_4 c(1,m)$$
$$- u_5 b(1,m) + u_7 c(0,m) - u_8 b(0,m)$$
$$+ u_{10} c(3,m+1) - u_{11} b(3,m+1),$$
$$b_x(2,m+1) = 2b(1,m+1) - 2u_1 a(2,m+1) + 2u_3 b(1,m) - 2u_4 a(1,m)$$
$$+ 2u_6 b(0,m) - 2u_7 a(0,m) + 2u_9 b(3,m+1) - 2u_{10} a(3,m+1),$$
$$c_x(2,m+1) = -2c(1,m+1) + 2u_2 a(2,m+1) - 2u_3 c(1,m) + 2u_5 a(1,m)$$
$$- 2u_6 c(0,m) + 2u_8 a(0,m) - 2u_9 c(3,m+1) + 2u_{11} a(3,m+1),$$
$$a_x(3,m+1) = u_4 c(2,m) - u_5 b(2,m) + u_7 c(1,m) - u_8 b(1,m)$$
$$+ u_{10} c(0,m) - u_{11} b(0,m) + u_1 c(3,m+1) - u_2 b(3,m+1),$$
$$b_x(3,m+1) = 2b(2,m+1) + 2u_3 b(2,m) - 2u_4 a(2,m) + 2u_6 b(1,m) - 2u_7 a(1,m)$$
$$+ 2u_9 b(0,m) - 2u_{10} a(0,m) - 2u_1 a(3,m+1),$$
$$c_x(3,m+1) = -2c(2,m+1) - 2u_3 c(2,m) + 2u_5 a(2,m) - 2u_6 c(1,m)$$
$$+ 2u_8 a(1,m) - 2u_9 c(0,m) + 2u_{11} a(0,m) + 2u_2 a(3,m+1),$$
$$d_x(0,m) = d(3,m+1) + u_1 f(0,m) + u_3 d(3,m) + u_4 f(3,m)$$
$$+ u_6 d(2,m) + u_7 f(2,m) + u_9 d(1,m) + u_{10} f(1,m)$$
$$- u_{12} a(0,m) - u_{13} a(3,m) - u_{14} a(2,m) - u_{15} a(1,m)$$
$$- u_{16} b(0,m) - u_{17} b(3,m) - u_{18} b(2,m) - u_{19} b(1,m),$$
$$d_x(1,m+1) = d(0,m+1) + u_1 f(1,m+1) + u_3 d(0,m) + u_4 f(0,m)$$
$$+ u_6 d(3,m+1) + u_7 f(3,m+1) + u_9 d(2,m+1) + u_{10} f(2,m+1)$$
$$- u_{12} a(1,m+1) - u_{13} a(0,m) - u_{14} a(3,m+1) - u_{15} a(2,m+1)$$
$$- u_{16} b(1,m+1) - u_{17} b(0,m) - u_{18} b(3,m+1) - u_{19} b(2,m+1),$$
$$d_x(2,m+1) = d(1,m+1) + u_1 f(2,m+1) + u_3 d(1,m) + u_4 f(1,m)$$
$$+ u_6 d(0,m) + u_7 f(0,m) + u_9 d(3,m+1) + u_{10} f(3,m+1)$$
$$- u_{13} a(1,m) - u_{12} a(2,m+1) - u_{14} a(0,m) - u_{15} a(3,m+1)$$
$$- u_{17} b(1,m) - u_{18} b(0,m) - u_{19} b(3,m+1) - u_{16} b(2,m+1),$$
$$d_x(3,m+1) = d(2,m+1) + u_1 f(3,m+1) + u_3 d(2,m) + u_4 f(2,m)$$
$$+ u_6 d(1,m) + u_7 f(1,m) + u_9 d(0,m) - u_{12} a(3,m+1)$$
$$- u_{13} a(0,m) - u_{14} a(1,m) - u_{15} a(0,m) - u_{16} b(3,m+1)$$
$$- u_{17} b(2,m) - u_{18} b(1,m) - u_{19} b(0,m) + u_{10} f(0,m),$$

5.4 一个双 loop 代数及其扩展 loop 代数

$$f_x(0,m) = -f(3,m+1) + u_2 d(0,m) - u_3 f(3,m) + u_5 d(3,m)$$
$$- u_6 f(2,m) + u_8 d(2,m) - u_9 f(1,m) - u_{12} c(0,m)$$
$$- u_{13} c(3,m) - u_{14} c(2,m) - u_{15} c(1,m) + u_{16} a(0,m)$$
$$+ u_{17} a(3,m) + u_{18} a(2,m) + u_{19} a(1,m) + u_{11} d(1,m),$$

$$f_x(1,m+1) = -f(0,m+1) + u_2 d(1,m+1) - u_3 f(0,m) + u_5 d(0,m)$$
$$- u_6 f(3,m+1) + u_8 d(3,m+1) - u_9 f(2,m+1) + u_{11} d(2,m+1)$$
$$- u_{12} c(1,m+1) - u_{13} c(0,m) - u_{14} c(3,m+1) - u_{15} c(2,m+1)$$
$$+ u_{17} a(0,m) + u_{18} a(3,m+1) + u_{16} a(1,m+1) + u_{19} a(2,m+1),$$

$$f_x(2,m+1) = -f(1,m+1) + u_2 d(2,m+1) - u_3 f(1,m) + u_5 d(1,m)$$
$$- u_6 f(0,m) + u_8 d(0,m) - u_9 f(3,m+1) - u_{13} c(1,m)$$
$$+ u_{11} d(3,m+1) - u_{12} c(2,m+1) - u_{14} c(0,m) - u_{15} c(3,m+1)$$
$$+ u_{18} a(0,m) + u_{17} a(1,m) + u_{16} a(2,m+1) + u_{19} a(3,m+1),$$

$$f_x(3,m+1) = -f(2,m+1) + u_2 d(3,m+1) - u_3 f(2,m) + u_5 d(2,m)$$
$$- u_{16} f(1,m) + u_8 d(1,m) - u_9 f(0,m) - u_{12} c(3,m+1)$$
$$- u_{12} c(2,m) - u_{14} c(1,m) - u_{15} c(0,m) + u_{16} a(3,m+1)$$
$$+ u_{17} a(2,m) + u_{19} a(0,m) + u_{11} d(0,m), \qquad (5\text{-}112)$$

记

$$V_+^{(n)} = \sum_{m \geqslant 0} \bigg(\sum_{i=0}^{3} (a(i,m) e_1(i,n-m) + b(i,m) e_2(i,n-m) + c(i,m) e_3(i,n-m)$$
$$+ d(i,m) e_4(i,n-m) + f(i,m) e_5(i,n-m)) \bigg),$$
$$V_-^{(n)} = \lambda^{4n} V - V_+^{(n)},$$

从式 (5-111) 可得

$$-V_{+x}^{(n)} + [U, V_+^{(n)}] = V_{-x}^{(n)} - [U, V_-^{(n)}], \qquad (5\text{-}113)$$

容易知道式 (5-113) 左端项的阶数 $\geqslant -3$, 右端项的阶数 $\leqslant 0$. 因此, 式 (5-113) 的阶数为 $-3, -2, -1, 0$. 于是

$$-V_{+x}^{(n)} + [U, V_+^{(n)}] = [a_x(1,n+1) - u_1 c(1,n+1) + u_2 b(1,n+1) - u_{10} c(2,n+1)$$
$$+ u_{11} b(2,n+1) - u_7 c(3,n+1) + u_8 b(3,n+1)] e_1(1,-1)$$
$$+ [b_x(1,n+1) - 2b(0,n+1) + 2u_1 a(1,n+1) - 2u_9 b(2,n+1)$$

$$+ 2u_{10}a(2, n+1) - 2u_6 b(3, n+1) + 2u_7 a(3, n+1)]e_2(1, -1)$$
$$+ [c_x(1, n+1) + 2c(0, n+1) - 2u_2 a(1, n+1) + 2u_9 c(2, n+1)$$
$$- 2u_{11}a(2, n+1) + 2u_6 c(3, n+1) - 2u_8 a(3, n+1)]e_3(1, -1)$$
$$+ [a_x(2, n+1) - u_1 c(2, n+1) + u_2 b(2, n+1) - u_{10} c(3, n+1)$$
$$+ u_{11} b(3, n+1)]e_1(2, -1) + [b_x(2, n+1) - 2b(1, n+1)$$
$$+ 2u_1 a(2, n+1) - 2u_9 b(3, n+1) + 2u_{10} a(3, n+1)]e_2(2, -1)$$
$$+ [c_x(2, n+1) + 2c(1, n+1) - 2u_2 a(2, n+1) + 2u_9 c(3, n+1)$$
$$- 2u_{11} a(3, n+1)]e_3(2, -1) + [a_x(3, n+1) - u_1 c(3, n+1)$$
$$+ u_2 b(3, n+1)e_1(3, -1) + [b_x(3, n+1) - 2b(2, n+1)$$
$$+ 2u_1 a(3, n+1)]e_2(3, -1) + [c_x(3, n+1) + 2c(2, n+1)$$
$$- 2u_2 a(3, n+1)]e_3(3, -1) - 2b(3, n+1)e_2(0, 0)$$
$$+ 2c(3, n+1)e_3(0, 0) + [d_x(1, n+1) - d(0, n+1) - u_1 f(1, n+1)$$
$$- u_6 d(3, n+1) - u_7 f(3, n+1) - u_9 d(2, n+1) - u_{10} f(2, n+1)$$
$$+ u_{12} a(1, n+1) + u_{14} a(3, n+1) + u_{15} a(2, n+1) + u_{16} b(1, n+1)$$
$$+ u_{18} b(3, n+1) + u_{19} b(2, n+1)]e_4(1, -1) + [d_x(2, n+1)$$
$$- d(1, n+1) - u_1 f(2, n+1) - u_9 d(3, n+1) + u_{10} f(3, n+1)$$
$$+ u_{12} a(2, n+1) + u_{15} a(3, n+1) + u_{16} b(2, n+1)$$
$$+ u_{19} b(3, n+1)]e_4(2, -1) + [d_x(3, n+1) - d(2, n+1)$$
$$- u_1 f(3, n+1) + u_{12} a(3, n+1) + u_{16} b(3, n+1)]e_4(3, -1)$$
$$+ [f_x(1, n+1) + f(0, n+1) - u_2 d(1, n+1) + u_6 f(3, n+1)$$
$$- u_8 d(3, n+1) + u_9 f(2, n+1) - u_{11} d(2, n+1) + u_{12} c(1, n+1)$$
$$+ u_{14} c(3, n+1) + u_{15} c(2, n+1) - u_{16} a(1, n+1) - u_{18} a(3, n+1)$$
$$- u_{19} a(2, n+1)]e_5(1, -1) + [f_x(2, n+1) + f(1, n+1)$$
$$- u_2 d(2, n+1) + u_9 f(3, n+1) - u_{11} d(3, n+1) + u_{12} c(2, n+1)$$
$$+ u_{15} c(3, n+1) - u_{16} a(2, n+1) - u_{19} a(3, n+1)]e_5(2, -1)$$
$$+ [f_x(3, n+1) + f(2, n+1) - u_2 d(3, n+1) + u_{12} c(3, n+1)$$
$$- u_{16} a(3, n+1)]e_5(3, -1) + f(3, n+1)e_5(0, 0) - d(3, n+1)e_4(0, 0).$$

取 $V^{(n)} = V_+^{(n)}$, 利用

$$U_t - V_x^{(n)} + [U, V^{(n)}] = 0, \tag{5-114}$$

5.4 一个双 loop 代数及其扩展 loop 代数

推出 Lax 可积系统

$$u_t = (u_1, u_2, u_3, u_4, u_5, u_6, u_7, u_8, u_9, u_{10}, u_{11}, u_{12}, u_{13}, u_{14}, u_{15}, u_{16}, u_{17}, u_{18}, u_{19})^{\mathrm{T}}$$

$$= \begin{pmatrix} 2b(3,n+1) \\ -2c(3,n+1) \\ -a_x(1,n+1) + u_1 c(1,n+1) - u_2 b(1,n+1) + u_{10} c(2,n+1) \\ -u_{11} b(2,n+1) + u_7 c(3,n+1) - u_8 b(3,n+1) \\ -b_x(1,n+1) + 2b(0,n+1) - 2u_1 a(1,n+1) + 2u_9 b(2,n+1) \\ -2u_{10} a(2,n+1) + 2u_6 b(3,n+1) - 2u_7 a(3,n+1) \\ -c_x(1,n+1) - 2c(0,n+1) + 2u_2 a(1,n+1) - 2u_9 c(2,n+1) \\ +2u_{11} a(2,n+1) - 2u_6 c(3,n+1) + 2u_8 a(3,n+1) \\ -a_x(2,n+1) + u_1 c(2,n+1) - u_2 b(2,n+1) \\ +u_{10} c(3,n+1) - u_{11} b(3,n+1) \\ -b_x(2,n+1) + 2b(1,n+1) - 2u_1 a(2,n+1) \\ +2u_9 b(3,n+1) - 2u_{10} a(3,n+1) \\ -c_x(2,n+1) - 2c(1,n+1) + 2u_2 a(2,n+1) \\ -2u_9 c(3,n+1) + 2u_{11} a(3,n+1) \\ -a_x(3,n+1) + u_1 c(3,n+1) - u_2 b(3,n+1) \\ -b_x(3,n+1) + 2b(2,n+1) - 2u_1 a(3,n+1) \\ -c_x(3,n+1) - 2c(2,n+1) + 2u_2 a(3,n+1) \\ M \end{pmatrix}$$

$$= \begin{pmatrix} J_1 & O \\ P_1 & P_2 \end{pmatrix} \begin{pmatrix} G_{n1} \\ \tilde{G}_{n1} \end{pmatrix}, \tag{5-115}$$

其中

$$M = \begin{pmatrix} A \\ B \\ -d_x(3,n+1) + d(2,n+1) + u_1 f(3,n+1) - u_{12} a(3,n+1) - u_{16} b(3,n+1) \\ -f(3,n+1) \\ C \\ D \end{pmatrix},$$

$$A = -d_x(1,n+1) + d(0,n+1) + u_1 f(1,n+1) + u_6 d(3,n+1) + u_9 d(2,n+1)$$
$$+ u_7 f(3,n+1) + u_{10} f(2,n+1) - u_{12} a(1,n+1) - u_{14} a(3,n+1)$$
$$- u_{15} a(2,n+1) - u_{16} b(1,n+1) - u_{19} b(2,n+1) - u_{18} b(3,n+1),$$

$$B = - d_x(2, n + 1) + d(1, n + 1) + u_1 f(2, n + 1) + u_9 d(3, n + 1) - u_{10} f(3, n + 1)$$
$$- u_{12} a(2, n + 1) - u_{15} a(3, n + 1) - u_{16} b(2, n + 1) - u_{19} b(2, n + 1),$$

$$C = - f_x(1, n + 1) - f(0, n + 1) + u_2 d(1, n + 1) - u_6 f(3, n + 1) + u_8 d(3, n + 1)$$
$$- u_9 f(2, n + 1) + u_{11} d(2, n + 1) - u_{12} c(1, n + 1) - u_{14} c(3, n + 1)$$
$$- u_{15} c(2, n + 1) + u_{16} a(1, n + 1) + u_{19} a(2, n + 1) + u_{18} a(3, n + 1),$$

$$D = - f_x(2, n + 1) - f(1, n + 1) + u_2 d(2, n + 1) - u_9 f(3, n + 1) + u_{11} d(3, n + 1)$$
$$- u_{12} c(2, n + 1) - u_{15} c(3, n + 1) + u_{16} a(2, n + 1) + u_{19} a(3, n + 1),$$

$$P_1 = \begin{pmatrix} 0 & 0 & 0 & 0 & 0 & 0 & 0 & 0 & 0 & 0 & 0 \\ 0 & 0 & 0 & 0 & -u_{18} & -u_{15}/2 & 0 & -u_{19} & -u_{12}/2 & 0 & -u_{16} \\ 0 & 0 & -u_{15}/2 & 0 & -u_{19} & -u_{12}/2 & 0 & -u_{16} & 0 & 0 & 0 \\ 0 & 0 & -u_{12}/2 & 0 & -u_{16} & 0 & 0 & 0 & 0 & 0 & 0 \\ 0 & 0 & 0 & 0 & 0 & 0 & 0 & 0 & 0 & 0 & 0 \\ 0 & 0 & -u_{18}/2 & -u_{14} & 0 & u_{19}/2 & -u_{15} & 0 & u_{16}/2 & -u_{12} & 0 \\ 0 & 0 & u_{19}/2 & -u_{15} & 0 & u_{16}/2 & -u_{12} & 0 & 0 & 0 & 0 \\ 0 & 0 & -u_{16}/2 & -u_{12} & 0 & 0 & 0 & 0 & 0 & 0 & 0 \end{pmatrix},$$

$$P_2 = \begin{pmatrix} 1 & 0 & 0 & 0 & 0 & 0 & 0 & 0 \\ u_6 & 1 & -\partial & u_9 & 0 & u_7 & u_{10} & u_1 \\ u_9 & 0 & 1 & -\partial & 0 & -u_{10} & u_1 & 0 \\ -\partial & 0 & 0 & 1 & 0 & u_1 & 0 & 0 \\ 0 & 0 & 0 & 0 & 0 & -1 & 0 & 0 \\ u_8 & 0 & u_2 & u_{11} & -1 & -u_6 & -u_9 & -\partial \\ u_{11} & 0 & 0 & u_2 & 0 & -u_9 & -\partial & -1 \\ u_2 & 0 & 0 & 0 & 0 & -\partial & -1 & 0 \end{pmatrix},$$

$$\tilde{G}_{n1} = (d(3, n + 1), d(0, n + 1), d(1, n + 1), d(2, n + 1), f(0, n + 1),$$
$$f(3, n + 1), f(2, n + 1), f(1, n + 1))^{\mathrm{T}}.$$

利用可积耦合定义可知, 系统 (5-115) 是系统 (5-99) 的可积耦合.

5.5 (1+1) 维 m-cKdV, g-cKdV 与 (2+1) 维 m-cKdV 方程族的扩展及其 Hamilton 结构

本节研究 (1+1) 维 m-cKdV, g-cKdV 可积系统和 (2+1) 维 m-cKdV 方程族.

5.5 (1+1) 维 m-cKdV,g-cKdV 与 (2+1) 维 m-cKdV 方程族的扩展及其 Hamilton 结构

取 loop 代数
$$\tilde{B}_2 = \text{span}\{e_1(n), e_2(n), e_3(n)\},$$
$$e_1(n) = \begin{pmatrix} \lambda^n & 0 \\ 0 & -\lambda^n \end{pmatrix}, \quad e_2(n) = \begin{pmatrix} 0 & 0 \\ \lambda^n & 0 \end{pmatrix}, \quad e_3(n) = \begin{pmatrix} \lambda^n & -2\lambda^n \\ 0 & \lambda^n \end{pmatrix},$$

其中换位子运算为
$$[e_i(m), e_j(n)] = e_i(m)Me_j(n) - e_j(n)Me_i(m),$$
$$M = \begin{pmatrix} 1 & 0 \\ 1 & 1 \end{pmatrix}, \quad m, n \in \mathbf{Z}, \quad 1 \leqslant i, j \leqslant 3.$$

曹策问和耿献国[59] 引入 cKdV 方程族的等谱问题, 并得到两个有限维可积系统. 在此基础上, 利用 loop 代数 $\tilde{B}_2$ 考虑下面等谱问题
$$\phi_x = U\phi,$$
$$U = -e_1(1) + ue_1(0) + e_2(0) + ve_3(0)$$
$$= \begin{pmatrix} -\lambda + u + v & -2v \\ 1 & -\lambda - u + v \end{pmatrix}.$$

记
$$V = \sum_{m \geqslant 0} (a_m e_1(-m) + b_m e_2(-m) + c_m e_3(-m)),$$

由零曲率方程
$$V_x = [U, V],$$

得到
$$\begin{aligned} a_{mx} &= 2c_m - 2vb_m, \\ b_{mx} &= 2(b_{m+1} + c_{m+1}) - 2u(b_m + c_m) + (2 + 2v)a_m, \\ c_{mx} &= -2c_{m+1} + 2uc_m - 2va_m, \quad a_0 = \alpha \neq 0, b_0 = c_0 = 0. \end{aligned} \tag{5-116}$$

记
$$V_+^{(n)} = \sum_{m=0}^{n} (a_m e_1(n-m) + b_m e_2(n-m) + c_m e_3(n-m))$$
$$= \lambda^n V - V_-^{(n)},$$

那么由
$$-V_{+x}^{(n)} + [U, V_+^{(n)}] = V_{-x}^{(n)} - [U, V_-^{(n)}]. \tag{5-117}$$

计算得
$$-V^{(n)}_{+x} + [U, V^{(n)}_+] = (-2b_{n+1} - 2c_{n+1})e_2(0) + 2c_{n+1}e_3(0).$$

取
$$V^{(n)} = V^{(n)}_+ + \frac{c_{n+1} + b_{n+1}}{1+v}e_1(0),$$

有
$$-V^{(n)}_x + [U, V^{(n)}] = -\left(\frac{b_{n+1}+c_{n+1}}{1+v}\right)_x e_1(0) + \frac{2c_{n+1}-2vb_{n+1}}{1+v}e_3(0).$$

利用 Lax 对
$$\phi_x = U\phi, \quad \phi_t = V^{(n)}\phi \tag{5-118}$$

的相容性条件导出下面的 m-cKdV Lax 可积方程族

$$\begin{pmatrix} u \\ v \end{pmatrix}_t = \begin{pmatrix} \left(\dfrac{b_{n+1}+c_{n+1}}{1+v}\right)_x \\ \dfrac{2vb_{n+1}-2c_{n+1}}{1+v} \end{pmatrix} = \begin{pmatrix} \left(\dfrac{b_{n+1}+c_{n+1}}{1+v}\right)_x \\ -\dfrac{a_{n+1,x}}{1+v} \end{pmatrix}$$

$$= \begin{pmatrix} 0 & -\partial\dfrac{1}{1+v} \\ -\dfrac{1}{1+v}\partial & 0 \end{pmatrix} \begin{pmatrix} a_{n+1} \\ -b_{n+1}-c_{n+1} \end{pmatrix}$$

$$= J\begin{pmatrix} a_{n+1} \\ -b_{n+1}-c_{n+1} \end{pmatrix}, \tag{5-119}$$

其中 J 是 Hamilton 算子,$\partial = \dfrac{\partial}{\partial x}$.

为得到方程族 (5-119) 的 Hamilton 结构, 引入下面的线性泛函
$$f(a,b) = 2(a_1, a_2, a_3)(b_1, -b_3, -b_2-b_3)^{\mathrm{T}}, \tag{5-120}$$

其中
$$a = \begin{pmatrix} a_1+a_3 & -2a_3 \\ a_2 & -a_1+a_3 \end{pmatrix}, \quad b = \begin{pmatrix} b_1+b_3 & -2b_3 \\ b_2 & -b_1+b_3 \end{pmatrix} \in \tilde{B}_2.$$

根据文献 [31], [33], 可以验证线性泛函 (5-120) 满足
$$\frac{\delta}{\delta u}f\left(V, \frac{\partial U}{\partial \lambda}\right) = \lambda^{-\lambda}\frac{\partial}{\partial \lambda}\lambda^{\gamma}f\left(V, \frac{\partial U}{\partial u_i}\right), \quad i = 1, 2, 3. \tag{5-121}$$

取
$$V = ae_1(0) + be_2(0) + ce_3(0) = \begin{pmatrix} a+c & -2c \\ b & -a+c \end{pmatrix},$$

其中
$$a = \sum_{m\geqslant 0} a_m \lambda^{-m}, \quad b = \sum_{m\geqslant 0} b_m \lambda^{-m}, \quad c = \sum_{m\geqslant 0} c_m \lambda^{-m}.$$

直接计算得
$$f\left(V, \frac{\partial U}{\partial u}\right) = 2a, \quad f\left(V, \frac{\partial U}{\partial v}\right) = -2b - 2c, \quad f\left(V, \frac{\partial U}{\partial \lambda}\right) = -2a.$$
$$\frac{\delta}{\delta u}(-2a) = \lambda^{-\gamma}\frac{\partial}{\partial \lambda}\lambda^{\gamma}\begin{pmatrix} 2a \\ -2b - 2c \end{pmatrix}.$$

从而有
$$\frac{\delta}{\delta u}(-2a_{n+1}) = (-n+\gamma)\begin{pmatrix} 2a_n \\ -2b_n - 2c_n \end{pmatrix}.$$

取 $n = 0$, 则得 $\gamma = 0$. 于是有
$$\begin{pmatrix} a_n \\ -b_n - c_n \end{pmatrix} = \frac{\delta}{\delta u}\left(\frac{a_{n+1}}{n}\right) := \frac{\delta H_n}{\delta u}.$$

从而方程族 (5-119) 可写成
$$\begin{pmatrix} u \\ v \end{pmatrix}_t = J\frac{\delta H_{n+1}}{\delta u}, \tag{5-122}$$

即是方程族 (5-119) 的 Hamilton 结构, 其中 $\{H_n\}$ 是守恒密度.

由方程组 (5-116) 得
$$\begin{pmatrix} a_{n+1} \\ -b_{n+1} - c_{n+1} \end{pmatrix} = \begin{pmatrix} -2\partial^{-1}v & 2\partial^{-1} \\ -1 & -1 \end{pmatrix}\begin{pmatrix} b_{n+1} \\ c_{n+1} \end{pmatrix} := L_1\begin{pmatrix} b_{n+1} \\ c_{n+1} \end{pmatrix},$$
$$\begin{pmatrix} b_{n+1} \\ c_{n+1} \end{pmatrix} = \begin{pmatrix} \frac{\partial}{2} + u + 2\partial^{-1}v & \frac{\partial}{2} - 2\partial^{-1} \\ -2v\partial^{-1}v & -\frac{\partial}{2} + u + 2v\partial^{-1} \end{pmatrix}\begin{pmatrix} b_n \\ c_n \end{pmatrix} := L_2\begin{pmatrix} b_n \\ c_n \end{pmatrix},$$
$$\begin{pmatrix} a_{n+1} \\ -b_{n+1} - c_{n+1} \end{pmatrix} = L_1 L_2 L_1^{-1}\begin{pmatrix} a_n \\ -b_n - c_n \end{pmatrix} := L\begin{pmatrix} a_n \\ -b_n - c_n \end{pmatrix}.$$

因此, 方程族 (5-119) 写为
$$\begin{pmatrix} u \\ v \end{pmatrix}_t = J\frac{\delta H_{n+1}}{\delta u} = JL\frac{\delta H_n}{\delta u}, \tag{5-123}$$

其中 $L = L_1 L_2 L_1^{-1}$.

再设
$$\tilde{G} = \mathrm{span}\{h_1(n), h_2(n), h_3(n)\},$$
换位运算为
$$[h_1(m), h_2(n)] = -h_2(m+n) - 2h_3(m+n),$$
$$[h_1(m), h_3(n)] = 2h_2(m+n) + h_3(m+n),$$
$$[h_2(m), h_3(n)] = -3h_1(m+n), \quad m, n \in \mathbf{Z}.$$

利用 C-KdV 方程族的等谱问题来考虑下面等谱问题
$$\begin{cases} \psi_x = U\psi, & U = -h_1(1) + uh_1(0) + h_2(0) + vh_3(0), \\ \psi_t = V\psi, & V = \sum_{m \geqslant 0}(a_m h_1(-m) + b_m h_2(-m) + c_m h_3(-m)). \end{cases}$$

由静态零曲率方程得
$$\begin{cases} a_{mx} = -3c_m + 3vb_m, \\ b_{mx} = b_{m+1} - 2c_{m+1} - ub_m + 2uc_m + (1-2v)a_m, \\ c_{mx} = 2b_{m+1} - c_{m+1} - 2ub_m + uc_m + (2-v)a_m \end{cases}$$

变形为
$$\begin{cases} a_{mx} = -3c_m + 3vb_m, \\ c_{m+1} = \dfrac{1}{3}(-2b_{mx} + c_{mx}) + uc_m - va_m, \\ b_{m+1} = \dfrac{1}{3}(-b_{mx} + 2c_{mx}) + ub_m - a_m. \end{cases} \tag{5-124}$$

记
$$V_+^{(n)} = \sum_{m=0}^{n}(a_m h_1(n-m) + b_m h_2(n-m) + c_m h_3(n-m))$$
$$= \lambda^n V - V_-^{(n)},$$
有
$$-V_{+x}^{(n)} + [U, V_+^{(n)}] = (2c_{n+1} - b_{n+1})h_2(0) + (-2b_{n+1} + c_{n+1})h_3(0).$$
取
$$V^{(n)} = V_+^{(n)} + \frac{b_{n+1} - 2c_{n+1}}{1 - 2v}h_1(0),$$
计算得
$$-V_x^{(n)} + [U, V^{(n)}] = \left(\frac{2c_{n+1} - b_{n+1}}{1 - 2v}\right)_x h_1(0) + \frac{3vb_{n+1} - 3c_{n+1}}{1 - 2v}h_3(0).$$

5.5 (1+1) 维 m-cKdV, g-cKdV 与 (2+1) 维 m-cKdV 方程族的扩展及其 Hamilton 结构

建立下列 Lax 对

$$\psi_x = U\psi, \quad \psi_t = V^{(n)}\psi,$$

由其相容性条件得出下面的 Lax 可积方程族, 称为 g-cKdV 方程族[60].

$$\begin{pmatrix} u \\ v \end{pmatrix}_t = \begin{pmatrix} \left(\dfrac{b_{n+1} - 2c_{n+1}}{1-2v}\right)_x \\ \dfrac{3c_{n+1} - 3vb_{n+1}}{1-2v} \end{pmatrix}. \tag{5-125}$$

为了建立方程族 (5-125)Hamilton 结构, 需要建立李代数 G 到向量空间 R^3 之间的同构映射. 设

$$a = (a_1, a_2, a_3)^T, \quad b = (b_1, b_2, b_3)^T \in R^3,$$

其运算关系为

$$\begin{aligned}{}[a,b]^T &:= (3a_3b_2 - 3a_2b_3, 2a_1b_3 - 2a_3b_1 + a_2b_1 - a_1b_2, a_1b_3 - a_3b_1 + 2a_2b_1 - 2a_1b_2) \\ &:= a^T R(b), \end{aligned} \tag{5-126}$$

其中 $a^T = (a_1, a_2, a_3), R(b)$ 和常数对称矩阵 F 满足

$$R(b)F = -(R(b)F)^T, \quad F = F^T.$$

求得

$$F = \begin{pmatrix} 1 & 0 & 0 \\ 0 & 2 & -1 \\ 0 & -1 & 2 \end{pmatrix}.$$

如果设线性空间 R^3 有运算关系 (5-126), 则构成一个李代数, R^3 的 loop 代数定义为

$$\tilde{R}^3 = \mathrm{span}\{a(n) = a\lambda^n, a \in R^3\},$$

换位运算为

$$[a(m), b(n)] = [a,b]\lambda^{m+n}, \quad \forall a, b \in R^3, \quad m, n \in \mathbf{Z}.$$

作线性变换

$$\delta : \tilde{G} \to \tilde{R}^3, \quad g = \begin{pmatrix} a+c & -2c \\ b & -a+c \end{pmatrix} \to (a,b,c)^T,$$

那么 δ 是 $\tilde{G}$ 和 $\tilde{R}^3$ 之间的同构映射.

利用 loop 代数 $\tilde{R}^3$，引入下面的 Lax 对

$$\begin{pmatrix} \phi_x = [U,\phi], & U = (-\lambda+u,1,v)^{\mathrm{T}} \\ \phi_t = [V^{(n)},\phi], & V^{(n)} = \sum_{m=0}^{n}(a_m,b_m,c_m)^{\mathrm{T}}\lambda^{n-m} + \left(\dfrac{b_{n+1}-2c_{n+1}}{1-2v},0,0\right)^{\mathrm{T}} \end{pmatrix}$$

利用相容性条件

$$U_t - V_x^{(n)} + [U,V^{(n)}] = 0$$

得出可积系统 (5-125).

引入泛函

$$\{a,b\} = a^{\mathrm{T}}Fb, \quad \forall a,b \in \tilde{R}^3,$$

直接计算有

$$\left\{V,\dfrac{\partial U}{\partial u}\right\} = a, \quad \left\{V,\dfrac{\partial U}{\partial v}\right\} = -b+2c, \quad \left\{V,\dfrac{\partial U}{\partial \lambda}\right\} = -a.$$

利用二次型恒等式，有

$$\dfrac{\delta}{\delta \tilde{u}}(-a) = \lambda^{-\gamma}\dfrac{\partial}{\partial \lambda}\lambda^{\gamma}\begin{pmatrix} a \\ -b+2c \end{pmatrix},$$

其中

$$\tilde{u} = (u,v)^{\mathrm{T}}, \quad a = \sum_{m\geqslant 0}a_m\lambda^{-m}, \quad b = \sum_{m\geqslant 0}a_m\lambda^{-m}, \quad c = \sum_{m\geqslant 0}a_m\lambda^{-m}.$$

从而

$$\dfrac{\delta}{\delta \tilde{u}}(-a_{n+1}) = (-n+\gamma)\begin{pmatrix} a_n \\ -b_n+2c_n \end{pmatrix}.$$

由方程 (5-124)，并设 $b_0 = c_0 = 0, a_0 = \alpha \neq 0$，可以推出

$$a_1 = 0, \quad c_1 = -\alpha v, \quad b_1 = -\alpha.$$

由 $n=0$，推出 $\gamma = 0$. 故可积系统 (5-125) 的 Hamilton 结构为

$$\begin{pmatrix} u \\ v \end{pmatrix}_t = \begin{pmatrix} 0 & \partial\dfrac{1}{2v-1} \\ -\partial\dfrac{1}{1-2v} & 0 \end{pmatrix}\begin{pmatrix} a_{n+1} \\ -b_{n+1}+2c_{n+1} \end{pmatrix} := J\dfrac{\delta H_{n+1}}{\delta \tilde{u}}, \quad (5\text{-}127)$$

其中

$$J = \begin{pmatrix} 0 & \partial\dfrac{1}{2v-1} \\ -\partial\dfrac{1}{1-2v} & 0 \end{pmatrix}$$

5.5 (1+1) 维 m-cKdV,g-cKdV 与 (2+1) 维 m-cKdV 方程族的扩展及其 Hamilton 结构

是 Hamilton 算子且 $H_{n+1} = \dfrac{a_{n+2}}{n+1}$ 方程族 (5-125) 的守恒密度.

由方程族 (5-124) 有

$$\begin{pmatrix} a_{n+1} \\ -b_{n+1}+2c_{n+1} \end{pmatrix} = \begin{pmatrix} 3\partial^{-1}v & -3\partial^{-1} \\ -1 & 2 \end{pmatrix} \begin{pmatrix} b_{n+1} \\ c_{n+1} \end{pmatrix}$$

$$:= L_1 \begin{pmatrix} b_{n+1} \\ c_{n+1} \end{pmatrix} = L_1 \begin{pmatrix} -\dfrac{\partial}{3}+u-3\partial^{-1}v & \dfrac{2\partial}{3}+3\partial^{-1} \\ -2\dfrac{\partial}{3}-3v\partial^{-1}v & \dfrac{\partial}{3}+u+3v\partial^{-1} \end{pmatrix} \begin{pmatrix} b_n \\ c_n \end{pmatrix}$$

$$:= L_1 L_2 \begin{pmatrix} b_n \\ c_n \end{pmatrix} = L_1 L_2 L_1^{-1} \begin{pmatrix} a_n \\ -b_n+2c_n \end{pmatrix} := L \begin{pmatrix} a_n \\ -b_n+2c_n \end{pmatrix}.$$

因此, 方程 (5-125) 可以写成

$$\begin{pmatrix} u \\ v \end{pmatrix} = JL \dfrac{\delta H_n}{\delta \tilde{u}}.$$

守恒密度 $\{H_n\}$ 也可以写成

$$H_n = \int \dfrac{a_{n+1}}{n} \mathrm{d}x.$$

这是马文秀等在文献 [33] 中利用变分恒等式给出的.

下面将 loop 代数 $\tilde{B}_2$ 与 $\tilde{G}$ 扩展为高维的 loop 代数来研究 m-cKdV 方程族和 g-cKdV 方程族的可积耦合.

设

$$B_4 = \mathrm{span}\{e_1, e_2, e_3, e_4, e_5, e_6\},$$

其中

$$e_1 = \begin{pmatrix} 1 & 0 & 0 & 0 \\ 0 & -1 & 0 & 0 \\ 0 & 0 & 1 & 0 \\ 0 & 0 & 0 & -1 \end{pmatrix}, \quad e_2 = \begin{pmatrix} 0 & 0 & 0 & 0 \\ 1 & 0 & 0 & 0 \\ 0 & 0 & 0 & 0 \\ 0 & 0 & 1 & 0 \end{pmatrix}, \quad e_3 = \begin{pmatrix} 1 & -2 & 0 & 0 \\ 0 & 1 & 0 & 0 \\ 0 & 0 & 1 & -2 \\ 0 & 0 & 0 & 1 \end{pmatrix},$$

$$e_4 = \begin{pmatrix} 0 & 0 & 1 & 0 \\ 0 & 0 & 0 & -1 \\ 0 & 0 & 0 & 0 \\ 0 & 0 & 0 & 0 \end{pmatrix}, \quad e_5 = \begin{pmatrix} 0 & 0 & 1 & -2 \\ 0 & 0 & 0 & 1 \\ 0 & 0 & 0 & 0 \\ 0 & 0 & 0 & 0 \end{pmatrix}, \quad e_6 = \begin{pmatrix} 0 & 0 & 0 & 0 \\ 0 & 0 & 1 & 0 \\ 0 & 0 & 0 & 0 \\ 0 & 0 & 0 & 0 \end{pmatrix}.$$

取

$$M = \begin{pmatrix} 1 & 0 & 0 & 0 \\ 1 & 1 & 0 & 0 \\ 0 & 0 & 1 & 0 \\ 0 & 0 & 1 & 1 \end{pmatrix},$$

并定义

$$[a,b] = aMb - bMa, \quad \forall a, b \in B_4.$$

从而有

$$[e_1, e_2] = -2e_2, \quad [e_1, e_3] = 2(e_3 - e_2), \quad [e_1, e_4] = 0,$$
$$[e_1, e_5] = 2(e_5 - e_6), \quad [e_1, e_6] = -2e_6, \quad [e_2, e_3] = 2e_1,$$
$$[e_2, e_4] = 2e_6, \quad [e_2, e_5] = 2e_4, \quad [e_2, e_6] = 0, \quad [e_3, e_4] = 2(e_6 - e_5), \quad (5\text{-}128)$$
$$[e_3, e_5] = 0, \quad [e_3, e_6] = -2e_4, \quad [e_4, e_5] = [e_4, e_6] = [e_5, e_6] = 0.$$

于是,B_4 在换位运算 (5-128) 下构成一个李代数, 相应 loop 代数 $\tilde{B}_4$ 定义为

$$\tilde{B}_4 = \operatorname{span}\{e_i(n)\}_{i=1}^{6}, \quad [e_i(m), e_j(n)] = [e_i, e_j]\lambda^{m+n}, \quad 1 \leqslant i, j \leqslant 6.$$

设

$$\phi_x = U\phi,$$
$$U = -e_1(1) + ue_1(0) + e_2(0) + ve_3(0) + u_1 e_5(0) + u_2 e_6(0).$$

记

$$V = \sum_{m \geqslant 0}(a_m e_1(-m) + b_m e_2(-m) + c_m e_3(-m) + d_m e_4(-m) + f_m e_5(-m) + h_m e_6(-m)),$$

解方程

$$V_x = [U, V],$$

得递推算子如下

$$a_{mx} = 2c_m - 2vb_m,$$
$$b_{mx} = 2(b_{m+1} + c_{m+1}) - 2u(b_m + c_m) + 2(1+v)a_m,$$
$$c_{mx} = -2c_{m+1} + 2uc_m - 2va_m,$$
$$d_{mx} = 2f_{m+1} - 2vh_m - 2u_1 b_m + 2u_2 c_m,$$
$$f_{mx} = -2f_{m+1} + 2uf_m - 2vd_m - 2u_1 a_m,$$

$$h_{mx} = 2f_{m+1} + 2h_{m+1} - 2uf_m - 2uh_m + 2d_m + 2vd_m + 2(u_1+u_2)a_m, \quad (5\text{-}129)$$

设
$$V_+^{(n)} = \sum_{m \geqslant 0}(a_m e_1(-m) + b_m e_2(-m) + c_m e_3(-m) + d_m e_4(-m)$$
$$+ f_m e_5(-m) + h_m e_6(-m))\lambda^n,$$

则有
$$-V_{+x}^{(n)} + [U, V_+^{(n)}] = (-2c_{n+1} - 2b_{n+1})e_2(0) + 2c_{n+1}e_3(0) + 2f_{n+1}e_5(0)$$
$$+ (-2f_{n+1} - 2h_{n+1})e_6(0).$$

取
$$V^{(n)} = V_+^{(n)} + \frac{c_{n+1} + b_{n+1}}{1+v}e_1(0),$$

又有
$$-V_x^{(n)} + [U, V^{(n)}] = \left(\frac{c_{n+1} + b_{n+1}}{1+v}\right)_x e_1(0) + \frac{2c_{n+1} - 2vb_{n+1}}{1+v}e_3(0)$$
$$+ \left[2f_{n+1} - \frac{2u_1}{1+v}(c_{n+1} + b_{n+1})\right]e_5(0)$$
$$+ \left[-2f_{n+1} - 2h_{n+1} + \frac{2u_1 + 2u_2}{1+v}(b_{n+1} + c_{n+1})\right]e_6(0).$$

因此, 由零曲率方程
$$U_t - V_x^{(n)} + [U, V^{(n)}] = 0$$

生成可积系统
$$\begin{pmatrix} u \\ v \\ u_1 \\ u_2 \end{pmatrix}_t = \begin{pmatrix} \left(\dfrac{b_{n+1}+c_{n+1}}{1+v}\right)_x \\ -\dfrac{a_{n+1x}}{1+v} \\ -2f_{n+1} + \dfrac{2u_1}{1+v}(b_{n+1}+c_{n+1}) \\ 2f_{n+1} + 2h_{n+1} - \dfrac{2u_1+2u_2}{1+v}(b_{n+1}+c_{n+1}) \end{pmatrix}. \quad (5\text{-}130)$$

当取 $u_1 = u_2 = 0$, 系统 (5-130) 约化为 m-cKdV 方程族. 称系统 (5-130) 是 m-cKdV 方程族可积扩展模型 (I).

引入二次型泛函

$$f(A,B) = 4(aa_1 - cc_1 - cb_1 - bc_1),$$

其中

$$A = \begin{pmatrix} a+c & -2c & d+f & -2f \\ b & -a+c & h & -d+f \\ 0 & 0 & a+c & -2c \\ 0 & 0 & b & -a+c \end{pmatrix},$$

$$B = \begin{pmatrix} a_1+c_1 & -2c_1 & d_1+f_1 & -2f_1 \\ b_1 & -a_1+c_1 & h_1 & -d_1+f_1 \\ 0 & 0 & a_1+c_1 & -2c_1 \\ 0 & 0 & b_1 & -a_1+c_1 \end{pmatrix}.$$

根据文献 [34] 有

$$\frac{\delta}{\delta u} f\left(V, \frac{\partial U}{\partial \lambda}\right) = \lambda^{-\gamma} \frac{\partial}{\partial \lambda} \lambda^{\gamma} \begin{pmatrix} f\left(V, \frac{\partial U}{\partial u}\right) \\ f\left(V, \frac{\partial U}{\partial v}\right) \\ f\left(V, \frac{\partial U}{\partial u_i}\right) \end{pmatrix}, \quad i=1,2. \tag{5-131}$$

由于

$$f\left(V, \frac{\partial U}{\partial u_1}\right) = 0, \quad f\left(V, \frac{\partial U}{\partial u_2}\right) = 0.$$

因此, 由方程 (5-131) 不能得出方程 (5-130) 的 Hamilton 结构.

下面给出 m-cKdV 方程族的另外一类可积扩展模型 (II).

设等谱问题 [60]

$$\varphi_x = U\varphi,$$
$$U = -e_1(1) + ue_1(0) + e_2(0) + ve_3(0) + u_1 e_5(0) + u_2 e_6(0) + u_2 e_4(0),$$
$$\varphi_t = V^{(n)}\varphi,$$
$$V^{(n)} = \sum_{m=0}^{n} (a_m e_1(n-m) + b_m e_2(n-m) + c_m e_3(n-m)$$
$$+ d_m e_4(n-m) + f_m e_5(n-m) + h_m e_6(n-m))$$
$$+ \left[\frac{f_{n+1} + h_{n+1}}{1+v} - \frac{u_1(b_{n+1} + c_{n+1})}{(1+v)^2}\right] e_4(0) + \frac{b_{n+1} + c_{n+1}}{1+v} e_1(0),$$

5.5 (1+1) 维 m-cKdV,g-cKdV 与 (2+1) 维 m-cKdV 方程族的扩展及其 Hamilton 结构

由相容性条件
$$U_t - V_x^{(n)} + [U, V^{(n)}] = 0,$$

得到可积系统

$$\begin{pmatrix} u \\ v \\ u_1 \\ u_2 \end{pmatrix}_t = \begin{pmatrix} \left(\dfrac{b_{n+1}+c_{n+1}}{1+v}\right)_x \\ \dfrac{2vb_{n+1}-2c_{n+1}}{1+v} \\ \dfrac{2u_1(b_{n+1}+c_{n+1})}{(1+v)^2} - \dfrac{2(f_{n+1}-vh_{n+1})}{1+v} \\ \left(\dfrac{f_{n+1}+h_{n+1}}{1+v} - \dfrac{u_1(b_{n+1}+c_{n+1})}{(1+v)^2}\right)_x \end{pmatrix}, \qquad (5\text{-}132)$$

其中 Lax 对中 U, V 表示为

$$U = \begin{pmatrix} -\lambda+u+v & -2\lambda & u_1+u_2 & -2u_1 \\ 1 & \lambda-u+v & 0 & u_1-u_2 \\ 0 & 0 & -\lambda+u+v & -2v \\ 0 & 0 & 1 & \lambda-u+v \end{pmatrix},$$

$$V = \begin{pmatrix} a+c & -2c & d+f & -2f \\ b & -a+c & h & -d+f \\ 0 & 0 & a+c & -2c \\ 0 & 0 & b & -a+c \end{pmatrix}.$$

由式 (5-131) 得到
$$f\left(V, \frac{\partial U}{\partial u_1}\right) = 0, \quad f\left(V, \frac{\partial U}{\partial u_2}\right) = 0.$$

因此, 不能用式 (5-131) 来得到方程族 (5-132) 的 Hamilton 结构.

从上面的讨论发现, 根据式 (5-131) 不能得到 m-cKdV 方程族的扩展可积模型 (Ⅰ) 与 (Ⅱ) 的 Hamilton 结构. 但是, 对于 g-cKdV 方程族, 用相同方法也可以获得其扩展可积模型, 并且也能得到其 Hamilton 结构.

首先, 扩展 loop 代数 $\tilde{G}$ 为下列高维 loop 代数

$$\tilde{T} = \text{span}\{h_1(n), h_2(n), h_3(n), h_4(n), h_5(n), h_6(n)\},$$

其换位运算为

$$[h_1(m), h_2(n)] = -h_2(m+n) - 2h_3(m+n),$$

$$[h_1(m), h_3(n)] = 2h_2(m+n) + h_3(m+n),$$
$$[h_2(m), h_3(n)] = -3h_1(m+n), \quad [h_1(m), h_4(n)] = 0,$$
$$[h_1(m), h_5(n)] = h_5(m+n) - 2h_6(m+n),$$
$$[h_1(m), h_6(n)] = 2h_5(m+n) - h_6(m+n),$$
$$[h_2(m), h_4(n)] = -2h_6(m+n), \quad [h_2(m), h_5(n)] = \frac{3}{2}h_4(m+n),$$
$$[h_2(m), h_6(n)] = 3h_4(m+n), \quad [h_3(m), h_4(n)] = 2h_5(m+n),$$
$$[h_3(m), h_5(n)] = -3h_4(m+n), \quad [h_3(m), h_6(n)] = -\frac{3}{2}h_4(m+n),$$
$$[h_4(m), h_5(n)] = [h_4(m), h_6(n)] = [h_5(m), h_6(n)] = 0.$$

考虑等谱问题
$$\begin{cases} \psi_x = U\psi, \\ U = -h_1(1) + uh_1(0) + h_2(0) + vh_3(0) + u_1h_5(0) + u_2h_6(0). \end{cases}$$

记
$$V = \sum_{m \geqslant 0}(a_m h_1(-m) + b_m h_2(-m) + c_m h_3(-m) + d_m h_4(-m) + f_m h_5(-m) + g_m h_6(-m)),$$

方程
$$V_x = [U, V],$$

关于 V 的解为
$$\begin{aligned}
a_{mx} &= -3c_m + 3vb_m, \\
b_{mx} &= b_{m+1} - 2c_{m+1} - ub_m + 2uc_m + (1-2v)a_m, \\
c_{mx} &= 2b_{m+1} - c_{m+1} - 2ub_m + uc_m + (2-v)a_m, \\
d_{mx} &= \frac{3}{2}f_m + 3g_m - 3vf_m - \frac{3}{2}vg_m - \frac{3}{2}u_1 b_m \\
&\quad + 3u_1 c_m - 3u_2 b_m + \frac{3}{2}u_2 c_m, \\
f_{mx} &= -f_{m+1} - 2g_{m+1} + uf_m + 2ug_m + 2vd_m - u_1 a_m - 2u_2 a_m, \\
g_{mx} &= 2f_{m+1} + g_{m+1} - 2uf_m - ug_m - 2d_m + (2u_1 + u_2)a_m, \\
a_0 &= \beta \neq 0, \quad b_0 = c_0 = d_0 = f_0 = 0, \quad a_1 = 0, \quad b_1 = -\alpha, \\
c_1 &= -\alpha v, \quad g_1 = -\alpha u_2, \quad f_1 = -\alpha u_1.
\end{aligned} \tag{5-133}$$

由此可以得到
$$g_{m+1} = -\frac{2}{3}f_{mx} - \frac{1}{3}g_{mx} + ug_m + \frac{4v-2}{3}d_m - u_2 a_m,$$

$$f_{m+1} = \frac{1}{3}f_{mx} + \frac{2}{3}g_{mx} + uf_m + \frac{4-2v}{3}d_m - u_1 a_m,$$
$$b_{m+1} = \frac{1}{3}(-b_{mx} + 2c_{mx}) + ub_m - a_m,$$
$$c_{m+1} = \frac{1}{3}(-2b_{mx} + c_{mx}) + uc_m - va_m.$$

记
$$V_+^{(n)} = \sum_{m \geqslant 0} (a_m h_1(-m) + b_m h_2(-m)$$
$$+ c_m h_3(-m) + d_m h_4(-m) + f_m h_5(-m) + g_m h_6(-m))\lambda^n,$$

计算得出
$$-V_{+x}^{(n)} + [U, V_+^{(n)}] = (2c_{n+1} - b_{n+1})h_2(0) + (-2b_{n+1} + c_{n+1})h_3(0)$$
$$+ (f_{n+1} + 2g_{n+1})h_5(0) + (-2f_{n+1} - g_{n+1})h_6(0).$$

取
$$V^{(n)} = V_+^{(n)} + \frac{b_{n+1} - 2c_{n+1}}{1 - 2v} h_1(0),$$

得
$$-V_x^{(n)} + [U, V^{(n)}] = -\left(\frac{b_{n+1} - 2c_{n+1}}{1 - 2v}\right)_x h_1(0) + \frac{3vb_{n+1} - 3c_{n+1}}{1 - 2v} h_3(0)$$
$$+ \left[f_{n+1} + 2g_{n+1} - \frac{u_1 + 2u_2}{1 - 2v}(b_{n+1} - 2c_{n+1})\right] h_5(0)$$
$$- \left[2f_{n+1} + g_{n+1} - \frac{2u_1 + u_2}{1 - 2v}(b_{n+1} - 2c_{n+1})\right] h_6(0).$$

由零曲率方程
$$U_t = V_x^{(n)} - [U, V^{(n)}]$$

得
$$\begin{pmatrix} u \\ v \\ u_1 \\ u_2 \end{pmatrix}_t = \begin{pmatrix} \left(\dfrac{b_{n+1} - 2c_{n+1}}{1 - 2v}\right)_x \\ \dfrac{3c_{n+1} - 3vb_{n+1}}{1 - 2v} \\ -f_{n+1} - 2g_{n+1} + \dfrac{u_1 + 2u_2}{1 - 2v}(b_{n+1} - 2c_{n+1}) \\ 2f_{n+1} + g_{n+1} - \dfrac{2u_1 + u_2}{1 - 2v}(b_{n+1} - 2c_{n+1}) \end{pmatrix}$$

$$= \begin{pmatrix} \left(\dfrac{b_{n+1}-2c_{n+1}}{1-2v}\right)_x \\ \dfrac{3c_{n+1}-3vb_{n+1}}{1-2v} \\ \dfrac{3v}{1-2v}g_{n+1}-\dfrac{3u_2}{1-2v}c_{n+1}-\dfrac{2}{3(1-2v)}d_{n+1x} \\ -\dfrac{3g_{n+1}}{1-2v}+\dfrac{3u_2}{1-2v}b_{n+1}+\dfrac{4}{3(1-2v)}d_{n+1x} \end{pmatrix}$$

$$= \begin{pmatrix} \left(\dfrac{b_{n+1}-2c_{n+1}}{1-2v}\right)_x \\ \dfrac{3c_{n+1}-3vb_{n+1}}{1-2v} \\ \dfrac{-v}{1-2v}b_{n+1}+\dfrac{1-3u_2}{1-2v}c_{n+1}+\dfrac{3v}{1-2v}g_{n+1} \\ \dfrac{-2c_{n+1}}{1-2v}+\dfrac{2v+3u_2}{1-2v}b_{n+1}-\dfrac{3g_{n+1}}{1-2v} \end{pmatrix}. \quad (5\text{-}134)$$

下面利用变分恒等式推演方程族 (5-134) 的 Hamilton 结构.

事实上, 可以证明 loop 代数 $\tilde{T}$ 等价于 loop 代数

$$\tilde{R}^6 = \text{span}\{a(n) = a\lambda^n, a \in R^6\},$$

其换位运算为

$$[a, b]^{\mathrm{T}} = a^{\mathrm{T}} R(b),$$

$$R(b) = \begin{pmatrix} 0 & 2b_3-b_2 & b_3-2b_2 & 0 & b_5+2b_6 & -2b_5-b_6 \\ -3b_3 & b_1 & 2b_1 & \dfrac{3}{2}b_5+3b_6 & 0 & -2b_4 \\ 3b_2 & -2b_1 & -b_1 & -\dfrac{3}{2}b_6-3b_5 & 2b_4 & 0 \\ 0 & 0 & 0 & 0 & -2b_3 & 2b_2 \\ 0 & 0 & 0 & 3b_3-\dfrac{3}{2}b_2 & -b_1 & 2b_1 \\ 0 & 0 & 0 & \dfrac{3}{2}b_3-3b_2 & -2b_1 & b_1 \end{pmatrix},$$

$$a^{\mathrm{T}} = (a_1,\cdots,a_6)^{\mathrm{T}}, \quad a_i = \sum_{m\geqslant 0} a_m\lambda^{-m}, \quad b_i = \sum_{m\geqslant 0} b_m\lambda^{-m}, \quad i=1,2,3,4,5,6,$$

其中 $R(b)$ 满足下面的矩阵方程

$$R(b)F = -F(R(b))^{\mathrm{T}},$$

其中
$$F = \begin{pmatrix} 1 & 0 & 0 & -2 & 0 & 0 \\ 0 & 2 & -1 & 0 & 3 & 0 \\ 0 & -1 & 2 & 0 & 0 & 3 \\ -2 & 0 & 0 & 0 & 0 & 0 \\ 0 & 3 & 0 & 0 & 0 & 0 \\ 0 & 0 & 3 & 0 & 0 & 0 \end{pmatrix}.$$

设
$$\psi_x = [\bar{U}, \psi], \quad \bar{U} = (-\lambda + u, 1, v, 0, u_1, u_2)^{\mathrm{T}}, \quad \psi_t = [\bar{V}^{(n)}, \psi],$$
$$\bar{V}^{(n)} = \sum_{m=0}^{n}(a_m, b_m, c_m, d_m, f_m, g_m)^{\mathrm{T}}\lambda^{n-m} + \left(\frac{b_{n+1} - 2c_{n+1}}{1 - 2v}, 0, 0, 0, 0, 0\right)^{\mathrm{T}}.$$

根据零曲率方程
$$\bar{U}_t - \bar{V}_x^{(n)} + [\bar{U}, \bar{V}^{(n)}] = 0$$

生成 Lax 可积方程族 (5-134).

通过 $\tilde{R}^6$ 定义二次型泛函
$$\{a, b\} = a^{\mathrm{T}} F b.$$

直接计算得
$$\left\{\bar{V}, \frac{\partial \bar{U}}{\partial u}\right\} = a - 2d, \quad \left\{\bar{V}, \frac{\partial \bar{U}}{\partial v}\right\} = -b + 2c + 3g,$$
$$\left\{\bar{V}, \frac{\partial \bar{U}}{\partial u_1}\right\} = 3b, \quad \left\{V, \frac{\partial \bar{U}}{\partial u_2}\right\} = 3c, \quad \left\{\bar{V}, \frac{\partial \bar{U}}{\partial \lambda}\right\} = -a + 2d.$$

代入变分恒等式, 有
$$\frac{\delta}{\delta \tilde{u}} \int (-a + 2d) \mathrm{d}x = \lambda^{-\gamma} \frac{\partial}{\partial \lambda} \lambda^{\gamma} \begin{Bmatrix} a - 2d \\ -b + 2c + 3g \\ 3b \\ 3c \end{Bmatrix}$$

其中 $\tilde{u} = (u, v, u_1, u_2)^{\mathrm{T}}$.

比较 λ^{-n-1} 系数, 得
$$\frac{\delta}{\delta \tilde{u}} \int (-a_{n+1} + 2d_{n+1}) \mathrm{d}x = (-n + \gamma) \begin{Bmatrix} a_n - 2d_n \\ -b_n + 2c_n + 3g_n \\ 3b_n \\ 3c_n \end{Bmatrix}$$

取 $n=0$, 有 $\gamma=0$. 因此,

$$\begin{pmatrix} a_n - 2d_n \\ -b_n + 2c_n + 3g_n \\ 3b_n \\ 3c_n \end{pmatrix} = \frac{\delta}{\delta \tilde{u}} \int \left(\frac{a_{n+1} - 2d_{n+1}}{n} \right) \mathrm{d}x = \frac{\delta H_n}{\delta \tilde{u}},$$

其中 $H_n = \int \dfrac{a_{n+1} - 2d_{n+1}}{n} \mathrm{d}x$ 是方程族 (5-132) 的守恒密度.

由方程族 (5-131), 获得递推算子 L

$$L = \begin{pmatrix} 4\partial^{-1} - \partial^{-1} \dfrac{\partial - 4 + 2uv}{1 - 2v} & A_1 & A_2 & A_3 \\ -v + 1 + \partial \dfrac{2}{3 - 6v} \partial & u - \dfrac{\partial}{3} \dfrac{2v - 4}{1 - 2v} - \dfrac{\partial}{3} & B_1 & B_2 \\ 0 & 0 & -\dfrac{\partial}{3} + u - 3\partial^{-1} v & \dfrac{2}{3}\partial + 3\partial^{-1} \\ 0 & 0 & -\dfrac{2\partial}{3} - 3v\partial^{-1} v & \dfrac{\partial}{3} + u + 3v\partial^{-1} \end{pmatrix},$$

满足

$$\begin{pmatrix} a_{n+1} - 2d_{n+1} \\ -b_{n+1} + 2c_{n+1} + 3g_{n+1} \\ 3b_{n+1} \\ 3c_{n+1} \end{pmatrix} = L \begin{pmatrix} a_n - 2d_n \\ -b_n + 2c_n + 3g_n \\ 3b_n \\ 3c_n \end{pmatrix},$$

其中

$$A_1 = \partial^{-1} v \partial - 2\partial^{-1} u + \partial^{-1} uv + (1 - \partial^{-1} u + 2\partial^{-1} uv) \frac{v - 2}{1 - 2v},$$

$$A_2 = \frac{2}{3} - \frac{1}{3}\partial^{-1} v + \frac{4}{3}\partial^{-1} uv + \partial^{-1} u_1 + 2\partial^{-1} u_2 + \frac{1}{3}\partial^{-1} v \partial - \frac{2}{3}\partial^{-1} u$$
$$+ (1 - \partial^{-1} u + 2\partial^{-1} uv)\frac{u_1 + 2u_2}{1 - 2v} + \frac{1}{3}\partial^{-1}(\partial - u + 2uv)\frac{v - 2}{1 - 2v},$$

$$A_3 = -\frac{1}{3} - 2\partial^{-1} u_1 - \partial^{-1} u_2 - (1 - \partial^{-1} u + 2\partial^{-1} uv)\frac{2u_1 + u_2}{1 - 2v}$$
$$+ \frac{1}{3}\partial^{-1} u - \frac{2}{3}\partial^{-1} uv - \frac{2}{3}(1 - \partial^{-1} u + 2\partial^{-1} uv)\frac{v - 2}{1 - 2v}$$
$$- \partial^{-1}(-6u_1 v - 3u_2 \partial + 3u_1 + 6u_2 - 4 + \frac{\partial - u + 2uv}{1 - 2v}\partial)\partial^{-1},$$

$$B_1 = \frac{u}{3} - \frac{\partial}{9}\frac{2v - 4}{1 - 2v} - \frac{4\partial}{9} - \frac{\partial}{3}\frac{2u_1 + 4u_2}{1 - 2v} + \left(-v - \frac{2}{3}\frac{1}{1 - 2v}\partial - 3u_2\right)\partial^{-1} v,$$

$$B_2 = \frac{2\partial}{9}\frac{2v - 4}{1 - 2v} + \frac{2\partial}{9} - \frac{\partial}{3}\frac{4u_1 + 2u_2}{1 - 2v} + (v + \frac{2}{3}\frac{1}{1 - 2v}\partial + 3u_2)\partial^{-1},$$

其中 $\partial = \dfrac{\partial}{\partial x}, \partial^{-1} = \int (\cdot)\mathrm{d}x, \partial\partial^{-1} = \partial^{-1}\partial = 1.$

因此, 可积方程族 (5-132) 写成下列 Hamilton 形式

$$
\begin{pmatrix} u \\ v \\ u_1 \\ u_2 \end{pmatrix}_t = \begin{pmatrix} 0 & 0 & \frac{1}{3}\partial\frac{1}{1-2v} & -\frac{2}{3}\partial\frac{1}{1-2v} \\ 0 & 0 & -\frac{v}{1-2v} & \frac{1}{1-2v} \\ \frac{1}{3(1-2v)}\partial & \frac{v}{1-2v} & 0 & \frac{1-3u_2-2v}{3(1-2v)} \\ -\frac{2}{3(1-2v)}\partial & -\frac{1}{1-2v} & \frac{-1+2v+3u_2}{3(1-2v)} & 0 \end{pmatrix}
$$

$$
\times \begin{pmatrix} a_{n+1} - 2d_{n+1} \\ -b_{n+1} + 2c_{n+1} + 3g_{n+1} \\ 3b_{n+1} \\ 3c_{n+1} \end{pmatrix}
$$

$$
:= J \begin{pmatrix} a_{n+1} - 2d_{n+1} \\ -b_{n+1} + 2c_{n+1} + 3g_{n+1} \\ 3b_{n+1} \\ 3c_{n+1} \end{pmatrix}
$$

$$
:= JL \begin{pmatrix} a_n - 2d_n \\ -b_n + 2c_n + 3g_n \\ 3b_n \\ 3c_n \end{pmatrix} = JL \frac{\delta H_n}{\delta \tilde{u}}, \tag{5-135}
$$

其中 J 是 Hamilton 算子.

下面研究 (2+1) 维 m-cKdV 方程族的 Hamilton 结构及其扩展可积模型.

Li[7] 考虑下面的等谱问题

$$\varphi_x = M\varphi, \quad \varphi_t = P(\lambda)\varphi_y + N\varphi,$$

其中 $P(\lambda)$ 是关于谱参数 λ 的多项式. 相容性条件等价

$$M_t - N_x + [M, N] - P(\lambda)M_y = 0.$$

这里取特殊情况

$$P(\lambda) = \alpha_0 + \alpha_1\lambda, \quad \alpha_0 \neq 0, \quad \alpha_1 \neq 0.$$

设

$$M = -e_1(1) + ue_1(0) + e_2(0) + ve_3(0),$$

则

$$M_t - P(\lambda)M_y = (u_t - \alpha_0 u_y)e_1(0) + (v_t - \alpha_0 v_y)e_3(0)$$

$$-\alpha_1 u_y e_1(1) - \alpha_1 v_y e_3(1). \tag{5-136}$$

记

$$N = \sum_{m=0}^{\infty}(a_m e_1(-m) + b_m e_2(-m) + c_m e_3(-m)),$$

$$N_+^{(n)} = \sum_{m=0}^{n}(a_m e_1(-m) + b_m e_2(-m) + c_m e_3(n-m)),$$

有

$$-N_{+x}^{(n)} + [M, N_+^{(n)}] = (-2c_{n+1} - 2b_{n+1})e_2(0) + 2c_{n+1}e_3(0).$$

再取

$$N^{(n)} = N_+^{(n)} - b_n e_2(0) - c_n e_3(0) + \frac{b_n + c_n}{1+v}e_1(1) - a_n e_1(0),$$

又有

$$\begin{aligned}-N_x^{(n)} + [M, N^{(n)}] =& (-2c_n + 2vb_n + a_{nx})e_1(0) + (c_{nx} - 2uc_n + 2va_n + 2c_{n+1})e_3(0) \\ & -\left(\frac{b_n+c_n}{1+v}\right)_x e_1(1) + \left(2c_n - 2v\frac{b_n+c_n}{1+v}\right)e_3(1) \\ =& -\left(\frac{b_n+c_n}{1+v}\right)_x e_1(1) + \frac{2(1-v)}{1+v}c_n e_3(1).\end{aligned}$$

因此, 通过零曲率方程

$$M_t - (\alpha_0 + \alpha_1 \lambda)M_y - N_x^{(n)} + [M, N^{(n)}] = 0,$$

给出下列 Lax 可积系统

$$\begin{aligned} u_t &= -\frac{\alpha_0}{\alpha_1}\left(\frac{b_n+c_n}{1+v}\right)_x, & v_t &= \frac{2\alpha_0}{\alpha_1(1+v)}c_n, \\ u_y &= -\frac{1}{\alpha_1}\left(\frac{b_n+c_n}{1+v}\right)_x, & v_y &= -\frac{2c_n - 2vb_n}{\alpha_1(1+v)}. \end{aligned} \tag{5-137}$$

也可以写成

$$\begin{pmatrix} u \\ v \end{pmatrix}_t = -\frac{1}{\alpha_1}\begin{pmatrix} \left(\frac{b_n+c_n}{1+v}\right)_x \\ -\frac{2c_n - 2vb_n}{1+v} \end{pmatrix} = -\frac{1}{\alpha_1}\begin{pmatrix} \left(\frac{b_n+c_n}{1+v}\right)_x \\ -\frac{a_{nx}}{1+v} \end{pmatrix}$$

$$= -\frac{1}{\alpha_1}\begin{pmatrix} 0 & -\frac{\partial}{2}\frac{1}{1+v} \\ -\frac{1}{2(1+v)}\partial & 0 \end{pmatrix}\begin{pmatrix} 2a_n \\ -2b_n - 2c_n \end{pmatrix}$$

5.5 (1+1) 维 m-cKdV,g-cKdV 与 (2+1) 维 m-cKdV 方程族的扩展及其 Hamilton 结构

$$:= J \begin{pmatrix} 2a_n \\ -2b_n - 2c_n \end{pmatrix}, \tag{5-138}$$

其中 J 是 Hamilton 算子.

方程族 (5-138) 具有如下 Hamilton 结构

$$\begin{pmatrix} u \\ v \end{pmatrix}_y = J\frac{\delta H_n}{\delta u}, \quad H_n = \frac{a_{n+1}}{n}. \tag{5-139}$$

于是, 有

$$\begin{pmatrix} u \\ v \end{pmatrix}_t = \begin{pmatrix} -\alpha_0/\alpha_1 & 0 \\ 0 & -\alpha_0/\alpha_1 \end{pmatrix} \begin{pmatrix} 0 & -\frac{1}{2}\partial\frac{1}{1+v} \\ -\frac{1}{2(1+v)}\partial & 0 \end{pmatrix} \begin{pmatrix} 2a_n \\ -2b_n - 2c_n \end{pmatrix}$$

$$:= \tilde{J} \begin{pmatrix} 2a_n \\ -2b_n - 2c_n \end{pmatrix} = \tilde{J}\frac{\delta H_n}{\delta \tilde{u}}, \tag{5-140}$$

其中 $\tilde{J}$ 也是一个 Hamilton 算子, $\tilde{u} = (u,v)^{\mathrm{T}}$.

下面用 loop 代数 $\tilde{B}_4$ 来获取系统 (5-139) 和系统 (5-140) 的扩展模型.

考虑等谱问题

$$\begin{cases} \psi_x = \bar{M}\psi, \\ \bar{M} = -e_1(1) + ue_1(0) + e_2(0) + ve_3(0) + u_1e_5(0) + u_2e_6(0). \end{cases}$$

取

$$\bar{N} = \sum_{m \geqslant 0}(a_m e_1(-m) + b_m e_2(-m) + c_m e_3(-m)$$
$$+ d_m e_4(-m) + f_m e_5(m) + h_m e_6(-m)),$$

设

$$\bar{N}_+^{(n)} = \sum_{m=0}^{n}(a_m e_1(-m) + b_m e_2(-m) + c_m e_3(-m)$$
$$+ d_m e_4(-m) + f_m e_5(-m) + h_m e_6(-m))\lambda^n,$$

则

$$-\bar{N}_{+x}^{(n)} + [\bar{M}, \bar{N}_+^{(n)}] = (-2c_{n+1} - 2b_{n+1})e_2(0) + 2c_{n+1}e_3(0)$$
$$+ 2f_{n+1}e_5(0) + (-2f_{n+1} - 2h_{n+1})e_6(0).$$

取

$$\bar{N}^{(n)} = \bar{N}^{(n)}_+ - b_n e_2(0) - c_n e_3(0) + \frac{b_n + c_n}{1+v} e_1(1)$$
$$- a_n e_1(0) - d_n e_4(0) - f_n e_5(0) - h_n e_6(0),$$

直接计算得

$$-\bar{N}^{(n)}_x + [\bar{M}, \bar{N}^{(n)}] = -\left(\frac{b_n + c_n}{1+v}\right)_x e_1(1) + \frac{2c_n - 2vb_n}{1+v} e_3(1)$$
$$+ \left(2u_1 \frac{b_n + c_n}{1+v} + 2f_n\right) e_5(1)$$
$$+ \left(2u_1 \frac{b_n + c_n}{1+v} + 2u_2 \frac{b_n + c_n}{1+v} - 2f_n - 2h_n\right) e_6(1).$$

于是, 由零曲率方程

$$\bar{M}_t - \bar{N}^{(n)}_x + [\bar{M}, \bar{N}^{(n)}] - (\alpha_0 + \alpha_1 \lambda) M_y = 0$$

产生可积系统

$$u_t = -\frac{\alpha_0}{\alpha_1} \left(\frac{b_n + c_n}{1+v}\right)_x, \quad v_t = -\frac{2\alpha_0}{\alpha_1} \frac{c_n - vb_n}{1+v},$$
$$u_{1t} = \frac{\alpha_0}{\alpha_1} \left(2f_n + 2u_1 \frac{b_n + c_n}{1+v}\right),$$
$$u_{2t} = \frac{\alpha_0}{\alpha_1} \left[-2f_n - 2h_n + \frac{2(u_1 + u_2)}{1+v}(b_n + c_n)\right],$$

改写为

$$\begin{pmatrix} u \\ v \\ u_1 \\ u_2 \end{pmatrix}_y = \frac{1}{\alpha_1} \begin{pmatrix} \left(\dfrac{b_n + c_n}{1+v}\right)_x \\ \dfrac{2c_n - 2vb_n}{1+v} \\ -2f_n - 2u_1 \dfrac{b_n + c_n}{1+v} \\ 2f_n + 2h_n - \dfrac{2(u_1 + u_2)}{1+v}(b_n + c_n) \end{pmatrix}.$$

参 考 文 献

[1] Russel S. Report on wave. Edinburgh: proc. Royal. Soc., 1844: 311–390

[2] Airy G B. Tides and waves. Encycl. Metrop. London Art, 1845: 241–396

[3] Boussinesq M J. Theorie des ondes et de remous quise propageant le long. J. Math. Pur. Appl. Ser., 1872, 2: 55–108

[4] Gardner C S, Morikawa G M. Similarity in the asymptotic behavior of collision free hydromagnetic wave and waves. Courant Inst. Math. Sci. Report, 1960: 9–15

[5] Perring J K, Skyrme T H. A model uniform field equation. Nuci. Phys., 1962, 31: 550–555

[6] Zabusky N J, Kruskal M D. Interaction of solitons in a collisionless plasma and the recurrence of initial states. Phys. Rev. Lett., 1965, 15: 240–243

[7] 李翊神. 孤子与可积系统. 上海：上海科技教育出版社, 1999: 111–138

[8] 谷超豪, 等. 孤立子理论与应用. 杭州：浙江科技出版社, 1990: 176–215

[9] 郭柏灵, 苏凤秋. 孤立子. 沈阳：辽宁教育出版社, 1998: 1–83

[10] 陈登远. 孤子引论. 北京：科学出版社, 2006: 46–65

[11] 范恩贵. 可积系统与计算机代数. 北京：科学出版社, 2004: 84–98

[12] Hu X B. Rational solutions of integral equations via nonlinear superposition formulae. J. Phys. A, 1997, 30: 8225–8240

[13] Newell A C. Soliton in Mathematics and Physics. Philadelphia, SIAM, 1985: 61–98

[14] Ablowitz M J, Clarkson P A. Solitons, Nonlinear Evolution Equation and Inverse Scattering. Cambridge: Cambridge University Press, 1991: 1–40

[15] Hirota R. The Direct Method in Soliton Theory. Cambridge: Cambridge University Press, 2004: 1–116

[16] Arnold V I. Mathematical method of classical mechanics. New York: Springer-Verlag, 1978: 162–229

[17] Moser J. Integrable Hamiltonian System and Spectral Theory. Proceedings 1983 Beijing symposium on differential geometry and differential equations. Beijing: Science Press, 1986: 157–229

[18] 曹策问. 辛流形与可积系统. 中国数学会 50 周年大会报告, 1985

[19] Zeng Y B, Li Y S. New symplectic maps: integrability and Lax representation. Chin. Ann. Math. Ser. B, 1997, 18(4): 457–466

[20] Zeng Y B, Ma W X. Families of quasi-bi-Hamiltonian systems and separability. J. Math. Phys., 1999, 40(9): 4452–4473

[21] Ablowitz M J, Segur H. Solitons and the inverse scattering transform. Philadelphia, SIAM, PA, 1981: 316–344

[22] Faddeev L D, Takhtajan L A. Hamiltonian Methods in the Theory of Solitons. Berlin: Springer, 1987

[23] Gu C H, Hu H S. On the determination of nonlinear partial equations admitting integral syste- ms. Science in China, Ser.A, 1986, 7: 704–719

[24] 屠规彰. 一族新的可积系统及其 Hamilton 结构. 中国科学, 1988, 12:1243–1252

[25] Ma W X. A new hierarchy of liouville integrable generalized Hamilton equations and its reduction. Chin. J. Contem. Math., 1992, 13: 79–86

[26] Ma W X. The generalized Hamiltonian structure of a hierarchy of nonlinear evolution equations. Ke xue tong bao, 1987, 32(14): 1003–1004

[27] 郭福奎. 可积的与 Hamilton 形式的 NLS-MKdV 方程族. 数学学报, 1997, 40(6): 801–804

[28] Ma W X, Xu X X, Zhang Y F. Semi-direct sums of Lie algebras and continuous integrable couplings. Phys. Lett. A, 2006, 351: 125–130

[29] Ma W X, Fuchssteiner B. Integrable theory of the perturbation equations. Chaos, Solitons and Fractals, 1996, 7(8): 1227–1250

[30] 郭福奎, 张玉峰. AKNS 方程族的一类扩展可积模型. 物理学报, 2002, 51(5): 951–954

[31] Guo F K, Zhang Y F. The quadratic-form identity for constructing the Hamiltonian structure of integrable systems. J. phys. A, 2005, 38(40): 8537–8548

[32] Guo F K, Zhang Y F. A type of new algebra and a generalized Tu Formula. Comm. Theor. Phys., 2009, 51: 39–46

[33] Ma W X, Chen M. Hamiltonian and quasi-Hamiltonian structures associated with semi-direct sums of Lie algebras. J. Phys. A, 2006, 39: 10787–10801

[34] Tu G Z. The trace identity, a powerful tool for constructing the Hamiltonian structure of integrable systems. J. Math. phys., 1989, 30(2): 330–338

[35] Feng B L, Liu J Q. Two ideal subalgebras and applications. Far East Journal of Applied Mathematics, 2011, 56(2): 139–144

[36] 郭福奎. loop 代数 $\tilde{A}_1$ 的子代数与可积 Hamilton 方程族. 数学物理学报, 1999, 19(5): 507–512

[37] 张玉峰, 郭福奎. 推广的一类 Lie 代数及其相关的一族可积系统. 物理学报, 2004, 53(5): 1276–1279

[38] Zhang Y F, Tam H. New integrable couplings and Hamiltonian structures of the KN hierarchy and the DLW hierarchy. Comm. Nonli. Sci. Numer. Simul., 2008, 13(3): 524–533

[39] Dong H H, Wang H. Two types of expanding Lie algebra and new expanding integrable systems. Comm. Theor. Phys., 2010, 54: 957–961

[40] Zhang Y F. A multi-component matrix loop algebra and a unified expression of the multi-component AKNS hierarchy and the multi-component BPT hierarchy. Phys. Lett. A,

2005, 342: 82–89

[41] 董焕河, 张玉峰. 孤子理论与可积系统. 北京：中国科学技术出版社, 2006

[42] 张玉峰, 张鸿庆. 两个高维 loop 代数及应用. 数学学报, 2006, 49(6): 1287–1296

[43] Guo F K, Zhang Y F. The computational formula on the constant γ appeared in the equivalently used trace identity and quadratic-form identity. Chaos, Solitons and Fractals, 2008, 38:499–505

[44] Feng B L, Han B. A new Lie algebra and a way to generate multiple integrable couplings. Comm. Theor. Phys., 2007, 48: 979–982

[45] Feng B L, Han B, Wei Y. The double integrable couplings of the Tu hierarchy. Comm. Theor. Phys., 2007, 48: 14–18

[46] 张玉峰, 张鸿庆. 两个高维 loop 代数及应用. 数学学报, 2006, 49(6): 1287–1296

[47] Fordy A P, Gibbons J. Factorization of operators (I). J. Math. Phys., 1980, 21(10): 2508–2510

[48] Fordy A P, Gibbons J. Factorization of operators (II). J. Math. Phys., 1981, 22(6): 1170–1175

[49] Zhang Y F. A direct method for integrable couplings of TD hierarchy. J. Math. Phys., 2002, 43(1): 466–472

[50] Zhang Y F, Guo F K. Matrix Lie algebras and integrable couplings. Comm. Theor. Phys., 2006, 46(5): 812–818

[51] Fan E G, Zhang Y F. Vector loop algebra and its applications to integrable system. Chaos, Solitons and Fractals, 2006, 28(6): 966–971

[52] Zhang Y F, Liu J. Induced Lie algebras of a 6-dimensional matrix Lie algebras. Comm. Theor. Phys., 2008, 50: 289–294

[53] Feng B L, Liu J Q. Two ideal subalgebras and applications. Far East Journal of Applied Mathematics, 2011, 56(2): 139–144

[54] Zhou Z X. Finite dimensional Hamiltonians and almost-periodic solutions for 2+1dimensional three-wave equations. J. Phys. Jpn., 2002, 71 (8): 1857–1863

[55] Feng B L, Han B. The Hamiltonian structure of the expanding integrable model of the generalized AKNS hierarchy. Chaos, Solitons and Fractals, 2009, 39:2 71–276

[56] Zhang Y F, Fan E G. Characteristic numbers and matrix Lie algebras. Comm. Theor. Phys., 2008, 49: 845–850

[57] Zhang Y F, Tam H ,Guo F K. invertible linear transformations and Lie algebras. Comm. Nonli. Sci. Numer. Sim., 2008, 13: 682–702

[58] Feng B L, Han B, Dong H H. Integrable couplings and Hamiltonian structures of the L- hierarchy and the T-hierarchy. Comm. Nonli. Sci. Numer. Sim., 2008, 13(7): 1264–1271

[59] Cao C W, Geng X G. C neumann and bargmann systems associated with the coupled KdV soliton hierarch. J. Phys. A: Math. Gen., 1990, 23(18): 4117–4125

[60] Zhang Y F, Tam H. (1+1) dimensional m-cKdv, g-cKdV integrable systems and (2+1) dimensi onal m-cKdV hierarchy. Can. J. Phys., 2008, 86: 1367–1380

[61] Feng B L, Liu J Q. Two expanding integrable systems and quasi-Hamiltonian function associated with an equation hierarchy. Comm. Nonli. Sci. Numer. Sim., 2011, 16(2): 661–672

[62] Feng B L, Liu J Q. A new Lie algebra along with its induced Lie algebra and associated with applications. Comm. Nonli. Sci. Numer. Sim., 2011, 16 (4): 1734–1741

[63] Drinfeld V G, Sokolov V V. Equations of the KdV type and simple Lie-algebras. Doklady Akademii Nauk SSSR, 1981, 258: 11–16

索 引

B
半单李代数 8, 16
半单理想 18
伴随方程 9
变分恒等式 4, 16, 17, 212

D
等谱问题 8, 13, 23, 28, 35, 41, 152, 164, 187, 222
递推算子 10, 38, 42, 46
对合 6

E
二次型恒等式 4, 10, 16, 66, 70, 121, 128, 144, 148, 162, 211

F
非线性演化方程 5

G
高维李代数 48, 71, 73, 78
孤立子 1, 2, 18, 142

J
迹恒等式 4, 9, 39, 43, 47, 57, 61, 90, 156
静态零曲率方程 45, 50, 74, 91, 97, 102, 158, 180

K
可积耦合 3, 7, 10, 16, 48, 71, 84, 101, 110, 148
可积系统 2, 18, 21, 48, 71

L
李代数 4, 8, 12, 18, 49, 62, 71, 84, 115, 133
李群 7
理想 8
理想子代数 18
零曲率 4, 7, 9, 15, 87, 152

P
谱矩阵 78, 136

Q
强对称算子 6

R
热传导方程 31, 43

S
守恒量 5
守恒律 1
守恒密度 208, 212, 221

T
特征数 110, 112
屠格式 3, 18, 22, 71, 83, 105

X
线性变换 122, 124
辛算子 6

Z
子代数 40, 71, 73, 83, 123

其他
AKNS 方程族 4, 28, 30, 84, 142
Boussinesq 方程 1, 89
BPT 方程族 40, 101, 104
Burgers 方程 30, 40, 48, 62, 110
Hamilton 算子 25, 30, 33, 42, 55, 88, 143, 221
Hamilton 系统 2, 3 5, 25, 62
Kdv 方程 1, 3, 49, 84
KN 方程族 18, 26, 31, 33
Lax 对 3, 22, 40, 105, 128, 177
Lax 方程 6, 7
Liouville 可积 3, 7, 9, 26, 40
Li 族 155, 156, 158

Loop 代数　11–13, 18, 26, 34, 40, 72, 101, 133, 155, 182

Schrödinger 方程　42, 43

Sine-Gordon 方程　2

Skew-Hermite 矩阵　163

Tu 族　75, 77, 155, 162